物联网工程与技术规划教材
华东理工大学研究生教育基金资助

物联网工程原理与应用

黄 如 主编

翟广涛 郑俊峰 徐光辉 副主编

U0226185

电子工业出版社
Publishing House of Electronics Industry
北京·BEIJING

内 容 简 介

本书从实用性和先进性出发，先介绍物联网理论知识和支撑技术，再从方案设计和实验验证的角度将理论融于实践，较全面地介绍物联网的核心理论和实践应用方面的技能。全书基于的硬件平台是 ZT-EVB 与 CVT-IOT-VSL 教学实验箱，软件开发环境涉及网络通信及嵌入式技术的主流开发工具。本书共 5 章，主要内容包括：物联网核心理论及发展概述、物联网理论研究方向、物联网体系标准与协议架构、物联网实验系统的硬件平台和软件开发环境、物联网面向工程应用技术和实践。本书提供配套的电子课件、程序代码和参考文档。

本书可作为高等学校电子、通信等专业物联网相关课程的教材，也可供相关领域的工程技术人员学习、参考。

图书在版编目（CIP）数据

物联网工程原理与应用 / 黄如主编. —北京：电子工业出版社，2020.12
ISBN 978-7-121-40305-7

Ⅰ. ①物…　Ⅱ. ①黄…　Ⅲ. ①物联网－高等学校－教材　Ⅳ. ①TP393.4 ②TP18

中国版本图书馆 CIP 数据核字（2020）第 257201 号

责任编辑：王晓庆
印　　刷：三河市鑫金马印装有限公司
装　　订：三河市鑫金马印装有限公司
出版发行：电子工业出版社
　　　　　北京市海淀区万寿路 173 信箱　　邮编：100036
开　　本：787×1 092　1/16　印张：21.25　字数：544 千字
版　　次：2020 年 12 月第 1 版
印　　次：2021 年 9 月第 2 次印刷
定　　价：65.00 元

凡所购买电子工业出版社图书有缺损问题，请向购买书店调换。若书店售缺，请与本社发行部联系，联系及邮购电话：(010) 88254888，88258888。

质量投诉请发邮件至 zlts@phei.com.cn，盗版侵权举报请发邮件至 dbqq@phei.com.cn。

本书咨询联系方式：(010) 88254113，wangxq@phei.com.cn。

前　言

物联网（Internet of Things）技术的发展不仅极大地促进了科学技术的发展，而且明显地加快了经济信息化和社会信息化的进程。因此，物联网教育在各国备受重视，具备物联网基础理论知识与工程应用能力已成为 21 世纪人才的基本素质。近年来，在工业化和信息化融合的大背景下，物联网技术飞速发展，物联网日益成为推动经济发展的驱动器，并为产业拓展提供了巨大的发展动力和机遇。作为物联网技术的核心载体，无线传感器网络及无线短距离通信、近场通信技术已成为现存的最适合搭建物联网应用平台的新兴网络通信技术之一，目前已经越来越多地受到学术界和工程应用领域相关人员的关注。

互联网连接了人与人，物联网作为互联网的延伸与扩展，不仅连接了人与人，还连接了人与物、物与物。物联网的出现彻底改变了人类的生产和生活方式，物联网技术已经逐渐在智慧城市、环境监测、工业控制等领域得到使用，且仍然存在巨大的潜力。物联网技术属于一门新兴技术，正在高速发展并跨学科交叉融合，学习和掌握新技术的发展方向与技术理念是现代化高等教育的核心理念。今天，掌握物联网的基础知识和应用技术已经成为人们，特别是青年一代必备的技能。为了进一步加强网络通信类理论及实践教学工作，适应高等学校正在开展的课程体系与教学内容的改革，及时反映网络通信基础教学的研究成果，积极探索适应 21 世纪人才培养的教学模式，我们对物联网和人工智能、云计算、深度学习等技术融合的理论内容及应用案例进行了总结，编写了这本《物联网工程原理与应用》。

本书具有如下特色。

- 根据实践型教学理念，采用研究型学习方法，即采用"提出目标—设计方案—归纳总结—扩展思考"的目标驱动方式，突出学生主动探究学习和动手操作能力在整个实践教学中的地位与作用。
- 基本思路分两步。首先，以物联网基础理论和运作体系为一条主线，围绕这条主线介绍物联网基础知识和基本运作原理、协议架构功能和相关软/硬件系统的安装与配置，同时拓展知识面，介绍物联网的未来技术发展方向；其次，以物联网应用开发为另一条主线，介绍工程应用开发的基本知识、基本原理、开发技术和应用方案。两条主线是一个有机的整体，相辅相成，其实质是理论知识与实践应用完美结合的一条综合物联网知识应用的中轴线。
- 注重将物联网应用技术的最新发展及应用案例适当地引入实验教学，保持教学内容的先进性。本书内容源于通信、电子及计算机基础教育的教学实践，凝聚了工作在一线的任课教师多年的教学经验与教学成果。

本书获得上海市 2020 年度"科技创新行动计划"自然科学基金项目（20ZR1413800）资助，采用上海锐越信息技术有限公司提供的物联网硬件平台和软件开发工具，自主开发了基于 ZigBee 协议栈的基础型和综合应用型功能实验。除此之外，还加入了武汉创维特信息技术有限公司的 CVT-IOT-VSL 教学实验箱的部分实验。本书是作者在多年来对物联网理论教学研究和科研实践的基础上编写的。全书在阐述物联网基本原理、基础技术和实践应用的基础上，结合物联网实验箱系统，以基本实验和应用实践操作为重点，设计实现了一系列物联网基础实验和拓展型综合实验，旨在为高等学校物联网工程相关专业提供教学实践参考，并为物联网领域的研究工作做出一定贡献。

本书从物联网理论和实践应用的角度展示物联网不同层面的技术核心，全书共5章。第1章讲述物联网核心理论及发展概述，介绍物联网概述与基本特征、物联网支撑技术的特点和现代物联网技术等；第2章讲述物联网理论研究方向，介绍物联网在服务与管理技术及智能信息处理技术两个方向的研究；第3章讲述物联网体系标准与协议架构，介绍近场无线通信技术标准及协议、物联网体系架构和互操作性；第4章讲述物联网实验系统的硬件平台和软件开发环境，说明平台所提供的硬件资源状况、软件开发工具使用方法和实验功能实现的总体软件流程，介绍处理器类片上系统和内嵌单片机系统的应用开发过程，在深入剖析ZigBee协议栈的基础上设计实验，以实现包含设备启动组网和无线收发等技术在内的物联网核心运作机制，阐述蓝牙模块的片上资源和内嵌单片机系统的应用开发过程及组网配置方法；第5章从物联网面向工程应用的角度阐述物联网技术应用算法，介绍经典应用案例，阐述路由技术、节能机制、无限媒体接入、信息融合及网络抗毁等算法，通过环境温度采集与监控、网络无线定位、车位资源无线监控等经典应用案例设计过程来介绍综合应用实验的实现方法，从智能交通、智能安防、智能医疗、智能家居、智慧农业及智慧物流等案例设计方面介绍现代物联网应用。

为适应教学模式、教学方法和手段的改革，本书提供配套的电子课件、程序代码和参考文档，请登录华信教育资源网（http://www.hxedu.com.cn）免费注册并下载。

本书语言简明扼要、通俗易懂，具有很强的专业性、技术性和实用性。本书是作者在相关专业的物联网理论和实验教学的基础上逐年积累编写而成的，并补充了**2014年首届"全国高校物联网创新应用大赛"**中由作者指导参赛并荣获全国一等奖的物联网作品及**2019年全国大学生物联网设计竞赛（华为杯）**全国二等奖的相关成果。本书附有实验详细设计过程和扩展思考，可作为高等学校电子、通信等专业物联网相关课程的教材，也可供相关领域的工程技术人员学习、参考。

本书第1章由黄如、郑俊峰编写，第2章由郑俊峰、翟广涛和徐光辉编写，第3~5章由黄如编写，全书由华东理工大学黄如统稿。华东理工大学杜文莉教授在百忙之中对全书进行了审阅，侍洪波教授、陈宁教授和硕士研究生马磊、杨昊晨、管文范为本书的编写提供了有益帮助。本书的编写还得到了相关高等学校和企业的大力支持，美国威斯康星大学麦迪逊分校的胡玉衡教授、东南大学张在琛教授、上海交通大学翟广涛教授和义理林教授针对本书的实验技术路线提出了许多宝贵意见，上海锐越信息技术有限公司的钱志滨、王琦等多位技术工程师针对本书采用的实验开发平台和实验结果验证手段提供了大力支持。本书的编写参考了大量近年来出版的相关技术资料，吸取了许多专家和同仁的宝贵经验，在此向他们深表谢意。由于物联网技术发展迅速，作者学识有限，因此书中误漏之处难免，真诚地期待广大读者批评指正。读者建议可发至作者邮箱 huangrabbit@ecust.edu.cn，教辅资源的索取也可联系本书编辑 010-88254113 或 wangxq@phei.com.cn。

作　者
2020年12月

目　　录

第1章 物联网核心理论及发展概述

1.1 概要

物联网作为第三次信息浪潮的代表技术，具有广阔的应用前景。对于我国而言，物联网能促进经济发展方式的改变及经济结构的调整，使我国的经济发展模式更加合理，并带来更大的经济收益；对于企业而言，物联网带来的既是机遇又是挑战，抓住物联网所带来的技术革新，能让企业在新时代站稳脚跟，占据优势；对于个人而言，了解物联网的基础知识，能让人们更好、更便捷地利用身边存在的物联网技术，如智能家居等，提高生活质量。本章概述以无线传感器网络（Wireless Sensor Networks，WSNs）为核心载体的物联网工程的基本概念和支撑技术，重点讨论物联网的基本概念、发展历程、体系架构和现代物联网技术，使读者了解物联网的基本体系构架、重要支撑技术和广阔的应用前景。

1.2 物联网概述与基本特征

1.2.1 物联网概述

（1）物联网的基本概念

进入 21 世纪以来，随着传感器技术、微机电技术、嵌入式计算技术、分布式信息处理技术和无线通信技术的快速发展，信息系统从传统的人工合成单信道模式转变为人工生成和自动生成的双信道模式，并实现信息系统与物理系统的相互融合，表现为信息虚拟世界与物理实体世界的交互作用，使得物理世界可以被全面感知和智慧操控；同时，以传感器、射频模块和智能识别终端为代表的信息自动生成设备和射频通信设备联网，共同构成了可实时准确地感知、测量和监控物理世界的硬件支撑平台。从而在以上系统融合和硬件支撑的基础上，信息世界的扩展需求和物理世界的联网需求共同催生了一类新型网络——物联网（Internet of Things，IoT）。物联网是新一代信息技术的重要组成部分，顾名思义，"物联网就是物物相联的互联网"。这有两层含义：第一，物联网的核心和基础仍然是互联网，是在互联网的基础上延伸和扩展的网络；第二，其用户端延伸和扩展到了任何物品与物品之间，进行信息交换和通信。IoT 通过无线传感器网络、射频识别（Radio Frequency Identification，RFID）等信息传感设备，按约定的协议，把任何物品与互联网连接起来进行信息交换和通信，以实现智能化识别、定位、跟踪、监控和管理等具体工程应用。

物联网将逻辑上的信息世界与客观上的物理世界融合在一起，成为改变人类与自然界交互方式的信息感知、采集和传输领域的一场革命，极大地扩展了现有网络的功能、提高了人类认识世界的能力。作为物联网的核心载体，WSNs 是信息获取、信息传输与信息处理三大子领域技术相互融合的产物，具有数据中心、自组织、多跳路由、动态拓扑、密分布集等特点，代表更小、更廉价的低功耗计算设备的"后 PC 时代"。目前世界上大约有几十亿个具有通信能力的微处理器和微控制器，且该数字还在不断增大，同时网络终端和接入技术的触角不断延伸到人类生产与生活的各方面，并成为物联网感知物理世界的"神经末梢"。物联网通过 WSNs 这个核心载体，将物与物的智慧互联技术及人类感知自然界的水平提高到一个革命性的崭新阶段，其涉及智慧感知、射频通信、识别技术与普适计算、泛在网络的融合应用，被称为继计算机、互联网之后世界信息产业发展的第三次浪潮。物联网工程的应用目的是实现物与物、物与人，以及所有物品与网络的连接，方便识别、管理和控制。目前，物联网涉及的工程领域越来越广，已经融入了工业制造领域、互联网及移动通信等传统 IT 领域。可寻址、可通信、可控制、数字化、信息化、网络化、泛在化与开放模式正逐渐成为物联网发展的演进目标。物联网的众多优势，使其在军事侦察、环境科学、医疗卫生、工业自动化、商业应用及地质灾害的预测等领域具有广泛的应用前景，表 1-2-1 所示为物联网的典型应用领域。

表 1-2-1　物联网的典型应用领域

领　域		用　途
军　事		兵力和装备的监控、目标定位、情报获取等；战场情况监视和占领区的侦察等；协助智能弹药对目标进行攻击及对战场破坏情况进行评估；核武器、生物武器的成分及攻击后的监测和侦察等
环　境		监视农作物灌溉情况、土壤情况、空气情况；大面积的地表监测和行星探测；气象和地理研究；地质灾害监测；生物环境的研究；森林火灾的监测等
医　疗		通过传感器节点可对病人的心跳速率、血压等进行实时监测，提供对人体状况远程监控与诊断；用于医院中的药品管理，对药品种类进行分类、辨识药品等
家居及城市管理	智能家居	通过布置于房间内的温度、湿度、光照、空气成分无线传感器等，感知居室不同部分的微观状况，从而对家庭环境进行自动控制，提供智慧、舒适的居住环境
	桥梁建筑安全	通过布置于建筑物内的图像、声音、气体、温度、压力、辐射传感器等，发现异常事件并及时报警，自动启动应急措施
工业自动化		大型设备的监控
反恐和公共安全		通过特殊用途的传感器（如生物化学传感器）监测有害物、危险物的信息，准确判定生化物质的成分及泄漏源位置，可用于反恐袭击，提高对突发事件的应变能力

　　物联网的基本概念可以从多重角度进行理解，可分别从技术理解、应用理解、狭义理解和泛在理解的角度来定义物联网，如表 1-2-2 所示。

表 1-2-2　物联网多角度定义

技 术 理 解	应 用 理 解	狭 义 理 解	泛 在 理 解
关键词：智能网络	关键词：服务应用	关键词：物物相联	关键词：融合架构
综合运用传感器、微机电、嵌入式计算、分布式信息处理和无线通信等技术，将物体的信息通过网络传输到指定的信息处理中心，最终实现物与物、人与物之间的自动化信息交互和处理的智能网络	架构在网络基础上的应用层面的各种服务的总和。为用户提供生产、生活的远程监控、指挥调度、采集测量、智能识别、定位跟踪等方面的应用服务，达到以更加精细和动态的方式管理生产与生活的目标	通过无线射频识别、感应设备、定位系统等技术手段和载体，按约定的协议把世界上所有的物体都连接起来，并与现有的"互联网"结合，实现人类社会与物理世界的普遍联系	联系各类物理基础设施与信息功能的融合体系。将物联网理解为一种基于多类型网络和基础设施，进行联网应用、通信交流和信息处理的融合体系架构，而非一个物理上独立存在的实体网络

（2）物联网的发展历程

物联网的发展史最早可以追溯到比尔·盖茨于 1995 年出版的《未来之路》，但当时比尔·盖茨朦胧的"物联网"理念并没有被重视。

直到 1999 年，物联网的概念才正式在美国召开的移动计算和网络国际会议中被提出。当时基于互联网、RFID 技术、EPC 标准，在计算机互联网的基础上，利用射频识别技术、无线数据通信技术等，构造了一个实现全球物品信息实时共享的实物互联网"Internet of Things"。

而后于 2005 年 11 月 27 日，在突尼斯举行的信息社会世界峰会上，国际电信联盟（ITU）发布了《ITU 互联网报告 2005：物联网》。报告描述了世界上的万事万物，只要嵌入一个微型的传感器芯片，通过互联网就能够实现物与物的信息交互，从而形成一个无所不在的"物联网"。

2008 年 11 月，IBM 提出"智慧地球"的概念，即"互联网+物联网=智慧地球"。

2009 年 6 月，欧盟委员会向欧盟议会、理事会、欧洲经济和社会委员会及地区委员会递交了《欧盟物联网行动计划》（Internet of Things-An action plan for Europe）。

2009 年 8 月上旬，温家宝总理在无锡视察时指出，"要在激烈的国际竞争中，迅速建立中国的传感信息中心，或者叫'感知中国'中心"。为认真贯彻落实总理讲话精神，加快建设国家"感知中国"示范区（中心），推动中国传感网产业健康发展，引领信息产业第三次浪潮，培育新的经济增长点，提高可持续发展能力和可持续竞争力，无锡市委、市政府迅速行动起来，专门召开市委常委会和市政府常务会议进行全面部署，精心组织力量，落实有力措施，全力以赴做好建设国家"感知中国"示范区（中心）的相关工作。物联网发展历程如图 1-2-1 所示。

图 1-2-1　物联网发展历程

虽然物联网概念提出得很早，且各国也很早就提出了相应的发展策略，但直到 2016 年，物联网才终于迎来了自己的发展元年。到现在，物联网已基本得到了普及。

1.2.2　物联网的基本特征

从物联网定义的技术理解角度来看，物联网和传统的互联网相比有其自身鲜明的特征。物联网的基本特征可概括为全面感知、可靠传输和智能处理。

（1）全面感知。物联网广泛应用各种感知技术。物联网中部署了海量的多种类型传感器，整体构成了分布式异构信源系统，并且因为物联网应用领域存在广泛性、分布环境存在复杂性和工作时空存在差异性，所以不同类型的传感器所捕获的信息内容、信息格式及时空变化规律都存在差异性，这使得物联网内的信息呈现海量性、多源性、分布式性等多样性的特征，如图 1-2-2 所示。

（2）可靠传输。物联网通过各种有线和无线网络与互联网融合，将物体的信息实时准确地传输出去。由物联网上的传感器所定时采集的信息需要通过网络传输，由于其数量极其庞大，形成了海量信息，因此在传输过程中，为了保障数据的正确性和及时性，必须适应各种异构网络和协议。

（3）智能处理。物联网不仅提供了传感器的连接，而且具有智能处理的能力，能够对物体实施智能控制。物联网将传感器技术、无线通信和微机电技术与智能处理机制相结合，利用云计算、模式识别等各种智能技术扩充其应用领域。从传感器获得的多样性特征信息中分析、加工和处理有意义的数据，可适应用户的不同需求并拓展新的应用领域和应用模式。从功能结构角度，物联网的智能处理系统可分解为射频通信系统和信息网络系统。依据信息科学的视点，围绕信息流动过程，可抽象出图 1-2-3 所示的物联网信息处理功能模型，该模型的每步信息管理过程都可融合智能处理的技术手段。

图 1-2-2　多样性信息的全面感知　　　　图 1-2-3　物联网信息处理功能模型

1.3　物联网支撑技术的特点

1.3.1　主要支撑技术的特点

基于已有的各种通信标准和网络服务，物联网的主要支撑技术具有以下几个特点。

（1）感知识别普适化

作为物联网的末梢，自动识别和传感网技术近年来发展迅猛、应用广泛，仔细观察就会发现，人们的衣食住行都能折射出感知识别技术的存在。无所不在的感知与识别将物理世界信息化，将传统上分离的物理世界和信息世界高度融合。传感器是机器感知物理世界的"感觉器官"，为物联网系统的处理、传输、分析和回馈提供原始的信息。随着电子技术的不断发展，传统的传感器正逐步实现微型化、智能化、信息化和网络化。

（2）异构设备互联化

尽管物联网应用中的硬件和软件平台千差万别，各种异构设备（不同型号和类别的 ZigBee 模块、RFID 标签、蓝牙模块、传感器、手机和笔记本电脑等）利用无线通信模块和标准通信协议构建自组织网络，在此基础上运行不同协议的异构网络之间通过网关互联互通，实现网络间的信息共享及融合。

（3）联网终端规模化

物联网时代的一个重要特征是物品触网，每件物品都具有通信功能，并成为网络终端。据预测，未来联网终端的规模有望突破百亿大关。

（4）管理调控智慧化

物联网将大规模数据高效、可靠地组织起来，为上层行业应用提供智能的平台，数据存储、组织及检索成为行业应用的重要基础设施。与此同时，各种决策手段（包括运筹学理论、机器学习、数据挖掘、专家系统等）广泛应用于各行各业。面向物联网的传感网主要涉及以下几项技术：测试及网络化测控技术、智慧化传感网节点技术、传感网组织结构及底层协议技术、对传感网自身的检测与自组织技术、传感网安全技术。

1.3.2 未来技术的发展方向

物联网技术在不断地发展、深化，并和多领域技术交叉融合，未来将重点从硬件系统和软件系统的革新方面来确立物联网技术的发展方向。

（1）硬件系统方面的未来技术发展方向侧重于物联网的末梢网络技术发展，将与新材料和智能传感器设备的研究紧密结合，将包含微缩事物的纳米材料技术和智能化的微机电技术引入物联网的硬件系统，降低网络系统的功耗并提高系统感知终端技术的智能性。

（2）软件系统方面的未来技术发展方向主要涉及协议规范、体系结构、算法设计三个方面的技术革新。其中，在协议规范发展方面，其自身协议在网络时间同步、容量极限、安全机制、能效利用、抗干扰性等方面仍存在亟待研究和发展的问题，特别是 ZigBee 协议与其他协议标准无线网络（如蓝牙网络、WiFi 网络）的技术共存问题的研究，是其未来协议标准发展的一个重要方向；在体系结构发展方面，主要涉及物联网环境下处理海量多样性信息的软件系统层次结构设计、体系结构组成、子系统相互作用机制构建、可重构技术拓展及并行开发与测试管理等；在算法设计研究方面，主要涉及物联网感知复杂事件语义模型建模算法、传感器节点感知跟踪、行为建模及感知交互算法，以及资源控制、优化和调度算法。

1.4 现代物联网技术

随着科技的不断进步，人工智能、云计算和雾计算、软件定义网络、深度学习等新技术不断普及，大大推动了物联网技术的发展。本节将这些技术与物联网结合起来进行简单介绍。

1.4.1 人工智能

人工智能（Artificial Intelligence，AI）于 1956 年提出，从一开始的受限于计算能力及算法精度不尽如人意，到 2010 年深度学习在语音识别和图像处理领域取得突破进展，再到 2016 年 AlphaGo 战胜李世石，人工智能彻底进入公众的视野，成为新一代的技术浪潮。如今，各领域的研究者们纷纷开始研究人工智能，以期在各自领域实现突破。

1. 人工智能的定义

人工智能在刚被提出时，不同的研究者从不同的角度对其进行研究，使其存在不同的定义。

（1）像人一样行动的系统。该定义起源于1950年图灵提出的一个测试：让一段程序与人交谈5min，然后让人判断交谈对象是人还是程序，若在30%的测试中，程序成功地欺骗了人，则通过了测试。该测试的核心不是问"机器人能否思考"，而是问"机器人能否通过关于行为的智能测试"。

（2）像人一样思考的系统。当时研究者们的研究普遍集中于程序是否实现了想要得到的功能，而这一定义的研究者则另辟蹊径，更加关注程序的推理步骤轨迹与人类个体求解同样问题的步骤轨迹的异同。这一定义的研究者试图通过将AI的计算模型与来自心理学的实验技术相结合，来创立一种精确且可检验的人类思维工作方式。

（3）理性地思考的系统。这一定义主要由AI领域的逻辑主义者提出。19世纪时，逻辑学家就发展出可以描述世界上一切事物及其彼此关系的精确的命题符号，到1965年，理论上，已经有程序可以求解任何用逻辑符号描述的可解问题，因此，AI领域的逻辑主义者希望能研究出上述程序来实现智能系统。

（4）理性地行动的系统。这一定义的研究者们认为，智能体应该不仅可以正确地推理，而且能正确地行动。其核心思想是智能体要通过自己的行动获得最佳的结果，或者在不确定的情况下获得最优结果。

以上4种人工智能的定义的比较如图1-4-1所示。前两种定义希望能直接模拟人的思考或行为，后两种定义则希望得到最理性的结果。

图1-4-1　4种人工智能的定义的比较

（5）具备上述4种定义特点的系统。随着科技（尤其是计算机技术）的不断发展，人工智能也得到了极大程度的发展，研究者们慢慢地不再局限于上述4种中的某一种定义，而开始希望实现具备上述所有能力的智能体。

2．人工智能的分类

人工智能可分为弱人工智能、强人工智能和超人工智能三类。

（1）弱人工智能。弱人工智能是指智能体不具备思考能力，只是看上去是智能的，但实际上并非智能。例如，让一个机器学习打招呼，你对它挥挥手并告诉它你挥了个手，它应该挥手并给你打个招呼，那么它就会执行命令，而不会去思考别的东西。总而言之，弱人工智能只能学习特定的能力并实现一定的功能，而没有自己的独立判断能力。现在对于人工智能的研究基本处于弱人工智能。

（2）强人工智能。强人工智能是指具备推理能力、有思考能力的智能体。它们已经和人类相差无几了，它们具有自己的价值观与世界观，有独立思考的能力，有生物的本能，如隐私需求、休息需求等。依旧以挥手为例，假设面前有一根电线，弱人工智能依旧会百分百地听从命令，甚至会碰到电线，但强人工智能不会，它会拒绝挥手，或者到一个安全的地方挥手。

（3）超人工智能。超人工智能是指具备超越人的能力的智能体。这些智能体可以只超越人类一点点，也可以具备超越人类几万倍的能力，将这样的智能体称为超人也不为过，它们可以拥有计算机的计算能力，拥有钢铁般的身躯，通过计算机带来的强大的计算处理能力，它们可以比人类更有创造力，但这仅仅处于理论阶段。

3．人工智能的原理

实际上，现阶段的人工智能仅仅是用编程的方式实现一系列数学计算公式的一门技术。例如，1997 年 IBM 设计的计算机，它下赢了国际象棋冠军，但实际上它实现的仅仅是在"穷举"算法的基础上进行了一定的优化算法，用计算机强大的计算能力将每一步棋计算清楚，寻求最优解。再到 2016 年的 AlphaGo，由于围棋的变化远远多于象棋，因此，"穷举"难以完全实现，这时，程序员们便多加了一层算法，即先计算哪里需要计算、哪里需要忽略，再有针对性地计算。AlphaGo 中多加的这层算法即现在人工智能研究的核心内容：学习，学习的算法一般称为"神经网络"。但机器学习的方式与人类不同，机器学习需要大量的数据来进行训练，才能准确地认知，其原理如图 1-4-2 所示。

图 1-4-2　机器学习的原理

4．智能物联网

物联网作为信息产业的核心技术之一，与人工智能的结合是必然的，因此，我国于 2018 年提出了智能物联网的概念。智能物联网是一种在传统物联网信息收集的基础上，融合了人工智能中的机器学习技术，从而实现对收集到的实时数据进行智能化分析的新型物联网。人工智能与物联网结合，为物联网提供了感知、分析、控制与执行的智能化，使得物联网具有更强的感知与识别能力。而对于人工智能而言，物联网采集的信息数据又很好地为其提供了训练数据，两者相辅相成，共同发展。物联网与人工智能作为 21 世纪的研究热点，它们的结合是大势所趋，必将促进社会经济的发展，促使产业升级、体验优化。

AIoT（Artificial Intelligence and Internet of Things，智能物联网）的体系架构主要有三大层级：智能设备及解决方案、操作系统（OS）层及基础设施。智能设备及解决方案主要负责各类数据，如视图、音频、压力、温度等的收集、抓取、分拣及搬运；OS 层的主要功能是连接与控制设备层，对数据进行智能分析与处理，以及将不同场景的核心应用固化为功能模块等，OS 层对各种技术能力（如业务逻辑、统一建模、全链路技术能力、高并发支撑能力等）的要求较高，通常以 PaaS 形态存在；基础设施为整个系统提供服务器、存储、AI 训练和部署能力等的 IT 基础设施。AIoT 的体系架构如图 1-4-3 所示。

图 1-4-3　AIoT 的体系架构

1.4.2　云计算和雾计算

云计算（Cloud Computing）是一种能够通过网络以便利的、按需付费的方式获取计算资源并提高其可用性的模式，其核心思想是对大量用网络连接的计算资源统一进行管理和调度，构成一个计算资源池并向用户提供按需服务。其核心思想与电力公司相似，在工业时代初期，电力是保障所有产业运作、生产的前提，而当时还没有电力公司这类机构，因此，为了保证生产，企业不得不自己配备发动机，甚至建发电厂以保证供电，而后发电公司这类机构兴起，企业不再在电力设备及其维护方面耗费巨资，只需交纳电费即可从电力公司获得足够的供电。对于云计算而言，云计算平台即为电力公司，所有对计算资源有需求的用户就是工业时代的企业，其只需要缴纳足够的费用即可享受云计算带来的计算资源，这就是云计算的终极目标——让人们可以像使用水、电那样使用计算机资源。云计算原理图如图 1-4-4 所示。

1. 云计算的发展史

云计算的雏形起源于 1963 年美国国防高级研究计划局（Defense Advanced Research Projects Agency，DARPA）让麻省理工学院启动的 MAC 项目，该项目要求麻省理工学院开发"多人可同时使用的电脑系统"技术。当时麻省理工学院构想了云计算的核心思想，即"计算机公共事业"，让计算资源能像水、电一样供应。

而后互联网的出现及 20 世纪 90 年代虚拟机的流行，推动了云计算基础设施即服务的发展，但随后而来的互联网泡沫使公众对云端应用的未来前景失去了信心，云计算跌入低谷。

直到 2006 年谷歌、亚马逊和 IBM 先后提出了云端应用，才使其重新回到公众的视野。随后在 2006 年 8 月的搜索引擎会议上，云计算的概念首次被提出。该概念一经提出，便很快席卷全球，成为全球的信息技术企业的转型目标。

图 1-4-4　云计算原理图

2．云计算的服务类型

云计算共有三种服务类型，基础设施即服务（IaaS）、平台即服务（PaaS）、软件即服务（PaaS）。在云计算出现以前，企业需要自己部署、维护所有的计算机，在云计算出现以后，用户可以选择需要的服务。基础设施即服务即云计算公司为用户提供服务器、存储和网络设备等；平台即服务即云计算公司为用户提供开发平台，让软件开发者不许安装本地开发工具，直接在远端进行开发；软件即服务即云计算公司直接提供软件供用户使用。云计算的三种服务类型在后面会详细介绍，此处只做简单介绍。

3．雾计算

在云计算提出并井喷式地发展了一段时间后，人们发现虽然云计算提升了数据的存储与处理能力，但随着移动设备、嵌入式设备和传感设备等智能设备的不断创新和普及，万物互联时代到来，数据的量呈几何式增长，且新型的应用程序对服务质量的要求越来越严苛，云计算难以满足延迟敏感的应用程序，如视频流、在线游戏等；对移动场景的支持不足，特别是对于高速移动的车载网络环境，难以做到数据的实时传输；无法满足与地理位置分布相关的感知环境的实时要求等问题越来越突出。为了解决这些问题，各大公司纷纷提出了各类解决方案，这些方案的本质基本一致，都希望"计算去中心化"。而后于 2011 年，思科公司正式提出了雾计算（Fog Computing）这一概念，并强调这是依托于现今无处不在的 IoT 应用而产生的一种新型计算模式。

总体而言，雾计算是云计算的一种延伸，因此，其发展时间很短。雾计算于 2011 年提出，距今仅发展了约 10 年的时间，但其对云计算带来的提升是巨大的。雾计算主要具有以下几个特征。

（1）能提供与云计算一样的服务，但其所提供的资源远少于云计算。

（2）以分布式的方式部署，更接近用户。相较于云计算的集中式处理，雾计算更分散，更贴近于用户，就如现实中的云与雾一样，云位于天空，难以企及，但雾触手可及。这大大缩短了用户请求的响应时间，满足了高速移动场景和地理位置分布的场景需求，减小了网络核心的带宽负载。

（3）强调数量。雾计算采用大量计算能力一般的计算设备，它不强调单个设备的能力，但强调数量，要求每个设备不论计算能力多弱，都要发挥其作用。

（4）安全性与隐私性得到了提升。

4．云计算和雾计算与物联网

对于物联网而言，随着其快速发展，需要处理的数据也越来越多，而物联网自身的计算能力有限，难以处理收集的大量数据的问题日益突出，云计算的出现为这个问题提供了解决方案。

云计算的使用使物联网具备实时动态管理和智能分析自身中以兆计算的各类物品的能力。通过云计算，物联网可以在各行业中充分利用自身具备的射频识别技术、传感技术、纳米技术等，充分连接各种物体，而且可以通过无线网络将采集到的各种实时动态信息送给计算机处理中心进行汇总、分析和处理，从而高效动态地处理大规模资源。

云计算的发展解决了物联网自身计算能力有限、难以处理收集的大量数据的问题，但是云计算系统也有缺点，最主要的是高延迟、高能耗。为克服云计算的这些缺点，人们提出了雾计算。

对于物联网来说，本身需要进行大量而快速的运算，云计算带来的高效率的运算模式正好可以为其提供良好的应用基础。而雾计算的提出则很好地解决了云计算的高延迟、高能耗的问题，使物联网得到了极大的发展。

1.4.3　软件定义网络

1．软件定义网络简史

随着网络的快速发展，传统的网络基础架构设计不合时宜且难以进化发展的问题越来越突出，为了解决这个问题，美国 GENI 项目于 2006 年资助斯坦福大学开设了 Clean Slate 课题。开设该课题的目的就是重构网络架构，找到一种更适合现代网络发展的网络架构。随后在 2007年，一个由斯坦福大学学生领导的关于网络安全与管理的项目 Ethane 为 Clean Slate 课题研究团队带来了灵感，Ethane 项目希望通过一个集中式的控制器，让网络管理员可以方便地定义基于网络流的安全控制策略，并将这些安全控制策略应用到各种网络设备中，从而实现对整个网络通信的安全控制。基于这个项目及之前的一些研究，Clean Slate 课题研究团队在 2008年提出了软件定义网络的核心概念——OpenFlow，又经过一年的研究，基于 OpenFlow 为网络带来的可编程的特性，研究团队正式提出了软件定义网络（Software Defined Network，SDN）

这一概念，随后该概念入围了 Technology Review 年度十大突破性技术，自此获得了学术界和工业界的广泛认可与大力支持。到 2009 年 12 月，发布了第一个可用于商业化的产品，随后 SDN 开始得到推广。到 2012 年，谷歌部署 SDN 等重要事件并将 SDN 推到了全球瞩目的高度，且在同年，SDN 延展到电信网络。

2．软件定义网络简介

软件定义网络是一种基于软件理论的自动化网络架构技术。业界规模最大、最活跃的 SDN 标准化组织之一——开放网络基金会（Open Networking Foundation，ONF）对 SDN 的定义如下：SDN 是一个新出现的、转发与网络控制相解耦的、可直接编程的网络架构。其核心是 OpenFlow 概念，如 Ethane 项目所希望达到的目的一般，其工作原理只是将安全策略延伸到了所有数据，即通过一个集中式的控制器，让网络管理员可以方便地定义基于网络流的数据控制策略，并将这些数据控制策略应用到各种网络设备中，从而实现对整个网络通信的数据控制。SDN 主要有以下几个特点。

（1）简单化。SDN 可以实现中心控制，使很多复杂的协议处理得到简化。

（2）快速部署与维护。相较于传统网络，SDN 能被更快速地部署与维护。

（3）开放性。OpenFlow 的数据转发功能和网络控制功能是分离的，使用户可以有更多的选择来自定义网络，可以出现多家设备共存的情形，且用户可以根据自己的需求在任何时候方便地升级。

（4）安全性。SDN 的集中式控制为网络带来了安全性能的提升。例如，当网络中出现恶意软件时，通过网络结构，用户可以迅速地在集中控制平面阻止这个恶意软件的扩散爆发，而不需要访问多个路由器或交换机。

3．软件定义网络与物联网

对于物联网而言，软件定义网络（SDN）的主要功能是帮助物联网解决设备管控、数据有效传输及逻辑分析等问题。物联网作为改变生活的前沿技术，具有极高的研究价值和广阔的市场空间，但随着科技的发展，其面临的问题也越来越多，而 SDN 在应对计算机网络未来挑战方面发挥了巨大的作用，使研究人员看到了其潜力，开始尝试将其应用于物联网中，以期将 SDN 的优点加入物联网中，解决部分物联网面临的问题。

1.4.4　深度学习

随着机器学习技术的加入，物联网具备了智能化分析数据的能力，但物联网中较大的数据量和较复杂的数据内容使得传统机器学习技术对于物联网数据的处理存在一些缺点，如大量的特征提取等，为了解决这些问题，物联网引入了深度学习技术。

1．深度学习简介

深度学习是机器学习中的一个分支，它具有深层次的网络结构，相较于传统机器学习而言，它的优势在于去掉了机器学习中所需要的大量特征处理过程，只需将数据直接传递到网络，便可得到结果，且可以针对不同问题自动提取新特征，可以精确地学习多媒体信息的高级特征，提高处理多媒体信息的效率。

2．深度学习的典型模型

深度学习的典型模型有卷积神经网络（Convolutional Neural Network）模型、深度信任网络（Deep Belief Network）模型和堆栈自编码网络（Stacked Auto-encoder Network）模型等。

（1）卷积神经网络模型

卷积神经网络是仿造生物的视觉感知机制构建的，是一类包含卷积计算且具有深度结构的前馈神经网络，可以进行监督学习和非监督学习，其隐含层内的卷积核参数共享和层间连接的稀疏性使得卷积神经网络能够以较小的计算量对格点化特征。卷积神经网络的提出可以追溯到日本学者福岛邦彦（Kunihiko Fukushima）提出的 neocognitron 模型，该模型基于神经元之间的局部连接和分层组织图像转换，将有相同参数的神经元应用于前一层神经网络的不同位置，得到一种平移不变神经网络结构形式。而后，Le Cun 等人在该模型的基础上，用误差梯度设计并训练卷积神经网络，在一些模式识别任务上得到优越的性能。到 2012 年 AlexNet 出现，卷积神经网络得到了 GPU 的支持，计算能力大大提升，各种卷积神经网络如雨后春笋般不断出现。LeNet-5 及 AlexNet 卷积神经网络模型分别如图 1-4-5 和图 1-4-6 所示。

图 1-4-5　LeNet-5 卷积神经网络模型

图 1-4-6　AlexNet 卷积神经网络模型

（2）深度信任网络模型

深度信任网络模型由 Geoffrey Hinton 在 2006 年提出，该模型可以解释为贝叶斯概率生成模型，通过训练其神经元间的权重，可以让整个神经网络按照最大概率来生成训练数据。该模型的多层神经元可以分为显性神经元和隐性神经元，显性神经元用于接收输入，隐性神经元则用于特征提取。在该模型的网络结构中，最上面两层是无向对称连接的，后面的层则得到来自上一层自顶向下的有向连接，底层单元的状态为可见输入数据向量。深度信任网的组成元件是受限玻尔兹曼机（Restricted Boltzmann Machines，RBM），深度信任网络的训练过程是一层一层地进行的。在每一层中，用数据向量来推断隐层，再把这一隐层当作下一层（高一层）的数据向量。深度信任网络模型的结构如图 1-4-7 所示，图中，W 表示权重矩阵，H 表示隐藏层神经元状态向量，V 表示可见层神经元状态向量。

图 1-4-7　深度信任网络模型的结构

（3）堆栈自编码网络模型

堆栈自编码网络模型与深度信任网络模型相似，由若干结构单元堆栈组成，不同之处在于其结构单元是自编码模型（auto-en-coder）而不是 RBM。堆栈自编码网络模型是一个两层的神经网络，第一层称为编码层，第二层称为解码层。

3．深度学习在物联网中的应用

深度学习作为一种大数据分析工具，已经成为视觉识别、自然语言处理和生物信息学等许多信息学领域的重要处理方法。目前已经有深度学习在物联网中的应用，如深度学习根据智能电表收集的数据对家庭用电量进行预测、基于深度学习的物联网灌溉系统等。由于高效地研究复杂数据具有实用性，因此深度学习将在未来的物联网服务中发挥非常重要的作用。

1.4.5　复杂网络

1．复杂网络简介

18 世纪数学家欧拉提出的"Konigsberg 七桥问题"引起了人们对网络这一概念的研究，在之后的很长一段时间内，数学家们都认为真实系统各因素之间的关系可以用一些规则的结构表示，一直到 20 世纪 50 年代末，Erdos 和 Renyi 提出了随机网络模型（ER 随机网络模型），在该模型提出之后，科学家们放弃了原先的规则网络，开始研究随机网络。随着计算机的存储能力和计算能力的提升，研究者们经过大量的实验发现，现实世界网络与一直研究的 ER 随机网络模型不同。到 1998 年，Watts 和 Strogatz 提出了小世界网络模型，揭示了网络的小世界性，即虽然复杂网络的规模很大，但是网络中任意两点间的平均最短路径却很小。1999年，Albert 和 Barabasi 发现大多数现实网络的度分布近似服从"幂律分布"，他们将这种网络称为无标度网络。规则网络模型、小世界网络模型及随机网络模型如图 1-4-8 所示。

规则网络模型　　　　　　　小世界网络模型　　　　　　　随机网络模型

图 1-4-8　规则网络模型、小世界网络模型、随机网络模型

复杂网络是指具有自组织、自相似、吸引子、小世界、无标度中的部分或全部性质的网络。目前，复杂网络的研究内容主要包括以下几个方面：网络的几何性质、网络的形成机制、网络演化的统计规律、网络的模型性质，以及网络的结构稳定性、网络的演化动力学机制等问题。

从字面就可以看出，复杂网络是指高度复杂的网络，其复杂性主要表现在以下几个方面。

（1）结构复杂。复杂网络具有庞大的节点数量，且网络结构呈现多种不同特征。

（2）连接多样性。节点之间的连接权重不同，且可能存在方向性。

（3）动力学复杂性。节点集可能属于非线性动力学系统，节点状态随时间而发生复杂变化。

（4）节点多样性。任何事物都可以成为复杂网络中的节点。

（5）多重复杂性融合。以上的复杂性会相互影响，使整个网络显得更加复杂，变化更加难以预料。

2．复杂网络与物联网

物联网的网络结构具有以下几个特点。

（1）网络规模大。无线传感器网络往往需要部署大量的传感器节点以获得精确的信息，因此无线传感器网络的规模都很大。

（2）自组织增长性。传感器网络在实际应用中往往难以完全人工部署，例如，当通过飞机将大量的传感器节点散播到面积广阔的原始森林中时，网络必须拥有自组织能力，节点能自动进行配置和管理。在使用过程中，节点可能因为各种原因损坏而减少或者为增加监测精度而补充节点导致节点增多，这就需要网络的拓扑结构随之动态变化。

（3）优先连接性。当传感器网络中有新节点加入时，新节点更易与度大的节点相连。

（4）小世界性。传感器网络具有较小的平均路径长度，满足小世界性。

物联网所具备的上述 4 个特征符合无标度网络拓扑结构的 4 个特征，因此物联网属于复杂网络，所以，对复杂网络的研究对物联网的发展具有很大的参考价值，同样，物联网的发展也对复杂网络的研究具有借鉴作用，两者相辅相成。

1.5　思考与扩展

（1）简述物联网体系的基本特征，参照以下"技术定义"角度，从"服务应用"的角度来总结、分析物联网的特征。

从技术定义的角度来看，物联网体系有三个基本特征：①全面感知，即利用射频识别（RFID）技术、传感器、二维码等随时随地获取物体的信息；②可靠传输，通过各种电信网络与互联网的融合，将物体的信息实时准确地传输出去；③智能处理，利用云计算、模糊识别等各种智能技术，对海量的数据和信息进行分析与处理，对物体实施智能化的控制。

（2）从多种内涵角度简述物联网基本概念的定义，并参照以下思路提示来总结说明：物联网内"物"类型的广泛性和联系"物"的技术手段多样性。

思路提示：物联网是通过射频识别、红外传感器、全球定位系统、激光扫描仪等信息传感设备，按照约定的协议，把各种物体与互联网相连接，进行信息交换和通信，以实现对物体的智能化识别、定位、跟踪、监控和管理的一种网络。特别注意，物联网中的"物"，不是普通意义的万事万物，这里的"物"要满足以下条件：①要有相应信息的接收器；②要有数据传输通路；③要有一定的存储功能；④要有处理运算单元（CPU）；⑤要有操作系统；⑥要有专门的应用程序；⑦要有数据发送器；⑧要遵循物联网的通信协议；⑨要在网络世界中有可被识别的唯一编号。

1.6　本章小结

本章首先对物联网的不同定义、应用领域、发展历程及基本特征进行了介绍，阐述了物联网的起源、发展过程、目的；然后介绍了物联网的主要支撑技术及发展趋势，从感知识别、异构设备、联网终端、管理调控这 4 个方面阐述了物联网的支撑技术，从硬件和软件两个方面阐述了物联网未来技术的发展方向；最后对现代物联网技术进行了介绍，阐述了人工智能、云计算和雾计算、软件定义网络、深度学习、复杂网络等现代化技术在物联网中的应用。通过学习这些内容能构建一个物联网的整体框架，从而对物联网有更全面、准确的认知。

第 2 章　物联网理论研究方向

物联网作为一种技术高度集成、学科复杂交叉、综合应用广泛的技术，其发展离不开对技术理论的研究。服务与管理及智能信息处理是为解决如何对物联网海量数据进行有效管理与处理，从而为用户提供更好的服务这一问题而提出的理论研究方向，对物联网的应用和普及至关重要。本章将对这两个研究方向所包含的各类技术进行介绍。

2.1　物联网的服务与管理技术研究

物联网的服务与管理技术主要用于应用层，为实现各类应用提供服务与管理，包括负责各类异构系统连接的数据的流动管理技术（如中间件技术）、用于海量数据存储的数据库技术、提供数据检索的搜索引擎技术、用于发现及分析数据的数据挖掘与机器学习等数据使用技术、保护用户隐私的数据安全等数据保护技术等。这些服务与管理技术对于各类应用而言至关重要，例如，没有数据存储技术，物联网就难以实现；没有搜索引擎技术，用户就难以从物联网中寻找自己所需的数据信息，物联网就失去了意义。因此，本节就服务与管理技术进行介绍。

2.1.1　中间件技术

1. 中间件技术的简介

物联网中存在大量的异构系统，为解决异构系统之间的访问，人们提出了中间件技术。中间件是介于应用系统和系统软件之间的一类软件，它使用系统软件所提供的基础服务（功能），衔接网络上应用系统的各个部分或不同的应用，能够达到资源共享、功能共享的目的。中间件位于客户机/服务器的操作系统之上，管理计算机资源和网络通信，是连接两个独立应用程序或独立系统的软件。对于相连接的系统而言，即使它们具有不同的接口，通过中间件也能交互信息。

中间件能够屏蔽操作系统和网络协议的差异，可以自由地构建物联网系统，为应用程序提供多种通信机制，并提供相应的平台以满足不同的需求，且在此情况下，还可对物联网系统进行有效的管理，为物联网的有效开发与稳固运行提供了保障。物联网内的中间件对底层硬件具备屏蔽功能，同时还对网络中的异常情况具备屏蔽功能，正是其所具有的这种特殊功能，保证了物联网在未来应用中能够在硬件设备中独立存在和运行，从而为其提供技术上的支持。中间件在系统中的位置如图 2-1-1 所示。

物联网中间件的特点如下。

（1）独立于架构。物联网中间件独立于物联网设备与后端应用程序，并能与多个后端应用程序连接，降低维护成本。

（2）数据流。物联网的目的是将实体对象转换为信息环境下的虚拟对象，因此数据处理是中间件最重要的功能之一，中间件具有数据收集、过滤、整合与传递等功能，能够将正确的对象信息传给上层应用系统。

（3）处理流。物联网中间件采用程序逻辑及存储转发的功能提供顺序消息流，具有数据流设计与管理的功能。

（4）标准化。物联网中间件具有统一的接口和标准。

2．中间件技术的分类

中间件技术根据其在系统中所起作用的不同，可以分为以下 5 类。

（1）数据访问中间件。数据访问中间件是指连接应用程序和数据库的软件。它通过在系统中建立应用资源互操作模式，来实现异构环境下的数据库连接，使在网络中进行虚拟缓冲存取、格式转换等操作更为方便。其结构如图 2-1-2 所示。

图 2-1-1 中间件在系统中的位置　　　　图 2-1-2 数据访问中间件的结构

（2）远程过程调用中间件。远程过程调用中间件使用远程过程协议（Remote Procedure Call，RPC）进行远程操作，实现通信同步并屏蔽不同操作系统和网络协议，其结构如图 2-1-3 所示。远程过程调用中间件在客户、服务器方面优于数据访问中间件。

图 2-1-3 远程过程调用中间件的结构

（3）面向消息中间件。该中间件利用高效可靠的消息传递机制进行数据传递，并在数据通信的基础上进行分布式系统的集成。该中间件的数据传输支持同步、异步，且对应用程序结构无特定要求，程序也不受网络复杂度的影响，且通过数据传递，该中间件可以在分布式环境下扩展进程间的通信。其结构如图 2-1-4 所示。

图 2-1-4 面向消息中间件的结构

（4）面向对象中间件。该中间件是对象技术和分布式计算发展的产物，为异构的分布式计算环境提供了一个通信框架，透明地进行对象请求消息的传递。在该中间件中，客户和服务器没有明显的界定。其结构如图 2-1-5 所示。

图 2-1-5 面向对象中间件的结构

（5）事物处理中间件。该中间件最初主要应用于大型机中，为大型机提供支持大量事务处理的可靠运行环境，现在它是一种为分布、异构环境中的交易完整性和数据完整性提供保障的环境平台，是一种提升复杂环境下分布式应用的速度和可靠性的解决方案。

3．物联网中间件的发展史

物联网中间件在 2000 年后才出现，在刚出现时，它只是面向单个阅读器与特定应用驱动交互的程序，现如今，它已经发展成为全球 EPC 信息网络基础中间件。从架构上来说，其发展史可以分为如下三个阶段。

（1）应用程序中间件阶段。这一阶段，物联网中间件技术刚刚起步，主要用于整合、串接及 RFID 读写器。在市场上的应用主要是不同的 RFID 读写器厂商提供各自的简单读写器应用程序接口，通过直接编写读写器适配器来实现与后端系统的应用程序或数据库的交互，从而将 RFID 信息融入企业。该阶段的物联网中间件技术的主要缺点是企业需要在处理前后端连接问题上投入资金，且硬件与软件的绑定产生了灵活性不足的问题，企业间难以共享 RFID 事件信息。

（2）架构中间件阶段。现在的物联网中间件大部分处于该阶段。此时的物联网中间件具有支持多种设备的管理、数据采集及过滤等功能，且应用与硬件的耦合性大大降低，使得系统可以向外部分享、提供统一格式的 RFID 事件信息，但此阶段的中间件不具有支持面向用户的高级事件及高性能共享等功能。

（3）解决方案中间件阶段。现在的物联网中间件正在慢慢向该阶段靠近，已经出现了一些该阶段的中间件，且正在渐渐普及。在该阶段中，包括硬件、软件和运行平台在内的一整套解决方案均由厂商提供，很好地解决了前端 RFID 硬件和后端应用系统的连接问题。该阶段在架构中间件阶段的基础上，加入了面向客户、面向服务的特性，且不再局限于 RFID 领域。

2.1.2　分布式存储技术

（1）分布式文件系统

分布式文件系统是指文件系统管理的物理存储资源不一定直接连接在本地节点上，而通过加强对计算机网络的应用，将文件存储到相应的计算机节点中。分布式文件系统的设计一般采取"客户机/服务器"模式，即一个或多个文件服务器与客户机文件系统协同操作，这样可保证用户能够访问由服务器管理的文件。分布式文件系统主要具有以下几个特点。

① 可扩展性强。分布式文件系统外的计算机只需通过简单的配置即可加入系统，使系统具有很强的可扩展性，这是传统的存储系统无法比拟的。可扩展性大大提高了存储系统的性能。

② 成本较低。分布式文件系统具有自动负载均衡、自动容错机制，使得系统对服务器的要求较低，常规的服务器就可以很好地运行系统。

③ 性能优越。高性能是分布式文件系统的一个显著特点，无论是在单一的服务器应用中，还是在大型的集群存储应用中，分布式文件系统的数据存储效果都非常明显。

④ 容错性高。分布式文件系统能实现对服务器的快速检测，并且能对发生故障的服务器上的数据进行自动化迁移。

就目前的物联网大数据的发展来看，HDFS（Hadoop Distributed File System，Hadoop 分布式文件系统）是物联网分布式文件系统的最优选择。HDFS 于 2003 年被提出，其主要设计目标为：形成一个巨大的分布式文件系统，能够运行在普通的廉价的硬件上且易拓展，为用户提供性能良好的文件存储服务。因此，除分布式文件系统本身的优点外，HDFS 还具有数据流读写、适合大数据处理、跨平台兼容性及构建在廉价硬件上的特点。但其缺点也很明显，HDFS 不适合低延迟的数据访问及小文件存储。

（2）分布式数据库技术

所谓分布式数据库技术，就是数据库技术与分布式技术相结合的一种技术。具体而言，分布式数据库技术指的是将那些在地理意义上是分散的，而在计算机系统逻辑上又属于同一个系统的数据库节点结合起来的技术，这样组合而成的存储系统既具有数据库间的协调性，又具有数据的分布性。通过分布式数据库技术建立的存储系统并不注重系统的集中控制，而注重每个数据库节点的自治性，分布式数据库有两个重要的特性：数据独立性和数据冗杂性。

① 数据独立性在分布式数据库中十分重要，以该特性为基础，分布式数据库管理系统建立了一个分布式透明性的概念，其作用是使数据在进行转移时，程序的正确性能不受影响。该特性可大大减小程序员的工作量，保证系统的可靠性，使程序员在编程时不需要考虑系统数据的分布情况，也使得系统数据的分布情况一直处于透明状态。

② 数据冗杂性主要用于提高局部的应用性，当那些被需要的数据库节点复制数据及在某

个数据库节点出现系统错误时，在修复完成前，可以通过操作其他的数据库节点中复制好的数据来让系统能够继续使用，从而提高系统的有效性。

物联网中应用的分布式数据库主要是 HBase，HBase 是一个基于 HDFS 的分布式数据库，具有可靠性较高、性能较强等特点，属于可伸缩式分布数据库。一般情况下，HBase 主要应用于存储半结构化数据与非结构化数据。HBase 可以支持不同类型的接口访问，具体的访问形式取决于实际应用的需求，这样能最大程度地发挥不同访问形式的优势。HBase 的数据模型比传统关系数据库更加简单，且为了保障数据安全，HBase 会在数据存储过程中将数据转化为未经解释的字符串。用户在数据保存过程中，可以加强对不同格式的应用，将结构化数据与非结构化数据转化为相应的字符串，然后保存到 HBase 中。此外，HBase 可以为数据维护、数据索引及数据的可伸缩等工作打下良好基础，但是，HBase 的不能有效地支持多条件查询、不适合大范围扫描查询及不直接支持 SQL 的语句查询等缺点，也限制了其应用。因此，如何充分应用其优势，避免其缺陷，是在物联网大数据存储和管理技术的应用与发展过程中需要充分考虑的问题。

（3）云数据库技术

云数据库是指被优化或部署到一个虚拟计算环境中的数据库，具有按需付费、按需扩展、高可用性及存储整合等优点，是云计算的重要组成部分。云数据库技术可以大幅提高数据库自身的数据信息存储能力，并在最大程度上避免重复的配置工作。云数据库的机制对于用户而言是不可见的，在具体的使用过程中，用户只需根据自己的需求对相应的信息进行存储，或者通过检索系统对所需要的数据信息进行提取利用，而不需要对云数据库技术或者其硬件基础进行了解，这使得云数据库技术的推广、使用更加简单。云数据库一般具有以下几个特性。

① 动态扩展。云数据库在理论上是可以无限扩展的，且在扩展过程中不会对其他数据库造成影响，同时，其扩展方式也较简单，便于使用。因此，相较于其他数据库，云数据库在动态扩展方面具有明显的优势。云数据库的这种特性能满足用户的更多需求，因此更受用户欢迎。

② 资源共享。云数据库是基于云计算技术的存储服务，因此，通常情况下云数据库服务都是通过资源共享模式来进行的。对于用户而言，资源共享不仅可以使他们花费更少的租金获得更优质的服务，而且即使部分用户不再续租服务，其他用户也可以循环使用，降低了他们的存储成本。

③ 数据存储并行处理。云数据库采用并行的方式处理数据，这使其处理数据的能力大大提升，从而更加适应用户的需求。云数据库的并行处理主要依赖于分散存储和数据存储的分表处理技术，通过分散存储技术，云数据库可以将不同的数据存储到不同的数据库中，使其在提取数据过程中，可以实现数据的并行获取；数据存储的分表处理技术则可以将云数据库中的数据划分为更小的单位，从而提高了数据并行处理的可能性。

2.1.3　索引技术

索引是一种常见的数据库优化手段，优良的索引技术能够大幅提升数据库的查询效率。随着互联网技术的普及，说到索引，大家就会想到上网搜索东西时输入的关键字，这就是索引技术在互联网中的应用。而对于物联网而言，其索引技术远远复杂于互联网索引技术，因为互联网索引技术所处理的是静态的网页信息，而物联网索引技术需要处理的是传感器动态变化的数据，从数据中提取特征。而且互联网中的文档地址与文档编号是一一对应的关系，而物联网中的传感器与其对应路径往往是一对多的关系，虽然通过建立特征可以与符合该特征的传感器的编号建立关系链表，但依旧无法准确地定位并接入搜索节点。因此，现阶段的物联网索引所建立的索引项为关键搜索数据指向的满足该数据要求的传感器节点及其接入路径的指针。

1. 物联网索引的流程

物联网索引是一个新兴的研究方向，其定义为一门从互联的传感器设备中，发现并快速接入具备所需数据的资源的技术。由于发展时间较短，且物联网应用场景广泛，因此不同的应用场景所需的索引策略有所区别，研究者们未对其索引流程架构达成统一的标准，但一般的物联网索引流程如图 2-1-6 所示。

（1）数据采集。该过程主要负责查询与输入语句的语法及语义相关的数据。

（2）数据解析。相较于互联网，物联网的搜索内容具有多元性、多属性、多维度等特性，从单一的文档、图片、网页到人、机、物相结合的复合内容都在物联网的搜索范围中，因此，在搜索过程中，为了得到准确的搜索结果，搜索引擎不仅需要依据各种智能终端设备感知实体的实时状态，还需要对检索的各类数据进行解析和融合。

图 2-1-6　一般的物联网索引流程

（3）意图解析。除需要通过数据采集及分析来判断搜索结果外，还需要对用户的搜索意图进行解析，即根据智能设备终端检测到的用户环境信息及用户搜索偏好等信息进行辅助判断。

（4）知识挖掘。该过程采取快速匹配及重新排序等技术，对经过数据采集、解析及意图解析得到的相关知识信息进行聚合，形成多个满足用户实际需求的解决方案，并采取相应的排序方式，对结果进行评价。

（5）搜索反馈。该过程将知识挖掘后得到的一个或多个解决方案反馈给用户。

物联网索引技术在上述的后 4 个流程中还加入了安全隐私与保护技术，该技术确保了在搜索过程中数据来源和解析过程的可靠性，确保搜索出的用户隐私信息不会被曝光和恶意利用，以及能够过滤恶意信息。

在整个流程之后，物联网索引技术通过机器学习技术、对用户查询信息的理解及对查询结果的观察来训练智慧搜索模型。针对各种类别的查询问题，可以生成对应的智慧搜索模型，以便在未来更好地为用户提供搜索功能。

2. 物联网索引的特点

相较于传统的互联网索引技术，物联网索引技术具有以下几个特点。

（1）搜索对象广泛。传统搜索引擎只能搜索人工输入的静态内容，如文档、图片、网页等，而物联网索引的搜索对象非常广泛，在传统搜索对象的基础上，还增加了动态、实时变化的实体状态信息。

（2）传感器节点资源有限性。传感器节点的电池容量、存储容量、计算能力、通信能力都是有限的，因此，如何避免传感器节点进行大量的、复杂的计算和频繁的通信是在物联网索引中运用传感器节点进行搜索时需要考虑的问题。

（3）传感器节点是动态移动的。物联网中的传感器节点一般置于物理实体中，以感知物理实体的信息，因此，当物理实体移动时，传感器节点也会随之移动，这使得维护传感器节点的注册信息变得困难。

（4）搜索空间的广泛性。随着科技的发展，物联网所应用的场景越来越广泛，接收的数据也越来越多，这将导致物联网索引的搜索空间远大于传统搜索引擎。

（5）数据的高度动态性。物体的状态信息时刻在变化，而物联网的传感器技术对数据的采集是实时的，导致传感器采集的数据也时刻在变化，加上物联网数据的海量性，使得物联网搜索引擎每时每刻都会有大量索引信息过期，从而严重降低了搜索引擎的服务效率。所以，传统的互联网索引策略是不适用于物联网索引的，设计合理的物联网索引策略迫在眉睫。

（6）搜索内容的高度时空性。物联网索引往往需要在某个特定的空间区域内查找指定时间范围内的信息，具有高度时空性。

（7）搜索语言的复杂性。传统互联网索引只需输入关键字即可进行搜索，而物联网索引除关键字外，还需要支持更通用的谓词，才能搜索物理实体的状态信息。

（8）用户行为的不同。互联网索引的关注点一般是分布在网上的信息，而物联网索引则更多地关注物理实体的信息。这是因为互联网索引的目的是获取文献、资料等，而物联网索引的目的则更多的是控制和操作物理对象，从而达到自己的目标。

3．物联网索引系统参考架构

图 2-1-7 所示为某一物联网索引系统参考架构，索引和发现流程的步骤如下。

（1）查询处理模块。查询（Query Processing，QP）包含类型、位置和时间属性，接收用户查询，并转发至发现服务模块。

图 2-1-7　某一物联网索引系统参考架构

（2）发现服务模块。发现服务（Discovery Service，DS）聚合了网关的索引，负责路由及定位包含被查找的资源的一系列网关。

（3）网关模块。网关（Gateway）是中间节点，用于接入资源个体。

（4）资源模块。资源模块包含允许被发现和搜索的实体发布的相关的属性资源数据，而且每种物联网数据资源具有唯一的类型、位置、具体属性值等，以供查询。

2.1.4　数据挖掘技术

数据挖掘是从大量、不完全、有噪声、模糊和动态的数据中发现隐含的、规律性的、潜在有用且最终可理解的信息和知识的非平凡过程，实现"数据信息—知识—价值"的转变过程。数据挖掘技术主要有决策树、K 最近邻算法、机器学习、深度学习、K-均值算法和 K-中心点算法等。

（1）决策树

决策树（Decision Tree）算法是一种典型的数据挖掘方法，它通过构造决策树来发现数据所蕴含的分类规则。决策树的构建一般分为两步：第一步，通过训练集生成一个决策树；第二步，通过测试集对生成的决策树剪枝，去除那些会影响决策精度的分枝。决策树剪枝流程如图 2-1-8 所示。在进行决策树剪枝时，自底向上地对非叶节点进行考察，若将对应的子树换为叶节点，能使精度提升，则把该子树替换为叶节点。在图 2-1-8 中，将根节点 3 替换为叶节点后，决策树在测试集中的精度比原先提升了，则将根节点 3 替换为叶节点，而后再以同样的方式判断节点 2、节点 1。决策树算法的优点是生成的模式简单，易于理解和实现，分类速度快且精度高，对噪声数据具有很好的健壮性等。但其缺点也很明显，当需要处理的数据为有时间顺序的数据时，通常需要进行大量的预处理工作，且难以处理类别较多的数据。虽然决策树算法存在一定缺陷，但它依旧是目前应用最广泛的归纳推理算法之一，在数据挖掘中受到研究者的广泛关注。典型的决策树算法有 ID3、C4.5 和 C5.0 决策树算法。

图 2-1-8　决策树剪枝流程

（2）K 最近邻算法

K 最近邻（K Nearest Neighbors，KNN）算法，又称为 KNN 分类法。KNN 的原理如下：对于一个给定的训练集，当有一个新的实例输入时，从原有的训练集中找出与其最近邻的 K 个实例，这 K 个实例中的多数实例属于哪一类，这 K 个新的实例就归到那一分类下。KNN 分类法在分类决策上只需要依据最近邻的一个或多个样本的类别来决定待分类样本所属的类别。图 2-1-9 所示为 KNN 分类法示意图。

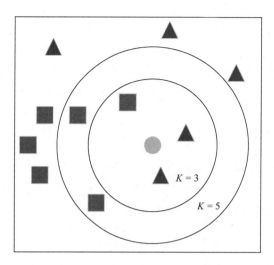

图 2-1-9　KNN 分类法示意图

　　图中，圆形图标为新加入的实例，当 K 取 3 时，它归于三角形类，而当 K 取 5 时，它归于正方形类。从这个示意图的例子中可以看出，K 的选取对最终的判断起决定性作用。在 KNN 分类法中，当 K 过小时，算法的抗噪性会大大降低，如当 K 取 1 时，如果最近的一个点是噪声，那么判断结果就会有很大的偏差；当 K 较大时，相当于用较大的领域作为训练集进行预测，这时较远的实例也会对预测产生影响，使预测发生错误。一般而言，K 的取值最大不能超过总实例数的开方，且 K 一般会随着数据集的增大而增大。在选取 K 时，一般会取一个较小的数值，且应尽量保证最后的计算结果可产生一个较大的类别，下面介绍一种 K 的取值方法：从 $K=1$ 取起，使用测试集估计分类器的误差，测试完成后 K 加 1，再重复这个过程，选取产生最小误差率的 K。KNN 分类法的优点是方法简单、思想直观、应用范围广泛，是数据挖掘领域中最重要的分类技术之一。

　　（3）机器学习

　　数据挖掘中使用的机器学习技术主要有以下 5 种。

　　① 规则归纳（Rule Induction）：在数据挖掘中，规则归纳主要采用决策规则算法，决策规则算法是基于决策树的一种算法，其流程与决策树相似。首先，通过训练集生成决策树，再使用测试集对其进行剪枝，最后根据剪枝后的决策树归纳出一组决策规则，这组决策规则即为所需的分类器。规则归纳的主要优点是处理大数据集的能力强，适合分类和预测型的任务，结果易于解释，在技术上易于实施。

　　② 人工神经网络（Artificial Neural Network）：人工神经网络是一门通过模拟人脑的神经网络以期实现类人工智能的技术。它由一些类似神经元的节点构成，这些神经元最终组成一个相互连接的包含输入层、隐藏层及输出层的多层网络结构。人工神经网络通过对历史样本数据进行反复的网络训练来学习，其最大的优点是当训练样本足够时，能对复杂的问题进行精确的预测，缺点是实现方法较为复杂，且对设备的计算能力要求高。

　　③ 案例推理（Case-based Reasoning）：案例推理是一种通过寻找与新案例相似的历史案例来处理新案例的方法。一般而言，案例推理的过程如下：首先，当一个待处理的新案例出现时，通过检索历史案例来寻找与之相似的案例，一般会有多个相似案例，采用这些案例的

解决方法来处理新案例，若这些案例都不适用于新案例，则为新案例另起一类。当有大量案例时，案例推理能取得很好的效果。案例推理系统的工作流程如图 2-1-10 所示。

图 2-1-10　案例推理系统的工作流程

④　遗传算法（Genetic Algorithm）：遗传算法是一种通过模拟自然进化过程来搜索最优解的方法，其基本思想是适者生存，通过模拟生物繁殖、杂交和变异来产生新个体，以寻求最佳或较佳的个体。遗传算法的主要优点是具有可扩展性，易与其他算法结合，且实现较为简单。遗传算法的流程如图 2-1-11 所示。

图 2-1-11　遗传算法的流程

⑤　归纳性逻辑设计（Inductive Logic Programming）：归纳性逻辑设计是一种基于一阶逻辑的归纳方法，它采用一级属性逻辑来定义、描述概念。首先定义正面和负面的例子，然后对新例子进行等级划分。这一方法具有较强的概念描述机制，能较好地表达复杂关系。

（4）深度学习

机器学习是数据挖掘的一种重要手段。从以上介绍的 5 种应用于数据挖掘的机器学习技术可以看出，传统的机器学习都是通过对训练样本的学习来达到对未来数据行为或趋势进行预测的目的的，其一般步骤如图 2-1-12 所示，其中，数据预处理、特征提取和特征转换合称为特征处理，特征处理是机器学习的关键，合理的特征处理便于分类器的设计，有利于提高准确性。在传统的机器学习过程中，预测所用的特征主要是人为设定的。

深度学习技术是机器学习技术的一个新的研究方向，它强调了模型结构的深度，明确了特征学习的重要性。深度学习通过建立深层结构模型，将样本在原空间的特征表示转换到一个新特征空间中，进一步输入到预测函数并得到最终结果，是一种端到端的学习方法，深度学习的数据挖掘流程如图 2-1-13 所示。端到端是指在学习过程中直接进行任务总体目标的优化，而不进行分模块或分阶段的训练。典型的深度学习算法包括深度置信网络、卷积神经网络、受限玻尔兹曼机和循环神经网络等。对于时序数据分类问题，最新的研究方向主要有多层感知机（Multilayer Perceptron，MLP）和卷积神经网络（Convolutional Neural Network，CNN）等。

图 2-1-12　传统机器学习数据挖掘的一般步骤

图 2-1-13　深度学习的数据挖掘流程

（5）K-均值算法和 K-中心点算法

K-均值算法和 K-中心点算法是最著名和最常用的两种划分聚类方法。K-均值算法的实现步骤如下：首先，给定目标，将数据分为 K 组，在数据中随机选择 K 个对象作为初始中心，然后计算每个对象与这 K 个中心的距离，将每个对象分配给与其距离最短的中心，这样指派到同一个中心的对象集合就构成一个聚类，聚类完成后，取当前聚类所有点的均值作为新的中心点，重新分类。重复上述步骤，直到中心点不再发生变化。

图 2-1-14 所示为一个 $K=2$ 时的 K-均值算法流程。K-中心点算法的处理过程与 K-均值算法的处理过程是十分类似的，唯一差别就是 K-均值算法使用聚类中心来代表聚类，而 K-中心点算法是使用聚类中最靠近中心的一个对象来代表该聚类的。K-中心点算法是 K-均值算法的一种改进，用于减小离群点对分类结果造成的影响。

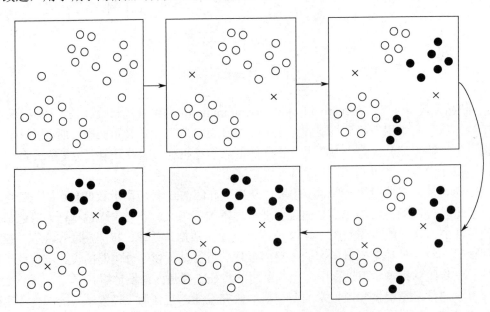

图 2-1-14　$K=2$ 时的 K-均值算法流程

2.1.5　数据安全保护技术

1. 大数据所带来的数据安全问题

数据安全一直以来都是人们非常关注的问题，随着互联网、物联网等技术的发展，计算机所处理的数据数量呈几何式增长，大数据概念也随之提出，成为一个新兴的热门研究领域。大数据的发展正处于初级阶段，在很多方面仍然存在很多漏洞，这就导致在使用过程中数据的安全与隐私难以得到有效的保护。数据安全问题主要体现在以下几个方面。

（1）数据泄露

数据泄露的方式主要有以下几种。

① 被动泄露。现阶段，互联网已与人们的生活深度融合了。各种网页、电子设备等许多现代化科学产物的使用都会记录一些个人信息：注册 App 账号时需要提供身份证号、真实姓名、手机号等；布满大街小巷的电子监控记录下来的一举一动；线上购物时使用的地址信息等。这些被采集到的数据汇总到一起，便构成了海量数据。用户无意间的行为会造成部分信息的输出与泄露，这些未经加密处理的数据很容易给数据安全造成隐患和威胁，给用户带来困扰，例如，用户在使用手机号注册账号时，手机会时常收到注册网站推送的一些无用的广告信息，且由于手机号信息未经加密处理，很容易泄露出去，因此就会使用户收到垃圾短信甚至诈骗电话，但生活中需要手机注册的信息过多，导致难以追寻泄露源头。

② 主动泄露。主动泄露指一些数据信息通过用户自身发布的文字、图片及其他类型的信息泄露出去。主动泄露的主要方式是社交软件，如微信、QQ、微博等，许多用户都喜欢在社交软件上发布一些信息，且会主动打开社交软件的定位信息，这就使得用户的身份、位置、联系方式等信息极易被人查询到。在万物互联的时代，网络上的一切都是互通的，频繁暴露自己的信息容易给使用者带来困扰。

③ 过度授权。过度授权主要是针对各类 App 所提供的协议的，即在使用 App 前都会有一个使用协议，用户需要同意才能使用。对于用户而言，这个协议其实就是一项霸王条款，同意它就意味着平台可以支配用户信息，而默认同意已成为现在大部分人的常识，几乎没有人会阅读使用协议，这使得用户对协议中的各条款均不明确，对是否会涉及个人隐私与相关数据也不知晓。过度授权所带来的数据泄露已成为数据泄露方式中的重要一环，而解决这一问题的关键在于相关的数据公司，互联网企业应承担起社会责任，在保护用户隐私的基础上谋取自己的利益。

（2）数据可信度降低

数据可信度降低也是数据安全面临的一大问题，这个问题主要表现在以下几个方面。

① 数据本身被篡改或伪造。这使得数据在传输和使用前就出现了失真的情况，大大降低了数据的可信度。这种做法多出现在企业中，某些企业为了达到一定的商业目的，在一些真实数据的基础上进行伪造和篡改，生成一份虚假数据。当别的企业使用这些数据时，他们往往会得出一些错误的结论或判断，从而制定出不利于企业自身发展的策略。且在现阶段，信息安全鉴别手段有限，而这些虚假数据中混杂着真实数据，使得对其进行鉴别更加困难。

② 数据信息在传播和使用过程中出现失真。这一现象主要是人为干预造成的。此时的数据在源头上并未出现问题，但在不断地向外传播或使用时，被人为影响，这种影响可能是有

意的也可能是无意的，就如同一件事情，不同的人有不同的看法，每个人都用自己的叙述方式传播同一件事情，其中不乏有些刻意引导事件发展方向的人，使得最后同一事件会出现许多不同的版本。

③ 其他方式。现代化的数据的采集、处理、传输等系统大部分都已机械化，但有些操作依旧需要人工处理，这就不可避免地会造成一些判断上的误差，从而影响机器对数据的分析，造成数据失真。另外，过期数据对数据可信度的影响也非常大。物联网采集的数据一般都是实时数据，因此，其采集的数据的有效期很短，导致过期数据的量很大，当系统不能及时更新时，就难以反映各物理实体的真实情况。

（3）数据缺乏管理

我国政府还未出台专门的有关大数据信息安全与用户隐私的法律法规。当前对于大数据的监管主要依靠企业和个人的自觉与职业道德，但缺乏法律的保护，在出现大规模数据泄露时，难以进行问责，许多不法分子及不良企业会钻法律的漏洞，从中谋取利益，且可以不受法律的约束，会对数据安全造成很大的影响。大数据的使用过程多且复杂，每个环节都可能会造成数据泄露，因此，每个环节都需要有人负责监管，这大大增加了管理成本。

2．大数据安全保护技术

在互联网、物联网技术快速发展的时代，前面所介绍的数据安全问题将会越来越突出，如果不能很好地解决这些问题，那么将会严重影响这些技术的发展进程。下面对物联网的一些大数据安全保护技术进行介绍。

（1）密钥管理机制

①密钥管理流程

密钥一般指生产、生活中用到的能对个人资料、企业机密进行有效监管的各种加密技术，密钥管理即对密钥进行管理的行为。密钥管理流程如图 2-1-15 所示。

图 2-1-15　密钥管理流程

密钥生成主要有以下几个特点：首先，密钥应该足够长，一般而言，密钥越长，对应的密钥空间就越大，被穷举法猜出密钥的概率就越小；其次，密钥应尽可能复杂，避免选择弱密钥，就如人们在网页上设置密码时，应考虑多加入特殊符号及大小写字母，使密码更为复杂；最后，密钥生成可以通过离线或在线的交互协商方式实现，如密码协议等。

密钥分发是指在一个系统中对系统内成员进行密钥共享，一般采取对称加密算法进行保密通信。流程一般为系统中的一个成员先选择一个密钥，然后将其传送给别的成员。密钥分发主要采用密钥加密和数据加密技术确保通信保密，密钥加密即对所要分发的密钥进行加密，数据加密则对信息流进行加密。

密钥验证主要用来判断传输的密钥是否错误。密钥传输时一般不会单纯只传输密钥，而是会附着一些检错和纠错位，这些检错和纠错位使得用户可以很轻易地检测出密钥是否出错。

在密钥使用中，密钥更新不可避免，为解决密钥更新带来的密钥分发困难问题，一般采用单向函数进行密钥更新，当双方共享同一密钥并使用同一单向函数进行操作时，就能得到相同的结果，避免了密钥分发的过程。

密钥存储的方式有很多，可以单独存储在智能卡、磁条卡等设备中，也可以拆分开，存储在不同的设备中。

密钥备份主要有密钥托管、秘密分割和秘密共享等方式。密钥托管即将密钥交由托管中心进行托管，当密钥遗失或用户死亡时，根据一定的规章制度，托管中心将密钥交还给用户或其继承人；秘密分割即将密钥拆分为许多碎片，只有凑齐全部碎片才能获得密钥；秘密共享是将密钥分成许多碎片，但不需要凑齐所有碎片，只需得到其中的任意超过阈值的碎片即可获得密钥。

为了确保密钥的安全性，需要给密钥规定一个有效期，不同的密钥可设定不同的有效期。当密钥不得不更换时，必须对旧密钥进行销毁。

② 加密算法

密钥管理系统主要采用对称加密算法及非对称加密算法。对称加密算法是一种传统密码算法，是指在一种密码体制中，一个密码的加密密钥与解密密钥相同或不相同，但可由其中一方很轻易地推断出另一方。这种算法具有计算量小、加解密速度快、效率高等特点，但用这种加密方式每次传送的信息有限，且在特定环境中必须使用判断语句才能提供不同的信息。常见的对称加密算法有 DES、3DES、AES 算法。为了弥补对称加密算法中一旦密钥泄露就会给系统带来巨大威胁这一缺陷，人们提出了非对称加密算法。在非对称加密算法中，密钥分为公钥和私钥两部分，公钥是对外公开的，而私钥由用户保存，且公钥和私钥是成对产生的，若用公钥加密信息，则只能用私钥解密，反之亦然，这使得密钥被泄露的风险大大降低，从而更好地保障了信息的安全。常见的非对称加密算法有 RSA、ECC 算法。

（2）身份认证

传统的互联网通过用户 ID 加密码的形式进行身份认证，但这种方式难以抵御云计算环境中复杂手段的攻击，因此现代化的身份认证手段一般是在传统身份认证的基础上附加了多种安全凭证。例如，使用基于密码、智能卡与手机带外（Out Of Band，OOB）认证，可抵御重放攻击、中间人攻击和拒绝服务攻击等。

（3）访问控制

访问控制是对信息资源进行保护的重要措施之一。一般而言，访问控制模型主要由三部分组成：主体、客体（资源）及权限，主体可以是用户或程序，客体是信息系统中的数据，权限是对客体的操作。访问控制系统的工作原理是系统对访问主体进行授权来控制主体对客体的可操作属性。访问控制的关系示意图如图 2-1-16 所示。访问控制的主要目的是防止非授权的主体对信息或网络资源进行访问。

传统的访问控制策略主要有自主访问控制、强制访问控制和角色访问控制三种。自主访问控制指针对资源具有权限的主体，可以将权限授予别的主体，该方式的安全性较差；强制访问控制指集中所有权限，不能授权给别的主体，该方法实现复杂，管理难度大；角色访问控制是介于自主访问控制和强制访问控制之间的一种安全策略，其基本思想是用户被赋予角色，角色被赋予权限，用户通过所赋予的角色来决定其权限。最有影响的形式化角色访问控制模型为 Sandhu 于 1996 年提出的模型，如图 2-1-17 所示。

图 2-1-16　访问控制的关系示意图

图 2-1-17　形式化角色访问控制模型

近些年来，随着科技的进步，研究者们在传统的访问控制策略的基础上融合了许多新的 IT 技术，提出了一些新的模型，如基于属性的访问控制模型、基于任务的访问控制模型、基于信用度的访问控制模型等。但这些模型依旧存在一些问题，如整个系统的运行过于依赖中心系统，当有用户伪造身份时，中心系统难以辨别等。

（4）数据发布匿名技术

用户隐私信息数据包括微数据、标识符、准标识符、敏感属性和非敏感属性等。以银行开户信息为例，微数据为原始的个人数据，标识符为开户人的姓名，准标识符为开户人的性别、年龄、职业等，敏感属性为开户人的银行流水及资产等信息。这些信息都需要得到保护，否则会给用户的生活带来影响，因此在数据发布时需要采用匿名技术，从而有效保护用户的隐私信息数据。

（5）社交网络数据的匿名化隐私保护技术

该技术是指通过在计算机网络和数据库中对用户的敏感信息进行模糊、隐匿和清洗，从而达到保护用户隐私的目的。在社交网络中，数据信息并不是相互独立的，而是存在一定联系的，因此，攻击者不一定需要获得第一手数据信息，有时通过别的数据或一些公开信息也能推断出自己所需的信息。因此，社交网络数据的匿名化会大大提升用户的隐私数据安全。其方法主要有树泛化、域泛化、数据扭曲和子图匿名 4 种方式，分别对应不同的社交网络。

（6）数据水印技术

数据水印技术是一种在不影响数据使用的情况下，将表示信息嵌入数据载体内部的技术，是信息隐藏技术的一个重要研究方向。经过该技术处理后的数据具有很高的安全性，难以伪造或篡改。数据水印技术还具有很好的隐蔽性、鲁棒性和较大的水印容量，即使数据经过了大量处理或使用了多次，也能通过数据水印准确鉴别数据的真实性与完整性。但数据水印技术较复杂，需要将大量技术进行融合才能完成。

（7）数据溯源技术

数据溯源技术通过对大数据的记录来源、传播与计算过程等信息进行追根溯源来确保数据的准确性和精确性，使得在后期对数据进行处理时不会因数据问题出错。数据溯源技术主要通过标注和反向查询两种方法实现。标注法通过标记原始数据中的重要信息，从而监控数据的整个传播过程；反向查询法则通过用户设置的函数和相对应的验证函数进行逆向推理，从而达到溯源的目的。

2.2 物联网的智能信息处理技术研究

人工智能、普适计算等技术的提出与发展，使物联网实现了信息处理的智能化。本节对物联网在数据层和智能层的信息处理技术进行介绍，介绍人工智能、普适计算等技术对物联网感知信息做出的决策和处理，实现信息存储、检索的智能化分析和利用，以及实时数据库、知识库、模型库的研究及数据查询、数据分析、预测、决策等信息处理技术的研究。

2.2.1 人工智能技术与物联网

人工智能（Artificial Intelligence，AI）是研究、开发用于模拟、延伸和扩展人的智能的理论、方法、技术及应用系统的一门新的技术科学。

人工智能属于计算机科学，它企图通过模拟人类大脑，生产出一种能以与人类智能相似的方式做出反应的智能机器，该领域的研究包括机器人、语音识别、图像识别、自然语言处理和专家系统等。人工智能从诞生以来，其理论和技术日益成熟，应用领域也不断扩大。

1. 物联网专家系统

物联网专家系统是指物联网中存在的一种计算机智能程序或一种智能机器设备（服务器），该设备通过网络化部署的专家系统，具有专门的知识及经验，可以实现物联网数据的基本智能处理，其基本结构如图 2-2-1 所示。物联网专家系统给物联网用户提供了有效的智能化专家服务功能。物联网专家功能的实现主要依赖于物联网智能终端所采集的数据，它具有以下特点。

（1）专业性

要想实现专家功能，必须拥有专家级的知识与经验，知识与经验越丰富，解决问题的能力就越强。

图 2-2-1　物联网专家系统的基本结构

（2）启发性

物联网专家系统可以运用专门知识与经验对问题进行判断、推理和联想，从而解决问题，而非单一的只能使用逻辑知识。

（3）透明性

对用户而言，专家系统是透明的，用户可以通过专家系统了解其知识内容和推理思路，以及一些有关系统自身行为的问题。

（4）灵活性

物联网专家系统所拥有的专业知识与其推理机构是相互分离的，这样可以使系统在原有知识的基础上，不断接纳新的知识，从而确保系统内知识不断增多，以满足商业和研究的需要。

（5）有一定难度

物联网专家系统是模拟人类的思维创造的，但是人类的知识是无限的，每个人的思维方式也是不同的，因此要真正模拟人脑思维是很难的，需要多学科共同发展来解决这个问题。

2．物联网智能化模块

（1）机器感知交互层

该层是物联网的基础，包括不同类型的传感器、PLC 及数据接口等，能够从设备物品中获得数据。

（2）通信层

该层是人与设备、人与人、设备之间相互交流沟通的基础。该层主要包括最前端一公里的接入通信及远程传输网络设备。

（3）数据层

该层是智能物联网的核心，该层主要包含模型库、知识库、实时数据库、历史数据库及人工神经网络等。模型库用于存放处理事件所用的抽象数学模型；知识库用于存放对不同类型问题的判读经验；实时数据库用于存放设备物品的状态参数；历史数据库用于存放过去的状态数据或处理结果；人工神经网络则是一种模仿神经网络的行为特征，可以进行分布、并行信息处理的数学模型。

（4）智能处理层

该层主要用于数据处理，具有很强的处理数据能力，其任务包括数据查询、数据分析、数据预测、下达指令及生成报告。智能处理层的智能化水平直接影响整个物联网系统的智能层次，其技术核心与运行状态也直接影响物联网与人工智能相互结合的发展。

3．应用

（1）建筑人居应用

智能物联网（AIoT）在建筑人居（家居、酒店、办公环境）等方面有很强的实用性，主要表现在 AI "领班" 模式，即场景中的设备联动需要使用用户的指令来触发。AIoT 在建筑人居场景领域的典型应用如表 2-2-1 所示。人居场景的发展方向主要为 AI "管家" 模式应用，即设备可根据用户的生活行为习惯和环境变化自主感知与联动。

表 2-2-1　AIoT 在建筑人居场景领域的典型应用

典 型 应 用	AIoT 的应用
酒店智能迎宾	更多以智能终端与智能服务机器人服务住客，配以入住系统，智能导航与智能服务系统优化住客体验
家居/酒店室内智能	以传感设备感知居住环境，收集用户居住习惯数据，通过 AIoT 平台与边缘智能算法改善居住环境条件，并与用户习惯自适应和自匹配
办公环境能耗管理	以智能网关与智能电器为数据入口，利用 AIoT PaaS 平台实时监测能耗，并通过 AI 算法实现设备自动启闭，能源自主降耗
社区智能管理	更多以遍布社区的智能摄像头为前端感知入口，通过云边结合的方法实现人、车、屋等多维布控，更多的是各个智能单元系统的汇合

（2）工业应用

AIoT 在工业领域具有很广阔的应用前景。现代化的工业正向着要素资源高效利用、生产过程柔性配置的方向发展，这使得该领域积极推动实现自动化与信息化的深度融合，AIoT 很好地符合这一要求。传统的工业物联网为工业领域提供了数据采集与设备监控能力，加入了人工智能之后，工业物联网平台具备了某几项与机器预测相关的应用开发及数据处理强化功能。除此之外，AIoT 还为工业领域提供了智能工业机器人及通过与工业视觉相关的软/硬件实现的一些感知识别与定位应用。AIoT 在工业物联网领域的典型应用如表 2-2-2 所示。

表 2-2-2　AIoT 在工业物联网领域的典型应用

典 型 应 用	AIoT 的应用
设备管理	历史数据和机器学习技术建立设备故障预测模型，实现对高价值设备、关键零部件的故障诊断、预测性报警，降低被动维修或预防性维修的次数
能源管理	基于机器学习的历史数据能耗分析可计算平均工况下的最优能耗，辅以用能状态实时评价、用能风险预警和用能趋势预测，帮助实现安全用能、节能环保

续表

典型应用	AIoT 的应用
工业视觉	包括产品表面瑕疵检测、尺寸检测，通过基于深度学习的视觉技术检测工件关键部位的距离、夹角等参数，以及表面是否存在气孔、裂纹、划痕、泄漏等问题，判断工件品质
安全监控	通过巡检机器人或监控系统对烟火、高温、特殊气体泄漏、厂区异常声音及不明人员告警
仓储物流	通过仓储模型和 AGV、AMR 机器人，将客户零散的、突发性的需求形成便捷应用，可以实现库位优化、最优出库、子仓协同、异常订单处理，分拣效率高、损耗较小

（3）城市应用

城市应用主要集中在监管、调度、公共服务领域。城市的运营和管理涉及大量的人员、设备、数据、行为的管理，城市物联网能够利用遍在的城市基础设施，采集和处理原本需要大量城市管理人员才能处理的城市运营信息，实现城市的自动化运转。目前 AIoT 与城市公共管理的结合主要集中在视觉识别、分析预测、优化调度等领域，可通过功能开发应用于城市安全防控、交通监管调度、公共基础设施管网优化、智能巡检、民生服务。AIoT 在智慧城市领域的典型应用如表 2-2-3 所示。

表 2-2-3　AIoT 在智慧城市领域的典型应用

典型应用	AIoT 的应用
交通监管	通过 AI 摄像头实现车辆信息识别、多种违规行为综合检测执法，对驾驶员的危险行为进行预警。电子停车收费大规模推广
城市电网	基于全网运行数据进行人工智能负荷预测，以秒级速度获取人工数小时的运算结果
基础设施	基础设施网络自动化运维，故障处理对人工干预的需求大大减少，处理事件时间由小时级降至分钟级，基础设施网络可靠性可超过 99%

2.2.2　普适计算技术

普适计算［Ubiquitous Computing（ubicomp）、Pervasive Computing］又称普存计算、普及计算、遍布式计算、泛在计算，是一个强调和环境融为一体，而计算机本身则从人们的视线中消失的计算概念。在普适计算的模式下，人们能够在任何时间、任何地点以任何方式进行信息的获取与处理。

1. 普适计算提出的目的

计算机技术的发展往往伴随着计算模式的变更，每一次计算模式的变更都意味着计算机技术的跨越式发展。计算模式的第一次变更在 20 世纪 80 年代，由主机计算模式进入桌面计算模式，这使得计算机从实验室进入了普通的办公室和家庭，极大地推动了计算机技术和产业的发展。在主机计算模式时，人们以计算机为中心进行计算，此时用计算机完成一项任务需要与计算机进行很繁杂的对话，如手工配置计算机的软/硬件环境和把计算任务映射到应用程序中，这使得人们的注意力主要集中于计算机而非任务本身，这种计算模式违背了人们的初衷，不符合人类的习惯。当计算模式进入桌面计算模式时，主机计算模式的缺陷得到了极大的改善，但依旧存在不足：使用计算机时，人们必须坐在计算机前，而不能自由移动，因此，计算机依旧未能与人类的生活环境融合在一起。

在进入桌面计算模式后，经过几十年的发展，计算机技术开始与通信、数字媒体等技术相结合，这些技术的结合集中体现为互联网的发展。除此之外，计算机在计算能力和存储能力提高的同时，其设备发展趋于迷你化，人们希望将计算机的计算与存储能力嵌入可穿戴的联网设备中。因此，传统的桌面计算模式也渐渐被淘汰，为了满足计算机的发展需求、将计算机真正融入人们的工作和生活中，使其如空气、水、电般成为人们的生活必需品，人们提出了普适计算。计算模式的发展过程如图 2-2-2 所示。

图 2-2-2   计算模式的发展过程

2. 普适计算的特性

普适计算最早是 1991 年 Mark Weiser 在 *Scientific American* 的 "The Computer for 21st Century" 中提出的，强调把计算机嵌入环境或日常工具中，让计算机在人们的视野中消失，使人们的注意力集中到任务上。人们对普适计算的研究从此开始，关于普适计算的定义，不同的研究者有不同的理解，但他们的最终目的都是"建立一个充满计算和通信能力的环境，同时使这个环境与人们逐渐地融合在一起"。较普遍的定义为普适计算是信息空间与物理空间的融合，在这个融合的空间中，人们可以随时随地、透明地获得数字化的服务。根据其目的与定义，普适计算必须具备如下几个特性。

（1）普适性。用户可以随时随地得到嵌入于环境中的众多计算设备所带来的计算服务。

（2）透明性。透明性是指系统的计算和学习过程对于用户而言是不可见的，用户可以将自己的注意力集中于任务本身，就如人们在写字时，纸和笔不会分散人的注意力，对于人们的注意力而言，纸和笔是透明的。这样做可以最大程度地减少人们在配置、操作和协调设备上耗费的精力。

（3）动态性。在普适计算环境中，用户和移动设备都是处于不断移动状态的，这使得特定空间内的用户集合及计算机系统的结构都在发生动态变化。

（4）自适应性。计算机系统会通过不断感知和推断用户需求来自发性地为用户提供需要的信息服务。

（5）永恒性。计算系统不会关机或重启，计算模块可以根据需求、系统错误或系统升级等情况加入或离开计算系统。

3. 普适计算的实现

通过普适计算的特性可以看出，其对计算机科学的各个层次研究都提出了新的要求和挑战。在硬件和接入层次上，需要有新的嵌入环境和各种便携式设备，这些设备包括传感设备、显示设备等；在网络层次上，传统的有线网络难以为无处不在的具有计算、感知能力的物体提供互联通信能力，因此普适计算必须完全使用无线网络；在系统软件层次上，需要解决各种异质的具有计算、传感能力的物体之间的数据交互与任务协作等问题，以及在传感器设备无处不在的情况下的数据安全、用户隐私的保密问题；在人机交互层次上，普适计算需要实现透明的蕴涵式交互，这需要研究新的交互模式和感知接口。

经过这些年的发展，研究者们围绕上述 4 个方面进行了研究，取得了一定的成果。目前普适计算的主要研究内容包括觉察上下文计算、系统软件、智能空间、可穿戴设备及游牧计算。下面对这几个研究方向进行介绍。

（1）觉察上下文计算（Context Aware Computing）

觉察上下文计算是指"当用户需要时，利用与用户任务相关的上下文给用户提供相关的信息或服务"。这些上下文是指用来表征实体状态或情形的任何信息，其中实体可以是环境信息、设备信息，也可以是包含身份、情绪、性格等用户特征的用户信息。

觉察上下文计算是为了实现普适计算的蕴涵式交互方式，它要求系统能察觉用户所在的环境并根据环境提供与交互任务相关的上下文，不同于桌面计算中固定的或人为设置的上下文，普适计算中的上下文需要跟随任务的变化而变化，且由于工作环境具有实时性，上下文也需要实时发生变化，因此对其动态性提出了很高的要求。上下文在交互中的重要性体现在以下几个方面：首先不同的上下文对同样的输入可能会有不同的语义；其次，在人与人之间的交谈中应用上下文会提高交互的效率，充分觉察环境中的上下文可以减少用户分散在环境中的注意力，例如，当用户在跟踪长颈鹿时，设备拥有可以自动记录和发现长颈鹿位置的一种应用，使得用户可以专心地观察和记录，而不用查看 GPS 的读数；最后，在普适计算中，物理接口是被多人共享的，而非个人专有，因此在交互过程中，实现接口和服务也需要上下文信息。

在实际使用中，为了方便，一般将上下文分为计算上下文、用户的上下文及物理的上下文三类。计算上下文包括网络的连接情况、通信成本、通信带宽和附近的资源（打印机、显示器和工作站等）；用户的上下文包括用户的特性、位置、事件，附近的人员，当前的人际关系；物理的上下文包括光照、噪声、交通、温湿度等。

觉察上下文计算中的关键技术包含上下文的获取技术、支持觉察上下文计算的软件结构等。

上下文信息主要来源于各类传感器所采集的信息，包括日期、日程表、天气预报等在内的已有信息，以及用户与任务模块中的信息。除这些来源方式外，上下文信息也可由用户直接设定。这些获取的上下文一般分为底层上下文和高层上下文，底层上下文一般指由传感器获得的信息，如"门窗是否开着""室内温度是多少"等，而高层上下文一般需要将收集到的数据信息经过一定的处理判断才能得到，如"用户是否忙碌""比赛是否开始"等。相较于底层上下文，人们往往对高层上下文更感兴趣。高层上下文与底层上下文通常是相互联系的，有时高层上下文是由底层上下文假设而来的。由于在人机交互时，上下文可能需要重复出现，因此，上下文的记忆在觉察上下文中占据极其重要的作用，对于底层上下文而言，上下文值的变化比值本身更加重要，如在检测物体移动时，需要记忆物体的位置变化；对于高层上下文而言，需要分析过去的上下文，需要知道什么改变了、什么没有改变，以得出合理的结论，例如，用户在过去 10min 内一直在浏览物联网类网页，说明用户对物联网感兴趣。

由于上下文的种类、数据格式和精度各不相同，且提供的事件互不同步，因此开发察觉上下文计算的应用系统较为困难。在建立觉察上下文计算的软件支持环境过程中需要解决的第一个问题是上下文信息的建模，由于各种上下文的特性不同，因此对不同的上下文所建立的模型也不同，且不同的系统采用的建立上下文的方法不同，这导致不同上下文系统的信息交互难以实现，因此需要建立一个能表示各种上下文信息的通用数据结构；第二个问题是系统结构，普适计算的计算量很大，建立一种合适的系统结构对其而言至关重要。普适计算主要有两种系统结构：一种是集中式结构，这种结构较为简单，但通常会有尺度问题；另一种是分布式结构，这种结构避免了可能的瓶颈问题，但会增大系统的计算和通信负载。图 2-2-3 所示为觉察上下文计算系统模型。

图 2-2-3 觉察上下文计算系统模型

传感器层主要用于采集原始数据，传感器封装了传感器的数据访问和功能控制接口；上下文层主要负责上下文管理，包括上下文过滤、解释、推理、融合等操作；应用层针对具体的应用，从上下文层获取所需的信息。

（2）系统软件（System Software Infrastructure）

系统软件的功能是调度、监控和维护计算机系统，管理计算机中各种独立的硬件，使得它们可以协调工作。系统软件的这种功能使得计算机可以被当成一个整体，而无须考虑其底层硬件是如何工作的。系统软件必须能在人们日常生活的空间中提供上述各种功能和服务，而不局限于特定的环境中。在普适计算的系统软件实现过程中，移动计算与分布式计算解决了一部分问题，但距离普适计算所期望达到的目标还有差距。普适计算系统软件区别于其他分布式系统的两个主要的需求是物理集成与自发的互操作性。物理集成主要指普适计算系统中涉及计算节点与物理环境的某种集成，如在一个会议室内，椅子上的压力传感器用于感知是否有人坐在椅子上，室内的温度传感器用于感知室内温度是否合适，投影机中的嵌入网络通信设备用于实现会议室中的任意 PAD（Portable Android Device，平板电脑）都可以将自己的桌面传输到投影机中的功能等；普适计算系统可以分为基础设施和移动设备两部分，移动设备随着用户的移动而移动，其附近的基础设施也在不断变化，因此，为了不影响设备的功能，普适计算中的软件部分需要适应这样的变化，可以自发地进行互操作，即不需要人为地重新设置或添加软件模块，模块间就可以自发地建立联系和进行功能上的协作。图 2-2-4 所示为普适计算的系统软件架构。

应用程序		
应用架构层		
协议对话层	动态协议加载管理层	协作管理子层	计算层
	网络应用层	协作计算子层	
	TCP/IP层	连续性管理子层	
	数据链路层	本地服务计算子层	
内核层		
硬件抽象层		
硬件层		

图 2-2-4　普适计算的系统软件架构

　　硬件抽象层构架在各种硬件平台之上，通过系统调用的方式被上层引用；内核层是系统软件架构的核心层，起着承上启下的作用，用于实现实时性和非实时性的响应；协议对话层是内核层与应用架构层的桥梁，可划分为数据链路层、嵌入式 TCP/IP 层、嵌入式网络应用层及动态协议加载管理层；计算层可分为本地服务计算层、连续性管理层、协作计算层、协作管理层，前两层为本地提供所需的计算服务和服务的连续性管理，后两层为众多普适计算设备协同工作提供服务。

　　普适计算的系统软件的关键技术主要有以下几种。

　　① 发现技术。发现技术所要解决的问题是当一个普适计算系统中出现新设备或系统增加新模块时，此设备或模块如何发现其他可用的服务与设备及自身与这些模块需要进行哪些交互，以及在普适计算系统中如何在不重启系统或重写已有代码的条件下进行扩展过程。

　　② 自适应技术。普适计算中的设备多且复杂，各设备的计算能力、存储容量、电池容量、交互手段及在不同环境中可用的无线网络带宽都是不同的，这就需要解决自适应的问题。自适应技术包含两部分：第一部分为内容的转化，该部分解决数据传输过程中因为资源的限制而对数据进行的处理问题；第二部分为交互界面的转化，该部分的转化因为设备的交互机制不同，需要把同一个交互接口映射到不同的交互机制下来完成。

　　③ 物理实体的管理技术。在普适计算系统中，物理实体在信息空间中都有其意义，因此需要相应的管理技术对这些物理实体进行管理。这里的管理有两层含义：第一层是指能够掌握物理实体的位置、结构、功能及其实时状态，这需要觉察上下文计算的支持；第二层是指当物理实体嵌入传感、计算等能力时，必须为其提供高层接口。

　　④ 模块间协调机制。普适计算系统采用的是分布式结构，因此，用一种统一的方式来组织、管理各种分布的模块之间的互联、通信及协作，从而使系统具有协调的行为和功能，这就是协调机制的作用。

　　⑤ 增强鲁棒性的技术。从普适计算的特点可以看出，理想化的普适计算系统需要有很强的鲁棒性，因此增强鲁棒性的技术对于普适计算系统而言至关重要。普适计算系统的脆弱性

主要体现在以下几个方面：第一，普适计算系统使用了无线通信和便携式设备，这使得系统的出错概率远远大于固定的有线式分布系统；第二，在自发操作过程中，模块间的联系会经常不可预见地丢失和恢复；第三，在普适计算系统中，一些设备的故障会导致整个系统崩溃。在普适计算系统增强鲁棒性技术的研究中，应着重加强对这些方面的研究。

⑥ 增强安全性的技术。网络安全问题是一个自计算机技术诞生之初就一直存在的问题，随着计算机技术的发展，该问题也日益突出，在普适计算系统中也存在很严重的信息安全问题，因此需要在安全性技术上进行深入研究。

（3）智能空间（Smart Space）

智能空间是普适计算在房间、建筑物这个尺度上的体现，是指嵌入了计算、信息设备和多模态的传感装置的工作或生活空间。用户可以通过这个空间的这些便捷的交互接口，非常方便地获得计算机系统的服务，从而进行高效的工作。智能空间应具备的功能和应能提供的服务包括以下几点：第一，能对用户及其动作与目的进行识别和感知，能理解和预测用户在完成任务过程中的需要；第二，用户及其携带的移动设备可以很方便地与智能空间相关模块进行交互；第三，能提供丰富的信息显示；第四，有记忆功能，能存储在智能空间中发生的事情；第五，智能空间应支持多人协同工作及与远程用户的沉浸式的协同工作。智能空间是实现普适计算系统过程中非常重要的一环，该技术已逐渐应用在实际生活中，最主要的应用场景为智能会议室、智能图书馆、智能家居等。图 2-2-5 所示为图书馆智能空间的模型。

图 2-2-5　图书馆智能空间的模型

（4）可穿戴设备（Wearable Computing）

可穿戴计算是指将计算机等交互设备容纳在可穿戴的设备中，这些设备一直处于开机状态，因此用户可以随时使用它们。随着普适计算概念的提出，个人计算机将被各式各样的可穿戴设备所取代的想法逐渐得到人们的认可。近些年来出现了各种可穿戴设备和移动终端，这些设备和终端具有一定的智能信息服务功能，且由于其具有更强的感知功能、更便捷的携带方式和更便利的交互功能，因此衍生出了许多个人计算机无法提供的服务。可穿戴设备的关键技术分为传感技术、数据计算技术和交互技术三部分。传感技术主要通过各种不同类型的传感器获取来自环境、人体等不同来源的信息，并对这些信息进行存储、分析和计算，进而支持上层应用服务和交互行为，目前广泛采用的传感技术主要有三种：微机电系统传感技术、生理信息传感技术和深度传感技术。数据计算技术主要指云计算及大数据技术，单一的可穿戴设备受限于舒适性和体积等方面的要求，在硬件资源上相对有限，因此，如果单纯依赖可穿戴设备自身，那么其功能与应用场景将会大受限制，而通过云平台及大数据技术，可以大大拓宽可穿戴设备的应用场景。交互技术主要负责可穿戴设备的交互性，近些年来，可穿戴设备的交互技术有了长足的进步，主要体现在以下几个方面：体感交互、语音交互、脑机交互和触感交互。

（5）游牧计算（Nomadic Computing）

游牧计算是指通过便携式计算装置和现代化的移动通信技术，用户可以在世界上的任何地方、任何时间访问互联网、家庭或工作所需的计算机上的数据。它融合了无线通信技术、移动技术、定位技术、微机电系统技术及纳米技术等技术。虽然游牧计算是一种新兴技术，但事实上它已经出现在我们的生活中很久了，用户出门旅游或出差时，随身携带的笔记本电脑、手机、PAD 等都属于游牧计算领域。游牧计算是实现普适计算的重要一环，可以使用户随时随地使用网络，但该技术还存在一些问题，如安全问题、网络带宽问题等。

2.3　本章小结

物联网是一种融合了多种现代化技术的综合性技术，其研究方向涉及诸多领域，本章就物联网在服务与管理技术和智能信息处理技术两个方面的理论研究进行了介绍。物联网中的服务与管理技术主要包括中间件技术、分布式存储技术、索引技术、数据挖掘技术与数据安全保护技术。中间件技术解决了物联网中异构系统之间如何相互访问的问题，分布式存储技术解决了物联网海量数据的存储问题，索引技术使用户能够准确地从海量数据中获取想要得到的数据，数据挖掘技术使物联网能从海量数据中提取有用的、可学习的信息，数据安全保护技术保障了用户的隐私安全。智能信息处理技术包括人工智能、普适计算等技术，人工智能技术使物联网具备了信息智能化处理和学习能力，普适计算技术使用户可以随时随地使用物联网技术。虽然这些技术解决了物联网的许多问题，但实际上这些技术还存在一定的缺陷，且物联网的快速发展会不断地对这些技术提出更多、更高的要求，因此，这些技术依旧需要不断地发展完善。

第3章 物联网体系标准与协议架构

物联网的最终目标是实现万物互联，所谓万物互联，是指实现物与物、人与人、物与人之间的通信。在物联网中，首先通过传感技术采集信息，其次通过通信技术传输数据，然后对数据进行处理，提取有效信息，最后将这些信息传输到相应物品上或执行相应的指令。可以看出，物联网涉及的技术领域很广，而通信技术在其中起着承上启下的作用。物联网技术较为复杂，为了使其更好地发展，必须建立一个统一的体系标准与协议架构。

本章就物联网中关键的通信技术——近场无线通信技术及物联网体系架构和互操作性进行介绍。

3.1 近场无线通信技术标准及协议

无线通信技术是实现物联网的关键技术，根据传输距离，可以将无线通信技术分为近场无线通信技术和远距离无线通信技术。本书仅对各类近场无线通信技术的标准及应用进行介绍，主要包括基于 IEEE 802.15.1 的 Bluetooth 标准、基于 IEEE 802.15.3 的高速 WPAN 标准、基于 IEEE 802.15.4 的低速 ZigBee 标准、基于 IEEE 802.11 的 WLAN 标准、基于 IEEE 802.16 的高速 WMAN 标准、蓝牙、WiFi 及 ZigBee 等近场无线通信技术在智慧城市信息资源智能化服务中的应用。

3.1.1 Bluetooth 标准介绍

1. Bluetooth 技术特征

蓝牙（Bluetooth）这个概念源于 1994 年，当时的 ERICSSON 公司对无电缆情况下的移动电话和其他设备产生了浓厚的兴趣，为此，ERICSSON 公司联合 IBM、Intel、NOKIA 和 Toshiba 这 4 家公司，发起了一个用于将计算机与通信设备、附加部件和外部设备，通过短距离的、低功耗的、低成本的无线信道连接的无线标准的项目的开发，这个项目称为蓝牙。

所谓蓝牙，是一种可实现固定设备、移动设备和楼宇个域网之间的短距离数据交换（使用 2.4~2.485GHz 的 ISM 波段的 UHF 无线电波）的无线技术标准。IEEE 将蓝牙技术列为 IEEE 802.15.1，但如今已不再维持该标准。对于对功耗要求较高且需要和手机、计算机等设备直接交互的物联网产品而言，蓝牙的低功耗、短距离通信等特点很好地满足了其需求，因此，蓝牙在物联网中得到了广泛的应用。相较于蓝牙 4.0，蓝牙 5.0 在传输速度及传输极限距离上都有了较大的性能提升，另外，在抗干扰方面，蓝牙 5.0 也得到了有效提升，能够有效地抵御多种电磁干扰。但蓝牙同样也有一些缺陷，即无法保证数据传输的安全性，因此，对其的研究还需要进一步深入。

总体而言，蓝牙主要有以下几个特点。

（1）工作频段全球通用。蓝牙的载频选用全球可用的 2.45GHz 工业、科学、医学（ISM）

频带，这使得全球范围内的用户均可以对其进行无界限的使用，解决了蜂窝式移动电话的"国界"障碍。蓝牙技术可以使拥有蓝牙功能的设备很方便、快速地搜索到另一个蓝牙技术产品，并与其建立连接，然后可以通过控制软件在两个设备间进行数据传输。

（2）兼容性和抗干扰能力强。目前，蓝牙技术已经能够发展成为独立于操作系统的一门技术，且对各种操作系统都具有良好的兼容性。蓝牙技术具有跳频功能，该功能可以有效地避免 ISM 频带遇到干扰源，大大提高了蓝牙技术的抗干扰能力。

（3）传输距离较短。蓝牙技术是一门短距离无线通信技术，因此，传输距离短也是蓝牙的一个特点。现阶段的蓝牙技术的主要工作范围为 10m 左右，经过增加射频功率后的蓝牙技术可以在 100m 的范围内进行工作，只有在工作范围内才能保证蓝牙技术的传输速度不受影响。而且，蓝牙技术的连接过程可以大大减小该技术与其他电子产品之间的干扰，从而保证自己可以正常运行。

（4）低功耗。蓝牙设备在通信连接的状态下，具有激活、呼吸、保持和休眠模式，激活模式时蓝牙处于正常工作状态，而其他模式则是为了节能所规定的低功耗模式。

2．Bluetooth 系统组成

蓝牙功能一般是通过模块来实现的，但实现方式不同，有些采用外加的方式，有些则将蓝牙模块嵌入设备平台中。蓝牙系统由无线射频单元、基带与链路控制单元、链路管理单元及蓝牙软件（协议栈）单元组成，其结构框图如图 3-1-1 所示。

图 3-1-1　蓝牙系统结构框图

（1）无线射频单元：该单元主要负责数据和语音的接收，具有距离短、功耗低的特点。体积小、质量小的微带天线——蓝牙天线位于该单元。

（2）基带与链路控制单元：该单元主要用于射频信号与数字或语音信号的相互转换，实现基带协议和其他底层连接规程。

（3）链路管理单元：该单元主要用于管理蓝牙设备间的通信，以及建立、验证、配置链路。

（4）蓝牙软件（协议栈）单元：该单元包含完整的蓝牙协议，包括核心协议部分和协议子集，其中，核心协议包括基带协议、链路管理协议、逻辑链路控制和适配协议及业务搜寻协议。

3．蓝牙低功耗协议栈

蓝牙 5.0 标准协议与 4.0 版本相似，也包含两种无线通信技术，即基础速率（Basic Rate，BR）和蓝牙低功耗（Bluetooth Low Energy，BLE）。相较于 BR，BLE 主要用于小批量数据的传输，在功耗方面有很大的优势，特别适用于在功率方面有严格要求且数据传输量不大的无

线通信应用场合。蓝牙低功耗协议栈如图 3-1-2 所示。

图 3-1-2 蓝牙低功耗协议栈

协议栈主要包含两部分：控制层和主机层。主机层规定了低功耗蓝牙中许多数据包的格式、低功耗蓝牙系统所采用的安全模式和一些不可缺少的协议规范。控制层主要负责各类接口及其数据传输。

物理层（PHY）的工作频率为 ISM 2.4GHz，速率为 1Mb/s，连接距离为 5～10m，采用自适应跳频技术（GFSK）来减小干扰和降低信号的衰减。

链路层（LL）控制着设备的状态，共有 5 种状态：就绪、广播、扫描、发起及连接。广播状态指在没有连接的情况下对外传输数据；扫描状态指监听是否有广播数据；发起状态指设备对广播发出回应，请求加入网络；如果发送广播的设备接收，那么广播状态和发起状态的设备都将进入连接状态，设备将会充当主机或从机，发起连接的设备称为主机，同意连接请求的设备称为从机。

主机控制接口层（HCI）是控制层和主机层之间的桥梁，控制层和主机层之间的通信、交互都通过该层的标准接口完成。

逻辑链路控制和适配协议层（L2CAP）主要提供数据的封装，提供逻辑上数据端到端的传输。

安全管理层（SM）定义配对的方式和密钥的分布，提供层与层之间及设备与设备之间安全的连接和安全的数据交换。

通用访问层（GAP）直接提供应用程序和框架的接口，直接管理设备的连接状态和设备的识别，另外，它还负责初始化设备的安全特性。

属性协议（ATT）允许设备将一组数据（属性）发送给另一台设备。

通用属性协议层（GATT）是一个定义子进程使用 ATT 的服务框架。在 BLE 中，设备之间所有的数据传输都通过 GATT 的子进程，因此，所有应用或文件都可直接使用 GATT。

4．Bluetooth 关键技术

（1）跳频技术。跳频技术是指在一次连接中，频带被分为若干跳频信道，无线电收发器会按照一定的码序不断地从一个信道跳到另一个信道，只要收发双方是按照这个规律进行通

信的，就会使得其他干扰不可能按照同样的规律进行干扰。前面提到了蓝牙的载频选取了全球可用的 2.45GHz 的 ISM 频段，而该频段是对所有无线电系统都开放的，因此，在使用该频段时不可避免地会遇到难以预测的干扰，因此，蓝牙技术采用了跳频技术，大大提高了该技术的抗干扰能力。跳频通信原理如图 3-1-3 所示。

图 3-1-3 跳频通信原理

（2）微微网和分散网。当 2～8 台蓝牙设备成功建立链路后，微微网便形成了。在微微网中，只有一台主设备，剩下的设备均为从设备，但这并不意味着进入微微网的蓝牙设备有主、从之分，网内的所有蓝牙设备都是对等的，主、从任务仅在微微网生存期内有效，在微微网取消后，主、从任务也随之取消。每个微微网中的每个设备都可以为主设备或从设备，主单元主要用于定义微微网及控制信息流量并管理接入。微微网结构如图 3-1-4 所示。在蓝牙中，每个微微网都有特定的跳频序列，在一个微微网中，所有设备均使用该跳频序列进行同步，因此它允许大量的微微网同时存在，微微网间通过跳频序列来区分。在同一区域内，几个相对独立的、以特定方式连接在一起的微微网可构成一个分散网，图 3-1-5 所示为一个蓝牙分散网。

图 3-1-4 微微网结构   图 3-1-5 蓝牙分散网

（3）时分多址（TDMA）的调制技术。时分多址是一种在一个宽带的无线载波上，把时间分成周期性互不重叠的帧，再将每一帧分割成若干互不重叠的时隙，每个时隙作为一个通信信道分配给一个用户的技术。它使多个用户可以共享一个载波频率，很好地满足了蓝牙的需求。

3.1.2　高速 WPAN 标准介绍

WPAN 是无线个人局域网通信技术（Wireless Personal Area Network Communication Technologies）的简称，是一种采用无线连接的个人局域网，常被称为无线个人局域网或无线个域网。WPAN 指的是能在便携式通信设备和电器之间进行短距离特别连接的网络。定义中的"特别连接"包含两层含义：一是指设备既能承担主控功能，又能承担被控功能；二是指设备加入或离开现有网络的方便性。WPAN 关注的是个人的信息和连接需求，包括将数据从计算机同步到便携式设备、便携式设备之间的数据交换，以及为便携式设备提供 Internet 连接。相较于无线广域网（WWAN）、无线城域网（WMAN）、无线局域网（WLAN），无线个域网（WPAN）是一种覆盖范围较小的无线网络。WPAN 在网络构成上位于整个网络链的末端，主要用于实现同一地点终端与终端间的连接，如计算机与蓝牙键盘的连接。人们通常按照传输速率将 WPAN 分为低速 WPAN、高速 WPAN 及超高速 WPAN，本书仅介绍高速 WPAN。

IEEE 802.15 WPAN 工作组为了满足物理层（PHY）数据速率和介质访问控制层（MAC）服务质量（Quality of Service，QoS）的要求，建立了一个 IEEE 802.15.3 高速率 WPAN 任务组。经过授权，该组已经创建一个高速率的 WPAN 标准，提出这个标准的目的是连接下一代便携式消费者电器和通信设备，支持各种高速率的多媒体应用。高速 WPAN 主要具有以下几个特点：能为多媒体业务提供具有 QoS 支持的特别连接；可以很方便地加入和离开现有网；具有先进的功率管理功能，可节省电源消耗；通信距离小于 10m 时的通信效果最优，成本、复杂性低；支持高达 55Mb/s 的高数据速率，可传输高质量影像和声音。

在高速 WPAN 实现过程中，超宽带（Ultra Wide Band，UWB）技术起到了至关重要的作用，下面将对该技术进行介绍。

1. UWB 简介

超宽带是一种基于 IEEE 802.15.3 的超高速、短距离无线接入技术。它在较宽的频谱上传输极低功率的信号，能在 10m 左右的范围内实现几百 Mb/s 的数据传输速率，具有抗干扰性强、传输速率高、带宽极宽、消耗电能低、保密性好、发送功率小等诸多优势。UWB 与传统的采用载波承载信息的通信技术不同，它不采用载波，而是利用纳秒至微秒级的非正弦窄脉冲传输数据，因此信号更易生成，其所占用的频谱范围很宽。美国联邦通信委员会对 UWB 技术的规定为：在 3.1～10.6GHz 频段中占用 500MHz 以上的带宽。UWB 实质上是以占空比很低的冲击脉冲作为信息载体的无载波扩谱技术，它在一个非常宽的频带进行信息调制过程，并且以这一过程中所持续的时间来决定带宽所占据的频率范围，然后直接发射脉冲进行通信，其数据通过直接发送脉冲无线电信号来传输。UWB 无线传输系统一般由发射部分、脉冲调制模块、低噪声放大器模块和接收部分组成，其基本模型如图 3-1-6 所示。

图 3-1-6　UWB 无线传输系统的基本模型

2．UWB 特点

（1）频带宽。UWB 信号频谱在 3.1～10.6GHz 范围内，所用带宽为 500MHz～7.5GHz。这样的频带远远宽于传统无线通信技术，且 UWB 系统还可以和目前的窄带通信系统互不干扰地同时工作，在频带资源日益紧缺的今天，开辟了一种全新的高速无线通信方式。

（2）功耗低。UWB 系统采用低占空比脉冲间歇性地发送数据，大大降低了功耗。在高速通信时，系统的耗电量仅为几百微瓦至几十毫瓦。UWB 设备功率一般仅有传统无线通信设备的几百分之一到几十分之一。因此，相较于传统无线通信设备，UWB 设备具有更长的寿命、更小的辐射。

（3）系统结构简单，成本低。相较于传统无线通信技术，UWB 不需要进行射频调制和解调，这使其发射器可以直接用脉冲小型激励天线，接收机利用相关器即可进行信号检测，大大降低了系统复杂度与成本。

（4）传输速率高。在 UWB 最优传输距离内，其传输速率可达到 500Mb/s。

（5）多径分辨率极高。传统无线通信的射频信号大多为连续信号或其持续时间远大于多径传播时间，这使其通信质量和数据传输速率都受到了多径传播效应的限制。而 UWB 采用了持续时间极短的窄脉冲，其时间、空间分辨力都很强，因此系统的多径分辨率极高。

（6）定位精确。冲激脉冲的定位精度很高，因此，UWB 技术可以很容易地将定位与通信结合，这是常规无线电难以做到的，且 UWB 具有很强的穿透能力，使其可以很好地进行室内和地下定位。

（7）安全性高。UWB 信号的能量一般会弥散在极宽的频带范围内，这使得 UWB 信号在一般的通信系统中相当于白噪声，而且在大多数情况下，电子噪声的频谱密度是高于 UWB 信号的，而从电子噪声中检测脉冲信号是很困难的，这使得 UWB 信号在传输时很难被攻击方检测到。

3．基于 UWB 的高速 WPAN 的应用

随着生活水平的提高，各种智能家电得到了普及，由于这些家电设备之间的接口标准存在差异，因此采用有线连接方式无疑是极为困难的。这使得人们将目光转向了 UWB 技术，UWB 技术具有很高的传输速率和频谱利用率，且家庭环境符合短距离通信的要求，这使得这些家电之间的无线多路高速流媒体传输成为可能。通过基于 UWB 的高速 WPAN，人们可以将各种电子设备纳入一个智能家电内，从而实现多设备之间的无线互联，形成一个智能家电网。在这个智能家电网中，UWB 技术为各种视频、音频数据的传输提供高达几百 Mb/s 的传输速率，WPAN 则帮助网络同计算机相连，进而连入互联网，从而达到对家电进行远程控制的目的，实现家电的智能化和数字化。除在家电领域外，基于 UWB 的高速 WPAN 在计算机和外设中也有很好的应用，最直观的应用为无线 USB 连接技术。

3.1.3　ZigBee 标准介绍

1．ZigBee 技术特征

近年来，以传感器、无线通信和微机电技术为核心的物联网技术高速发展，其在环境监测、物流跟踪、医疗监护、家庭娱乐等领域的大量工程运用中，要求实现技术具备低成本、低功耗、自组织等特点。以传感器和自组织网络为代表的无线应用具有传输带宽占用小、传输时延短、功率消耗低、组网灵活等众多特点，符合物联网的自身特点，并且在物联网的广泛应用中需要一种符合低端传感器的、面向控制的、应用简单的专用标准，而 ZigBee 的出现很好地满足了这一系列物联网应用的技术需求。

ZigBee 技术是一种短距离、低复杂度、低功耗、低数据传输速率、低成本的无线通信标准，以 IEEE 802.15.4 无线通信技术为基础，涉及网络、安全、应用方面的软件协议。ZigBee 技术被 IEEE 确定为低速率无线个人局域网标准，其作为低成本、低功耗、双向近距离无线通信标准，已经成为物联网研究领域的核心支撑技术。ZigBee 技术自身所具备的优势与特点，使其与物联网领域的开发、应用完美结合，成为物联网的重要支撑技术。

（1）工作频段灵活。已经可以使用的频段有 2.4GHz、868MHz（欧洲）及 915MHz（美国），都是可以免除执照的频段。

（2）速率低。虽然在不同的工作频段 ZigBee 的数据传输速率不同，但是都处在较低的速率上。在 868MHz 频段，有一个数据传输速率为 20kb/s 的传输信道；在 915MHz 频段，有 10 个数据传输速率为 40kb/s 的传输信道；在 2.4GHz 频段，有 16 个数据传输速率为 250kb/s 的传输信道。

（3）功耗低。ZigBee 的时间分为工作期和非工作期。由于 ZigBee 技术的数据传输速率较低，传输的数据量很小，因此在工作时的信号收发时间短。而在非工作时，ZigBee 节点处于休眠模式。在低功耗的待机模式下，一般 ZigBee 节点由两节普通 5 号干电池供电，可使用 6 个月以上，从而免去了充电或频繁更换电池的烦琐。

（4）通信范围有限。ZigBee 低功耗的特点决定了设备具有较小的发射功率，一般两个 ZigBee 节点的有效通信距离为 10～75m，基本可以覆盖普通家庭和办公室。

（5）成本低。由于 ZigBee 的数据传输速率较低、协议简单，因此其成本降低，而且其协议不收取专利费。ZigBee 降低了其自身对通信控制器的要求，可以采用 8 位单片机进行控制，从而大大降低了硬件成本。

（6）时延短。ZigBee 的通信时延和从休眠状态到启动的时延都很短，该特征对时间敏感的信息是至关重要的，此外还可以减小能量消耗。

（7）数据传输可靠。ZigBee 采用了载波侦听/冲突检测（CSMA/CA）防碰撞机制，给需要带宽固定的通信业务预留专用时隙，避免在发送数据时产生冲突与竞争。在 MAC 层采用了确认数据传输机制，当传输过程中出现问题时可以重新发送，从而建立可靠的数据通信模式。

（8）网络容量大。ZigBee 设备有协调器、路由器和终端三种类型。每个 ZigBee 网络最多可支持 255 个设备，通过网络协调器的连接，整个网络可扩展至 64000 个 ZigBee 网络节点的规模，可以满足大面积无线传感器网络的布建需求。

（9）组网方式灵活。ZigBee 组网方式较为灵活，除了可以组成星形网、簇形网和网状网等方式，网络也可以随节点设备的加入或退出呈现动态变化。

（10）自配置。在有效的通信范围内，ZigBee 可以通过网关自动建立自己的网络，其采用的是 CSMA/CA 的方式接入信道；它的节点设备可随时加入或退出，拥有一种自组织的、自配置的组网连接模式。

（11）安全模式。ZigBee 支持认证与鉴权，并在数据传输过程中提供了三个等级的安全处理。第一级是无安全模式，例如，在某些应用中安全问题并不重要或上层已经给予足够多的安全保护，设备就可以选择这种方式来传输数据。第二级是安全模式，设备通过使用接入控制列表（ACL）来防止非法设备获取数据，这种安全模式不采取加密措施。第三级是安全模式，在数据传输过程中采用高级加密标准（AES.128）的对称密码，AES 可以保护数据净荷和防止攻击者冒充合法的设备。

ZigBee 技术具有的上述优点，使之可以和物联网完美地结合在一起，成为物联网应用的重要支撑技术。

2．ZigBee 网络架构

ZigBee 网络存在全功能设备（Full-Function Device，FFD）和精简功能设备（Reduced-Function Device，RFD）两种类型的物理设备。其中，全功能设备具备 IEEE 802.15.4 标准所指定的所有功能和特征，发挥网络控制器的作用并担任网络协调器的角色，提供信息的双向传输并支持网络构建。而精简功能设备只具备 IEEE 802.15.4 标准所指定的部分功能和特征，在网络中通常作为路由器和终端设备。ZigBee 具有强大的组网能力，可由功能设备构成星形网（Star）、簇形网（ClusterTree）和网状网（Mesh）在内的多种类型的拓扑架构。图 3-1-7 所示的三种节点分别是：协调节点（每个 ZigBee 网络中必须有一个），用于初始化网络信息；路由节点（路由功能），用于存储转发网络中的路由信息；终端节点，根据实用网络的需要携带各种不同信息。

星形网　　　　　簇形网　　　　　　　网状网

● 协调节点　　　　● 路由节点　　　　○ 终端节点

图 3-1-7　ZigBee 的三种网络拓扑架构

3．ZigBee 技术层次

IEEE 802.15.4 标准定义了开放式系统互联参考模型最下面的两层：物理层（PHY）和介质访问控制层（MAC）。该标准描述了低速率无线个人局域网中物理层和媒体访问控制层标准，并把低功耗、低速率传输、低成本作为重点目标，旨在为个人或家庭范围内的不同设备

之间的低速互联提供统一的标准。IEEE 802.15.4 提供三种物理层的选择（868MHz、915MHz
和 2.4GHz），并且都采用直接序列扩频（DSSS）技术和使用相同的包结构，以缩短作业周期、
减小运作功耗和数字集成电路成本。IEEE 802.15.4 标准促使物理层与 MAC 层协作，从而扩
大了网络应用的范畴。ZigBee 联盟提供了网络层和应用层（APL）框架的设计。其中，应用
层的框架包括应用支持子层（APS）、ZigBee 设备对象（ZDO）及由制造商指定的应用对象，
应用层可基于应用目标由用户灵活地开发利用。ZigBee 技术层次如图 3-1-8 所示。

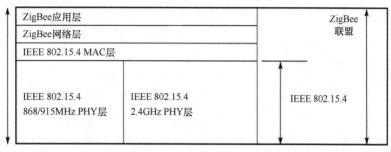

图 3-1-8　ZigBee 技术层次

（1）物理层 PHY（Physical Layer）

物理层定义了物理无线信道和 MAC 层之间的接口，提供物理层数据服务和物理层管理
服务，实现对数据的传输和物理信道的管理。数据传输包括数据的发送与接收，管理服务包
括信道能量监测（ED）、链路质量指示（LQI）和空闲信道评估（CCA）等。

（2）介质访问控制（Media Access Control，MAC）层

MAC 层提供两种服务：MAC 层数据服务和 MAC 层管理服务，前者保证 MAC 数据单元
在数据服务中的正确收发，后者实现 MAC 的管理活动。IEEE 802.15.4 MAC 层实现设备间无
线链路的建立、维护与断开，确认模式的帧传输与接收，信道接入与控制，帧校验与快速自
动请求重发，预留时隙管理及广播信息管理等功能。MAC 层处理所有物理层无线信道的接
入。MAC 层通用的帧结构如表 3-1-1 所示。

表 3-1-1　MAC 层通用的帧结构

信标帧结构							
字节：2	1	4～10	2	K	M	N	2
帧控制	序列号	地址域	超帧描述字段	GTS 分配字段	带转发数据目标地址	信标帧负荷	帧校验
MAC 帧头			MAC 数据服务单元				MAC 帧尾
数据帧结构							
字节：2	1	4～20	N			2	
帧控制	序列号	地址域	数据帧负荷			帧校验	
MAC 帧头			MAC 数据服务单元			MAC 帧尾	
确认帧结构							
字节：2	1				2		
帧控制	序列号				帧校验		
MAC 帧头				MAC 帧尾			

续表

命令帧结构					
字节：2	1	4～20	1	N	2
帧控制	序列号	地址域	命令类型	数据帧负荷	帧校验
MAC 帧头			MAC 数据服务单元		MAC 帧尾

MAC 协议是在 ZigBee 的底层驱动程序的基础上实现的，主要包括芯片射频模块接口和一个操作系统抽象层。ZigBee 协议 MAC 层逻辑模型结构如图 3-1-9 所示。

图 3-1-9　ZigBee 协议 MAC 层逻辑模型结构

（3）网络层框架

网络层负责拓扑结构的建立和维护、命名和绑定服务，它们协同完成寻址、路由及安全这些必需的任务。网络层管理实体提供网络管理服务，允许应用与堆栈相互作用。网络层数据实体为数据提供服务，当在两个或多个设备之间传输数据时，它将按照应用协议数据单元的格式进行传输，并且这些设备必须在同一个网络中，即在同一个内部无线个域网中。网络层数据实体可提供生成网络层协议数据单元、指定拓扑传输路由、确保通信的真实性和机密性等服务。网络协议数据单元（网络层帧结构）如表 3-1-2 所示。

表 3-1-2　网络层帧结构

字节：2	2	2	1	1	0/8	0/8	0/1	变长	变长
帧控制	目的地址	源地址	广播半径域	广播序列号	IEEE目的地址	IEEE源地址	多点传输控制	源路由帧	帧的有效负荷
网络层帧报头								网络层的有效负荷	

（4）应用层框架

ZigBee 应用层框架包括应用支持层（APS）、ZigBee 设备对象（ZDO）和制造商所定义的应用对象。应用支持层的功能包括：维持绑定表、在绑定的设备之间传输消息。所谓绑定，就是基于两台设备的服务与需求，将它们匹配地连接起来。APS 数据包格式如表 3-1-3 所示。

表 3-1-3　APS 数据包格式

帧控制	接收节点	簇识别码	配置文件识别码	发送节点	数据
帧类型、传输模式、非直接地址模式、安全有无、ACK 有无等信息	接收节点的 ID	用来判断所传输的数据包	应用的标识 ID	发送节点的 ID	数据负荷

ZigBee 设备对象的功能包括：定义设备在网络中的角色（如 ZigBee 协调器与终端设备）、发起和响应绑定请求、在网络设备之间建立安全机制。ZigBee 设备对象还负责发现网络中的设备，并且决定向它们提供何种应用服务。

3.1.4　WLAN 标准介绍

1. WLAN 简介

无线局域网（Wireless Local Area Network，WLAN）是计算机网络与无线通信技术相结合的产物，它通过无线通信技术在一定局部范围内建立网络，从而实现传统有线局域网的功能，使用户真正实现随时、随地、随意的宽带网络接入。典型的 WLAN 结构如图 3-1-10 所示。

图 3-1-10　典型的 WLAN 结构

无线网络的历史起源可以追溯到“二战”时期美国陆军研究出的一套无线电传输技术，该科技加上高强度的加密技术，实现了通过无线电信号进行资料传输的功能。这项技术让许多学者得到了灵感，到 1971 年，夏威夷大学成功地研究出第一个基于封包式技术的无线电通信网络 ALOHNET，该网络包括 7 台计算机，采用双向星形拓扑横跨了 4 座岛屿，至此，无线网络正式诞生。此后，经过近 20 年的发展，IEEE 于 1990 年正式启用了 802.11 项目，标志着无线网络技术逐渐走向成熟，从该项目开展以来，先后有 IEEE 802.11a、IEEE 802.11b、IEEE 802.11g、IEEE 802.11e、IEEE 802.11f、IEEE 802.11h、IEEE 802.11i、IEEE 802.11j、IEEE 802.11n 等标准的制定，目前 IEEE 802.11n 已经得到普遍应用，IEEE 802.11n 技术可以提供给用户高速度、高质量的 WLAN 服务。2003 年，Intel 推出了自己旗下第一款带有 WLAN 无线网卡芯片模块的迅驰处理器，尽管当时的无线网络技术还不很成熟，但该芯片在功耗、性能上都远优于当时的芯片，且 Intel 对其进行了捆绑销售，使许多无线网络服务商看到了商机，从而大大促进了无线网络技术的发展。随着无线通信技术的不断发展，WLAN 已融入人们的生活，成为人们生活中不可缺少的一部分。WLAN 发展史如图 3-1-11 所示。

2. WLAN 关键技术

WLAN 主要采用了 OFDM、MIMO 及跳频技术等，跳频技术在蓝牙技术的相关内容中已经介绍，此处不再赘述。

图 3-1-11 WLAN 发展史

（1）OFDM 技术

正交频分复用（Orthogonal Frequency Division Multiplexing，OFDM）技术由多载波调制技术发展而来，是实现复杂度最低、应用最广的多载波传输方案之一。它通过频分复用实现高速串行数据的并行传输，具有较好的抗多径衰弱能力，能够支持多用户接入。OFDM 技术的基本思想为：将信道分成若干正交子信道，将由高速数据信号转换而来的并行的低速子数据流调制到正交子信道上进行传输。为减小子信道之间的相互干扰，正交信号一般在接收端采用相关技术来分开。每个子信道上的信号带宽小于信道的相关带宽，因此每个子信道都可以视为平坦性衰落，从而达到消除码间串扰的目的，而且由于每个子信道的带宽仅仅是原信道带宽的一小部分，因此信道均衡变得相对容易。OFDM 原理图如图 3-1-12 所示。

图 3-1-12 OFDM 原理图

（2）MIMO 技术

MIMO 技术是一种能在不增加带宽的情况下，成倍地提高通信系统的容量和频谱利用率的技术。典型 MIMO 系统如图 3-1-13 所示，其中，h 表示不同收发天线间的信道。系统包含 m 个发射天线和 n 个接收天线，根据无线信道的特性，每个接收天线都会接收到不同发射天线的内容，因此不同收发天线间的信道冲激响应均有不同的表现形式。在接收端，MIMO 采用最大比例合并技术，拥有较高的灵敏度，且可以兼容非 MIMO 终端；在传输过程中采用空间复用技术，能同时传输多个数据流，提高了传输速率，单流数据传输速率最高可达 157Mb/s，双流数据传输速率最高可达 300Mb/s。

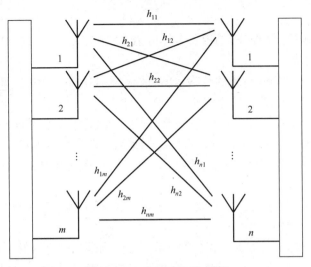

图 3-1-13　典型 MIMO 系统

3. 基于 IEEE 802.11 系列标准的 WLAN 技术 WiFi

WiFi 的概念最早是由澳洲 CSIRO 的 John O Sullivan 提出的，他提出了无线网络环境中进行高保真和有效传输数据的协议。经过长时间的发展，WiFi 不仅得到了普及，而且已经成为一个新型无线生态圈，除标准互联网数据传输功能外，它还能根据不同的工作场景和不同需要存在不同版本。

WiFi 技术是 WLAN 技术中的一种新科技。与蓝牙技术相似，WiFi 也属于短距离无线通信技术，适合办公与家用。WiFi 的频段与蓝牙相同，选取了 2.4GHz 附近的无须申请的 ISM 无线频段。目前，WiFi 可使用的标准主要是 IEEE 802.11a 和 IEEE 802.11b。WiFi 具有速度快、覆盖范围广、可靠性强等特点，这些特点使其迅速得到市场的认可，在社会中得到普遍使用。

WiFi 是由 AP（Access Point）和无线网卡组成的无线网络，AP 被当作传统的有线局域网与无线局域网之间的桥梁，其相当于一个内置无线发射器的 HUB 或路由；无线网卡则是负责接收由 AP 所发射信号的客户端设备。WiFi 的组成结构如图 3-1-14 所示。

图 3-1-14　WiFi 的组成结构

WiFi 的优点如下。

（1）较广的覆盖范围。WiFi 的覆盖半径可达 100m 左右，大大超过了蓝牙的覆盖范围，可以覆盖整栋办公大楼。

（2）传输速度快。WiFi 技术的传输速度可以达到 11Mb/s（IEEE 802.11b）或者 54Mb/s（IEEE 802.11a），适合高速数据传输的业务。

（3）无须布线。WiFi 最主要的优势在于不需要布线，可以不受布线条件的限制，因此非常适合移动办公用户的需要；在机场、车站、咖啡店、图书馆等人员较密集的地方设置"热点"，并通过高速线路将互联网接入上述场所，用户只需将支持 WLAN 的移动设备置于该区域内，即可高速接入互联网。

（4）辐射低。在 IEEE 802.11 协议中，规定 WiFi 的发射功率不可超过 100mW，因此，一般的 WiFi 发射功率会控制在 60～70mW 范围内。

除上述优点外，WiFi 也面临许多无线技术面临的问题：安全性低及容易受到频率干扰。但经过多年的发展，人们研究出了网络加密、访问控制等安全机制，从用户上网的各方各面给予了保护，如 WPA 技术通过授权的方式为用户提供数据保护，认证技术可确保用户访问数据安全等，这些技术大大提升了 WiFi 的安全性。

3.1.5 高速 WMAN 协议标准介绍

无线城域网（WMAN）按照 IEEE 802.16 标准在一个城市的部分区域实现无线网络覆盖，由于建筑物之间的位置是固定的，因此 WMAN 需要在每个建筑物上建立基站，基站之间采用全双工、宽带通信方式工作。基于 IEEE 802.16 标准的 WPAN 结构示意图如图 3-1-15 所示。WMAN 的覆盖范围为几千米到几十千米，能提供语音、数据、图像、多媒体、IP 等多业务的接入服务，且可以提供支持 QoS 的能力和具有一定范围移动性的共享接入能力。

图 3-1-15　基于 IEEE 802.16 标准的 WPAN 结构示意图

1. IEEE 802.16 简介

IEEE 802.16 工作组于 1999 年成立，成立该工作组的目的是开发宽带无线标准，以满足快速发展的宽带无线接入技术的需求。2002 年 4 月，该工作组公布了一个 10～66GHz 的 IEEE

802.16 标准。IEEE 802.16 是当前无线通信领域的前沿技术，是高速连接"最后一公里"的廉价方法，它提供了用户与核心网络之间的连接方式。

IEEE 802.16 工作组又分为三个小工作组：IEEE 802.16.1、IEEE 802.16.2 及 IEEE 802.16.3，这三个小组各自负责 IEEE 802.16 标准开发的不同方面：IEEE 802.16.1 负责制定频率为 10～60GHz 的无线接口标准；IEEE 802.16.2 负责制定宽带无线接入系统共存方面的标准；IEEE 802.16.3 负责制定频率在 2GHz 到 10GHz 之间获得频率使用许可的应用的无线接口标准。11GHz 以下范围的非视距特性较理想，树木与建筑物等对信号传输的影响较小，这使得基站的建设不需要架设高大的信号传输塔，只需在建筑物顶部直接安装即可，且 2～11GHz 的系统基本可以满足大多数宽带无线接入需求，因而更适于"最后一公里"接入领域。为此，IEEE 802.16 工作组于 2003 年 1 月推出了运行于 2～11GHz 的扩展版本标准——IEEE 802.16a，该标准适用于特许频段和 2.4GHz、5.8GHz 等无须许可的频段。2004 年，IEEE 802.16 工作组在原有协议的基础上进行了补充和完善，提出了 IEEE 802.16d，该标准是一个相对成熟的一个标准，工作在 10～66GHz 和小于 11GHz 的频率范围，可以支持 2～11GHz 非视距传输和 10～66GHz 视距传输，但不支持移动环境，又称为固定 WiMax。2005 年，IEEE 802.16e 作为 IEEE 802.16d 的增强版本被提出，该协议定义了同时支持固定和移动性宽带无线接入系统的空中接口，适用于 6GHz 以下的许可频道。IEEE 802.16 协议栈参考模型如图 3-1-16 所示。

CS：服务汇聚子层　　　　　MAC：介质访问控制　　　　　SAP：服务接入点

图 3-1-16　IEEE 802.16 协议栈参考模型

协议栈中，物理层位于底层，由传输汇聚子层（TCL）和物理媒介依赖子层（PMD）组成，主要涉及频率带宽、调制方式、纠错技术及收发信机之间的同步、数据传输速率和时分复用结构等方面，支持时分双工（TDD）和频分双工（FDD）方式。时分双工是指上下行传输占用不同的时段，频分双工则指上下行传输占用不同的频率。

MAC 层由特定服务汇聚子层、MAC 公共部分子层及安全子层组成。特定服务汇聚子层的功能为将服务接入点（SAP）接收到的外部网络数据映射到 MAC 服务数据单元（SDU），并通过 MAC SAP 传递给 MAC 公共部分子层，不同类型的汇聚子层可以为高层提供不同的接口；MAC 公共部分子层主要提供包括系统接入、带宽分配、连接建立及连接维护在内的 MAC 层核心功能；安全子层主要用于提供鉴权、密钥交换和加密功能。

2. 基于 IEEE 802.16 系列标准的 WMAN 技术 WiMax

为确保不同供应商产品与解决方案的兼容性，部分 IEEE 802.16 技术的领先供应商于 2003 年 4 月成立了旨在推进无线宽带接入的 WiMax 论坛。如同 WiFi 联盟的强大促进了 WLAN 的快速发展一样，WiMax 联盟的目标也是促进 IEEE 802.16 的应用。

WiMax（World Interoperability for Microwave Access）是全球微波接入互操作性的简称，它是由 IEEE 提出的一种标准化技术，也是当今世界范围内具有极高关注度的无线宽带接入技术。最新的 WiMax 2.0 即 IEEE 802.16m 系列标准于 2011 年 3 月颁布，它是继 IEEE 802.16e 后的第二代移动 WiMax 国际标准，它的数据传输速率远高于 WiMax 1.0。WiMax 技术的下行最高速率可至 1Gb/s，而上行最高速率为 100Mb/s，可满足移动用户各种级别的服务和应用需求。

总体而言，WiMax 作为无线城域网中最关键的技术之一，具有巨大的潜力及广阔的应用前景，WiMax 的技术优势主要体现在以下几个方面。首先，相较于其他无线通信技术，它在保证通信速率的基础上，具有更远的覆盖距离。WiMax 的基站可以提供最高每扇区 75Mb/s 的接入速率，且其最高覆盖范围可达 50km，一般为了保证通信质量，建设时的覆盖范围为 6～10km，因此，通过少量的 WiMax 基站即可实现全城范围的覆盖。然后，WiMax 支持点到多点（PMP）结构和 Mesh 结构，当骨干网络有无法覆盖的区域时，可以采用 WiMax 网状网进行补充，从而全方位覆盖；WiMax 的物理层可以根据实际情况选择多种调制方式，能有效地减小多径衰落的影响，除载波调制方式外，一些物理层参数也可以进行动态调整，保证了传输质量。

3.1.6 近场无线通信技术在智慧城市信息资源智能化服务中的应用

智慧城市的建设模式主要有 3 种：以物联网产业为驱动的建设模式、以信息基础设施建设为先导的建设模式、以社会应用为突破口的建设模式。其中，以物联网产业为驱动的建设模式日益成为关键的模式，而近场无线通信技术作为物联网的关键技术之一，在智慧城市信息资源智能化服务中也得到了广泛应用。

1. 蓝牙技术的应用

蓝牙技术主要应用于各种设备的统一调度。

（1）家庭应用

随着科学技术的不断发展，家庭中的电子化产品日益增多，使用蓝牙可以便于住户进行统一管理。蓝牙技术所使用的频段是开放的频段，这就使得任何用户都可以方便地应用蓝牙技术，而无须对频道的使用进行付费及其他处理。通过设置密码，用户可以使自家住宅的蓝牙私有化。在家中拥有数台计算机后，蓝牙的存在使用户只使用一部手机就可以对任意一台计算机进行操控。而其他家电（如冰箱、空调等）也可依据类似原理，通过蓝牙进行控制。

（2）办公应用

在办公室中，一个强大的"蓝牙网络"可以将办公信息及时更新，将各类文件高速推送。

办公室中的各种内部交流也可以通过这个"蓝牙网"进行。计算机、手机、打印机等设备均可通过蓝牙交流。蜘蛛网式的会议室也将被淘汰，白板记录仪、摄影机等都可以利用蓝牙来简化操作。

（3）公共场所

在现今的公共场所中，WiFi 变得更加普及，而在应用蓝牙后，设置蓝牙基站的企业可以通过蓝牙技术向覆盖范围内的所有终端传送企业广告。例如，餐厅可以通过蓝牙技术将顾客的点单同步到传送台和后厨，可以大大节约人力和时间成本。

2．WiFi 技术的应用

除为家庭、办公区域、公共区域提供网络外，WiFi 技术也时常应用于定位系统。

（1）医院资产和人员安全管理

国外医院正迅速采用基于无线局域网的 RFID 实时定位系统，国内医院也非常关注这一新动向。在医院或医疗机构的动态工作环境中，对资产和人员的低可见度往往导致时间与资源的严重浪费，甚至造成无法弥补的后果。基于 WiFi 的 RFID 实时定位系统能够实时地跟踪病人、职员和医疗设备，监视有价值资产的区域安全和环境条件。医疗保健机构采用基于 WiFi 的 RFID 实时定位系统能获得非常大的收益。

（2）物流配送管理

物流行业一直是实时定位技术的典型应用领域，随着物流业的快速发展，无线物流将会成为未来物流发展的趋势。物流分配中心每天会有大量的托盘、拖车进出，需要花费大量的人力、物力去管理这些不断移动的资产，而且人工的操作容易导致很多错误。采用了基于 WiFi 的 RFID 实时定位系统后，这些托盘和拖车的位置会随时被自动记录下来，只要在系统的电子地图上搜索，就可以立即找到它们。一旦发生错误放置，系统就会立即报警。

（3）涉密资产和人员定位管理

在学校、公园等基于人员安全或其他特殊目的的环境中，往往需要随时了解人员所在的位置、行踪和人员状况。另外，针对贵重资产和涉密资产，往往需要提供实时的监护和看管，基于 WiFi 的 RFID 实时定位系统可以很好地应用在这些定位管理上，可以加强资产和人员安全管理。

3．ZigBee 技术的应用

（1）高校智能照明系统

传统的高校照明系统存在教室、图书馆、实验室无人亮灯、人少亮灯，以及楼道、厕所、路灯通夜亮灯等情况。针对上述情况，部分高校将 ZigBee 技术应用到高校照明系统中，将 ZigBee 协议作为理论依据，设计高校路灯照明系统。整个系统基于网状拓扑结构体系，其中硬件采用 CC2530 芯片，软件采用 Z-Stack 协议栈，实现了通过路由器向节点上的终端设备发送信号，终端设备收到信号后进行反馈，进而完成对照明设备的控制。该系统实现了对高校路灯及教学楼、图书馆等楼宇的有效控制，达到了节能的目的。

（2）智能家居

基于 ZigBee 技术的智能家居应用，可把 ZigBee 模块嵌入智能家居环境监测系统的各传感器设备中，实现近距离无线组网与数据传输。通过用户 PC 或手机、网关、光线传感器、温湿度传感器、二氧化碳传感器、甲醛传感器、灰尘传感器等设备组成完整系统，实现智慧门禁、智慧家电、智慧安防等，可以提供一个完整且实时的家庭环境报告，给人们带来更健康的生活。

（3）医疗检测应用

生命体征检测设备由加速度计、陀螺仪，温度、皮电、血压等传感器组成。实时监测采集心率、呼吸、血压、心电、核心体温、位移等多种身体特征参数。生命体征检测设备内置 ZigBee 模块，可实时记录病人数据，最终无线传输到终端或工作站实现远程监控。且救护车在去往医院的途中，可以通过该技术提供实时的病人信息，同时还可以实现远程诊断与初级的看护，从而大幅缩短救援的响应时间，为病人的进一步抢救赢得宝贵的时间。

3.2　物联网体系架构和互操作性

体系架构可以精确地定义系统的各组成部件及其之间的关系，指导开发人员遵循一致的原则实现系统，保证最终建立的系统符合预期的设想。由此可见，体系架构的研究与设计关系到整个物联网系统的发展。从技术架构上来看，物联网可分为三层：感知层、网络层和应用层，如图 3-2-1 所示。感知层主要包括传感技术、射频技术、组网技术、短距离通信技术等；网络层主要包括各类网络；应用层则包括各种服务支撑技术及各类应用。

图 3-2-1　物联网的技术架构

3.2.1　感知层

感知层由各种传感器、执行器、短距离无线通信节点、数据网关等构成，包括：传感器、二维码扫描仪、RFID 标签和读写器、摄像头、GPS 等感知终端；步进电机、直流电机、继电器、电磁阀等执行器；ZigBee、WiFi、IPv6、蓝牙等短距离无线通信节点及数据网关等感知层相当于人的眼耳鼻喉和皮肤等感知系统，它是物联网识别物体、采集信息的手段，其主要功能是识别物体、采集信息、数据汇聚等。短距离通信技术在 3.1 节中已介绍，本处只介绍 EPC 技术、RFID 技术及传感器技术。

1. EPC 技术

电子产品编码（Electronic Product Code，EPC）是一种对 EAN·UCC（全球统一标识系统）的条形编码进行扩充后形成的编码系统，是一个完整的、复杂的、综合的系统。建立这个系统的目的是为每一件单品建立全球的、开放的标识标准，实现全球范围内对单件产品的跟踪与追溯，从而有效提高供应链管理水平、降低物流成本。

对于物联网系统而言，在其组成过程中会接入大量的物体，如果在这些物体接入后难以对其进行分辨，那么会大大影响物联网功能的实现，因此使用 EPC 技术对这些物体进行编码，使每个物体都具有全球唯一的编码，对物联网而言是至关重要的。虽然 EPC 技术比条形码技术先进且存储量大，但在物联网中，EPC 并没有取代现行的条形码标准，而将 EPC 编码与现行条形码相结合。

2. RFID 技术

RFID（Radio Frequency Identification）即射频识别技术，俗称电子标签，通过射频信号自动识别目标对象，并对其信息进行标志、登记、存储和管理。

（1）RFID 标准概况

RFID 系统主要由数据采集和后台数据库网络应用系统两大部分组成。目前已经发布或正在制定中的标准主要与数据采集相关，包括电子标签与读写器之间的接口、读写器与计算机之间的数据交换协议、RFID 标签与读写器的性能、一致性测试规范及 RFID 标签的数据内容编码标准等。在 RFID 标签的数据内容编码领域，各种标准的竞争最激烈。RFID 主要频段标准及特性如表 3-2-1 所示。

表 3-2-1　RFID 主要频段标准及特性

	低频	高频	超高频	微波
工作频率	125～134kHz	13.56MHz	868～915MHz	2.45～5.8GHz
市场占有率	74%	17%	6%	3%
速度	慢	中等	快	很快
潮湿环境	无影响	无影响	影响较大	影响较大
方向性	无	无	部分	有
全球适用频率	是	是	部分 （欧盟、美国）	部分 （非欧盟国家）
现有 ISO 标准	11784/85，14223	18000-3.1/14443	EPC C0，C1，C2，G2	18000-4
主要应用范围	进出管理、固定设备、天然气、洗衣店	图书馆、产品跟踪、货架、运输	货架、卡车、拖车跟踪	收费站、集装箱

（2）RFID 系统组成

RFID 系统主要由三部分组成。

① 电子标签：由芯片和标签天线或线圈组成，通过电感耦合或电磁反射原理与读写器进行通信。每个电子标签内部都存储着唯一的识别码（ID）。这个识别码不能修改，也不能进行造假，在使用中保证了产品信息的安全性和可靠性。当电子标签附着在物体上时，电子标签上的识别号就与物体建立了一一对应的关系。

② 读写器：由天线、耦合元件、芯片组成，用于读取（在读写卡中还可以写入）标签信息的设备。

③ 天线：可以内置在读写器中，也可以通过同轴电缆与读写器的天线接口相连。用于在标签和读写器间传递射频信号，即标签的数据信息。

（3）RFID 工作原理

RFID 工作原理如图 3-2-2 所示。读写器将要发送的信息经编码后加载到高频载波信号上再经天线向外发送。进入读写器工作区域的电子标签接收此信号，卡内芯片的有关电路对此信号进行倍压整流、调制、解码、解密，然后对请求、密码、权限等命令进行判断。若为读命令，则控制逻辑电路从存储器中读取有关信息，经加密、编码、调制后通过片上天线再发送给阅读器，阅读器对接收到的信号进行解调、解码、解密后送至信息系统进行处理。若为修改信息的写命令，则有关控制逻辑使电子标签内部的电荷泵提高工作电压，提供电压擦写 E^2PROM。若经判断其对应密码和权限不符，则返回出错信息。

图 3-2-2　RFID 工作原理

（4）RFID 特性

通常来说，RFID 具有如下特性。

① 适用性：RFID 技术依靠电磁波，并不需要连接双方的物理接触，这使得它能够无视尘、雾、塑料、纸张、木材及各种障碍物而建立连接，直接完成通信。

② 高效性：RFID 系统的读/写速度极快，一次典型的 RFID 传输过程通常不到 100ms。高频段的 RFID 阅读器甚至可以同时识别、读取多个标签的内容，极大地提高了信息的传输效率。

③ 独一性：每个 RFID 标签都是独一无二的，利用 RFID 标签与产品的一一对应关系，可以清楚地跟踪每一件产品的后续流通情况。

④ 简易性：RFID 标签结构简单，识别速率高，所需读取设备简单。尤其是随着 NFC 技术在智能手机上的逐渐普及，每个用户的手机都将成为简单的 RFID 阅读器。

3．传感器技术

传感器技术是物联网的基础技术之一，也是物联网感知层中至关重要的技术。传感器技术的出现早于物联网技术，物联网技术的出现对传感器技术提出了更高的要求，促进了传感器技术的发展。作为物联网的基础单元，传感器在物联网的信息感知与采集层面，是物联网系统特性优良与否的关键。

（1）传感器概述

传感器是指能感受规定的被测量并按照一定的规律转换成可用信号的器件或装置。传感器是各种信息处理系统获取信息的重要途径。在以传感网为核心的物联网中，传感器的作用尤为突出，是物联网中获得信息的主要设备和构成感知层的基本硬件基础。作为物联网中的信息采集设备，传感器利用各种机制把被测量转换为一定形式的电信号，然后由相应的信号处理装置来处理，并产生相应的动作。常见的传感器包括温度、压力、湿度、光电、霍尔磁性传感器等。

（2）传感器的组成

传感器一般由敏感元件、转换元件、变换电路和辅助电源这 4 部分组成，如图 3-2-3 所示。

图 3-2-3　传感器的组成

敏感元件直接感受被测量，并输出与被测量有确定关系的物理量信号；转换元件将敏感元件输出的物理量信号转换为电信号；变换电路负责对转换元件输出的电信号进行放大调制；转换元件和变换电路一般还需要辅助电源供电。

（3）常见传感器介绍

① 温度传感器

常见的温度传感器包括热敏电阻、半导体温度传感器、温差电偶。

热敏电阻主要利用各种材料电阻率的温度敏感性，根据材料的不同，热敏电阻可以用于设备的过热保护及温控报警等。

半导体温度传感器利用半导体器件的温度敏感性来测量温度，具有成本低廉、线性度好等优点。

温差电偶则利用温差电现象，把被测端的温度转换为电压和电流的变化；由不同金属材料构成的温差电偶能够在比较大的范围内测量温度，如−200～2000℃。

② 压力传感器

常见的压力传感器在受到外部压力时会产生一定的内部结构的变形或位移，进而转换为电特性的改变，产生相应的电信号。

③ 湿度传感器

湿度传感器主要包括电阻式和电容式两个类别。

电阻式湿度传感器也称为湿敏电阻，利用氯化锂、陶瓷等材料的电阻率的湿度敏感性来探测湿度。

电容式湿度传感器也称为湿敏电容，利用材料的介电系数的湿度敏感性来探测湿度。

④ 光传感器

光传感器可以分为光敏电阻及光电传感器两个大类。

光敏电阻主要利用各种材料的电阻率的光敏感性来进行光探测。

光电传感器主要包括光敏二极管和光敏三极管，这两种器件利用的都是半导体器件对光照的敏感性。光敏二极管的反向饱和电流在光照的作用下会显著变大，而光敏三极管在光照时其集电极、发射极导通，类似于受光照控制的开关。此外，为方便使用，市场上出现了把光敏二极管和光敏三极管与后续信号处理电路制作成一个芯片的集成光传感器。

不同种类的集成光传感器可以覆盖可见光、红外线（热辐射）、紫外线等波长范围的传感应用。

⑤ 霍尔（磁性）传感器

霍尔传感器是利用霍尔效应制成的一种磁性传感器。霍尔效应是指：把一个金属或半导体材料薄片置于磁场中，当有电流流过时，形成电流的电子在磁场中运动会受到磁场的作用力，使得材料中产生与电流方向垂直的电压差。可以通过霍尔传感器所产生的电压来计算磁场的强度。霍尔传感器结合不同的结构，能够间接地测量电流、振动、位移、速度、加速度、转速等，具有广泛的应用价值。

⑥ 微机电（MEMS）传感器

微机电系统的英文名称是 Micro-Electro-Mechanical Systems，简称 MEMS，是一种由微电子、微机械部件构成的微型器件，多采用半导体工艺加工。目前已经出现的微机电器件包括压力传感器、加速度计、微陀螺仪、墨水喷嘴和硬盘驱动头等。微机电系统的出现体现了当前器件微型化的发展趋势。

⑦ 智能传感器

智能传感器（Smart Sensor）是一种具有一定信息处理能力的传感器，目前多采用把传统的传感器与微处理器结合的方式来制造。智能传感器能够显著减小传感器与主机之间的通信量，并降低了主机软件的复杂程度，使得包含多种不同类别的传感器应用系统易于实现；此外，智能传感器通常能进行自检、诊断和校正。

4. 无线传感器网络技术

无线传感器网络（WSN）是由大量传感器节点通过无线通信方式形成的一个多跳的自组织网络系统，其目的是协作地感知、采集和处理网络覆盖区域中感知对象的信息，它能够实现数据的采集量化、处理融合和传输应用，具有快速展开、抗毁性强等特点，是物联网概念中很重要的内容。WSN 作为物联网前端技术，是一种全新的信息获取平台，是普适计算和未来感知系统的重要技术基础、物联网的重要组成部分和关键技术基础。美国商业周刊和 MIT 技术评论在预测未来技术发展的报告中，分别将无线传感器网络列为 21 世纪最有影响的 21 项技术和改变世界的 10 大技术之一。

（1）无线传感器网络的组成

WSN 的体系结构分为平面拓扑结构及逻辑分层结构。

WSN 平面拓扑结构如图 3-2-4 所示，包括传感器节点（Sensor Node）、汇聚节点（Sink Node）和任务管理节点。在无线传感器网络中，传感器节点采集的环境参数通过路由节点等中间节点最终路由至汇聚节点，各汇聚节点通过互联网等通信方式将数据传输到任务管理节点，用户可以通过任务管理节点对数据进行查看和其他操作，对传感器节点进行配置管理。

图 3-2-4　WSN 平面拓扑结构

逻辑分层结构是无线传感器网络体系结构的一般形式，WSN 逻辑分层结构如图 3-2-5 所示。

图 3-2-5　WSN 逻辑分层结构

传感器节点是无线传感器网络中最基础与关键的一环，它一般由传感器模块、处理器模块、无线通信模块和能量供应模块这 4 部分组成，其体系结构如图 3-2-6 所示。

其网络协议栈如图 3-2-7 所示。

图 3-2-6　传感器节点体系结构

图 3-2-7　网络协议栈

（2）无线传感器网络的特征

① 大规模。WSN 是集成了监测、控制及无线通信的网络系统，节点数目庞大（上千甚至上万），节点分布密集。

② 自组织网络。对于随机分布的传感器节点，自组织能力能够自主实现传感器对自身参数的管理和网络配置。

③ 动态性网络。WSN 具有很强的网络动态性。由于存在能量、环境等问题，因此会使传感器节点死亡，或者因节点的移动性会有新的节点加入网络中，从而使整个网络的拓扑结构发生动态变化。这就要求 WSN 能够适应这种变化，使网络具有可调性和重构性。

④ 以数据为中心。在 WSN 中，人们主要关心某个区域的某些观测指标，而不关心具体某个节点的观测数据，这就是 WSN 以数据为中心的特点。

⑤ 能量受限。网络节点由电池供电，电池的容量一般不是很大。

⑥ 易受环境的影响。WSN 与其所在的物理环境密切相关，并随着环境的变化而不断变化。

（3）WSN 与 WLAN、WMAN 等无线自组网的区别

① 从自组织角度看，WSN 与 WLAN、WMAN 都采用 P2P 的自组织的多跳网络结构，但是 WSN 的网络节点兼有主机和路由的功能，节点地位平等，节点之间以平等合作的方式实现连通，WLAN、WMAN 则由无线骨干网提供大范围的信号覆盖与节点连接。

② 从基础设施的角度看，WSN 是无基础设施的网络，WLAN、WMAN 基于基础设施支持。WSN 多为静态或弱移动的拓扑，而 Ad hoc、WMN 更强调节点的移动和网络拓扑的快速变化。基于有无基础设施的无线网络分类如图 3-2-8 所示。

图 3-2-8　基于有无基础设施的无线网络分类

③ 从网络覆盖范围的角度看，WLAN 在相对比较小的范围内提供 11～54Mb/s 的高速数据传输服务，典型的节点到服务接入点（AP）的距离为几百米。WSN、WMAN 则是由无线路由器组成的骨干网，将接入距离扩展到几千米的范围。

④ 从网络协议的角度看，WSN 与 WLAN 都要完成本地接入业务，而 WSN 除了要完成本地接入业务，还要完成其他节点的数据转发。WSN 和 Ad hoc 采用的是静态路由协议与移动 IP 协议的结合，而 WMN 主要采用生命周期很短的动态按需发现的路由协议。

⑤ 从设计思想的角度看，WSN 的主要功能是传输一对节点之间的数据，而 WLAN、WMAN 节点主要传输互联网的数据。WSN 的大多数节点基本是静止不动的，受能量和资源的约束，拓扑变化相对较小。而 WLAN、WMAN 的能量资源相对丰富。

⑥ 从投资成本的角度看，WMAN 和 WLAN 采用的是星形结构，而 WSN 和 WMN 多采用网状结构。WMAN 投资成本大，而 WSN 的组网设备无线路由器、接入点设备的价格远低于无线城域网基站设备的价格，因此可以降低组网和维护的成本。WSN 具有组网灵活、成本低、维护方便、覆盖范围大、建设风险相对比较小的优点。

（4）软件定义无线传感器网络

软件定义网络（Software Defined Network，SDN）基本架构如图 3-2-9 所示，可以看出软件定义网络由通过 API 互联的三个组件构成。第一个组件是应用平面，用于提供应用平面与各种网络的应用接口；第二个组件是控制平面，主要工作是控制和管理任务，提供网络决策功能；第三个组件是数据平面，各种基础网络设备都位于该组件。OpenFlow 是由提出软件定义网络的 Clean Slate 科研组为软件定义网络的控制平面与数据平面制定的统一的接口和通信规则，包括控制平面与数据平面的信息通道、通信协议和转发规则表示格式。根据 OpenFlow 标准生产出来的交换机一般称为 OpenFlow 交换机。OpenFlow 标准是实现软件定义网络体系结构的核心。SDN 的工作原理大致如下：控制器根据网络应用需求为不同的数据流制定转发规则，制定完成后，通过 OpenFlow 协议将其传递到该控制器控制的交换机上。为了保证通信的安全性，OpenFlow 交换机专门开设了一条安全通道。随后，OpenFlow 协议将这些转发规则写入交换机的流表中，以供其在转发数据流时查阅。通过这种方式，网络管理者能够以数据量为单位，控制所有的交换机，且为了确保集中式的控制，对当前全局信息的把握是不可缺少的，这些信息可以存储在一个数据库中供控制器查阅。

图 3-2-9　SDN 基本架构

　　软件定义无线传感器网络是指运用软件定义技术进行感知、路由、测量等任务的新型无线传感器网络。WSN 中的节点数量较多，网络拓扑可能随时改变，而且传统 WSN 协议由于受能量的限制，必须考虑通信能耗、负载均衡等问题，很少可以兼顾网络拓扑、节点能量等各方面的算法。并且传统的 WSN 系统通常是根据应用定制的，具有运行简单、开发高效的特点。但由于这些系统与应用绑定密切，难以更新，阻碍了软件创新的进程，因此不适合大规模部署。随着软件定义网络的提出，越来越多的人开始研究用软件定义网络来解决这些问题，软件定义无线传感器网络（Software-Defined Wireless Sensor Network，SDWSN）开始普及。

　　SDN 技术与 WSN 技术的融合这个课题于 2012 年被提出，该课题一经提出，就受到了众多研究者的关注，最终经过详细的实验论证，研究者们得出结论：相较于分布式管理，集中式管理具有更大的优势，主要体现在传感器节点功能的简化、网络的高效管理和诊断、网络的参数配置更合理等方面。因此学术界普遍认为集中式管理可以更好地适应未来 WSN 的需求。相比于分布式 WSN，SDWSN 具有如下明显优势。

　　① 通过基于流的转发方式实现软件定义的数据包路由，使得传感器节点无须理解复杂路由协议的理解，在物理层和 MAC 层借助软件定义无线电和软件定义 MAC 来定制数据收发行为，从而实现异构网络之间的互联共享。

　　② 集中控制增强网络管理。与 SDN 相同，SDWSN 采取集中控制原则，这使得网络管理者可以充分利用控制面维护的网络全局视图来更好地制定管理策略，从而实现远程动态的配置和改变网络状态及传感节点行为，大大提高了资源管理效率，降低了网络管理的复杂度。

　　③ 架构解耦有助于网络创新。SDWSN 通过标准化接口协议来解耦架构各层面之间的依

赖性，使相关技术的发展不再受到其他技术的限制，能够快速独立地发展。同时，SDWSN结合了网络可编程服务，使用户可以方便地部署及测试新协议或算法，提升了网络创新速度和效率。

软件定义无线传感器网络通用架构如图 3-2-10 所示。类似于 SDN 架构，SDWSN 架构总体上分为应用层、控制层和数据层。其中，应用层由用户编程实现的各种应用（如传感应用）构成；控制层由逻辑集中的各种控制器构成，它们可以采取不同的部署方式，一般而言，控制层中的控制器具有不同的功能；数据层则由各种传感器节点组成，这些节点犹如 SDN 中的交换机，在获取传感数据后，依据控制器下发的转发规则进行数据转发，本身不参与路由决策。

图 3-2-10　软件定义无线传感器网络通用架构

尽管这些年 SDN 技术与 WSN 相结合的研究取得了许多进展和成果，但仍存在着许多问题，如在基于 SDN 的 WSN 网络管理架构和性能评估、面向 WSN 的 SDN 实施技术等方面还有待进一步研究，相信随着研究的深入，SDWSN 会越来越普及。

（5）复杂网络理论

复杂网络（Complex Network）是指具有自组织、自相似、吸引子、小世界、无标度中部分或全部性质的网络。基本上，所有的实际网络均具有小世界性和无标度性，无线传感器网络也不例外。因此，无线传感器网络也属于复杂网络的研究范畴。事实上，无线传感器网络的研究在很大程度上借鉴了复杂网络的研究，因此充分利用复杂网络的研究成果，能够对无线传感器网络的演化规律有更好的认知，并研究出更适合各种环境的模型，从而延长网络生命周期、提高安全性，具有很强的现实意义。

复杂网络主要有 4 个统计特征，这 4 个统计特征记录了复杂网络中的节点间的关系，对了解整个网络的性能具有至关重要的作用。这 4 个统计特征如下。

① 网络节点的度和度分布。在网络中，节点的度是指与该节点相邻的节点的数目，即连接该节点的边的数目。度分布就是整个网络中各节点的度数量的概率分布。对于有向网络，又有出度和入度之分，入度是指指向该节点的边的数量，出度则是指从该节点出发指向别的

节点的数量。假设网络中共有 N 个节点，其中有 N_k 个节点的度为 k，则其度分布 $P(k)=N_k/N$。在实际网络中，度分布大多是右偏的，即度比较小的节点占网络中的大多数，度比较大的节点占网络中的少数。在研究中发现，实际网络中的度分布往往趋近于指数分布，即 $P(k) \propto k^{-\gamma}$，这样的网络被称为无标度网络。

② 聚集系数。在网络中，节点的聚集系数是指与该节点相邻的所有节点之间连边的数目占这些相邻节点之间最大可能连边数目的比例。第 i 个节点 C_i 的计算公式为

$$C_i = \frac{2E_i}{(k_i-1)k_i} \tag{3-2-1}$$

式中，k_i 表示邻居节点的数目，E_i 表示 i 节点与周边 k_i 个节点的实际连边数。

而网络的聚集系数则是指网络中所有节点聚集系数的平均值，即

$$C = \frac{1}{N}\sum_{i=1}^{N}C_i \tag{3-2-2}$$

式中，N 表示整个网络的节点总数。

从两个公式可以看出，聚集系数表明网络中节点的聚集情况与网络的聚集性，C_i 越大，则第 i 个节点与邻居节点的连边越密集，C 越大，则整个网络的任意相邻节点间的连边概率越大。

③ 平均路径长度。在网络中，任意两个节点 i、j 之间的距离 d_{ij} 为连接这两点的最短路径所包含的边的数目，则在含有 N 个节点的网络中，平均路径长度 L 指网络中 N 个节点对的平均距离，它表明网络中节点间的分离程度，反映了网络的全局特性。其表达式为

$$L = \frac{1}{N(N-1)}\sum_{i \neq j}d_{ij} \tag{3-2-3}$$

④ 介数。介数包括节点介数和边介数。节点介数指网络中所有最短路径中经过该节点的数量比例。假设 N_{j1} 是节点 j 和节点 1 之间的最短路径条数，$N_{j1}(i)$ 表示节点 j 和节点 1 之间的最短路径经过节点 i 的条数，则 i 节点的介数 B_i 为

$$B_i = \sum_{\substack{\forall j,l \\ j \neq l \neq i}} \frac{N_{j1}(i)}{N_{j1}} \tag{3-2-4}$$

类似的边的介数 B_{ij} 即为网络所有最短路径经过边 e_{ij} 的比例。

经过几十年的发展，复杂网络演化出许多模型，其中，随机网络模型、小世界网络模型和无标度网络模型等在研究复杂网络问题过程中被广泛应用，下面对这三种模型进行简单介绍。

① 随机网络模型

随机网络模型起源于 1959 年 Erdos 和 Renyi 提出的随机图理论，随着该理论的提出，复杂网络理论进入了基于数学的系统研究新局面。而由 Erdos 和 Renyi 共同研究的 ER 模型也成为随机网络的一个典型模型，该模型的定义如下：随机给出 N 个节点，每对节点的连接概率均为 p（$0 \leqslant p \leqslant 1$），且节点之间没有影响。最终会得到一个具有 N 个节点的随机网络。随机网络模型的平均度 $k=p(N-1)$，当 N 较大时，平均度趋近于 pN，平均路径长度 $L \propto \ln N / \ln k$，聚类系数 $C \approx p = k/n \ll 1$，度分布服从如下的二项分布

$$P(k) = \binom{N}{K} p^k (1-p)^{N-k} \qquad\qquad （3-2-5）$$

当 $p=1$ 时，该随机网络模型即为全耦合规则网络，图 3-2-11 所示为当 $N=20$ 时，p 分别为 1 与 0.2 时的随机网络模型。

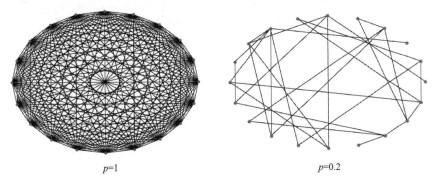

$p=1$　　　　　　　　　　　　　　　　　$p=0.2$

图 3-2-11　随机网络模型

总体而言，ER 随机网络任意两个节点间的特征路径的长度较小，网络中的每个节点的度近似相等，因此，ER 随机网络在统计的层面上，是一种均匀网络。随着研究的深入，研究者们发现真实网络表现出的集聚性往往难以在随机网络中得到体现。虽然如此，ER 随机网络的随机特性依旧符合许多真实网络的连接特性，因此，对其进行的研究到现在仍具有参考价值。

② 小世界网络模型

由于随机网络及当 $p=1$ 时的全耦合规则网络均无法描绘出真实网络的某些特性，20 世纪末，Watts 和 Strogtz 提出了介于完全规则网络与完全随机网络之间的过渡网络模型，小世界网络模型简称为 WS 小世界模型。WS 小世界模型的构建主要分为两步，首先给定一个含有 N 个节点、每个节点连接 k 个节点的环状最邻近耦合网络，且 k 满足 $N \gg k \gg \ln k \gg 1$，而后以概率 p 重连网络的边。

当 $p=0$ 时，该模型为完全规则网络，当 $p=1$ 时为完全随机网络。图 3-2-12 所示为当 $N=15$、$k=2$ 时，随着 p 的增大，WS 小世界模型的演化过程。

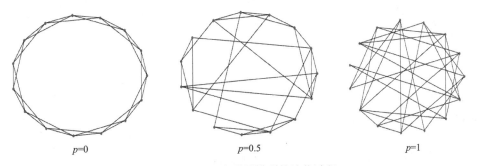

$p=0$　　　　　　　　　　$p=0.5$　　　　　　　　　　$p=1$

图 3-2-12　WS 小世界模型的演化过程

除 WS 小世界模型外，还有一种 NW 小世界模型，它是由 Newman 和 Watts 提出的用于解决 WS 小世界模型构造算法中的随机过程可能破坏网络的连通性这一问题的一种模型。NW 小世界模型的构建也分为两步，第一步与 WS 小世界模型的构建相同，第二步，以概率 p 在随机选取的一对节点之间加一条边（已经连接的节点不再加边）。从本质上来说，WS 小世界模型与 NW 小世界模型基本一致。

③ 无标度网络模型

ER 随机网络模型和小世界网络模型拥有较为均匀的度分布，因此，这两个模型都可以被认为是均匀网络模型，而现实世界中的复杂网络系统的连接度基本都是非均匀的，没有明显的特征长度，其度分布服从幂律分布。为了描述这种网络，Barabasi 和 Albert 于 1998 年提出了无标度网络模型。

BA 无标度网络模型有两个主要特性：增长特性和优先连接性。BA 无标度网络模型的构建过程如下：首先，构建一个节点数为 N 的网络，然后，每隔相同的时间加入一个新节点，并将其与初始网络中的任意 M 个节点相连（$M \leqslant N$），新加入的节点与初始网络中节点的连接概率 p_i 如下

$$p_i = \frac{k_i}{\sum_j k_j} \quad\quad (3\text{-}2\text{-}6)$$

式中，k_i 表示节点 i 的度。从式（3-2-6）可以看出，初始网络中度越高的节点与新加入的节点连接的概率越大。因此，随着时间的推移，加入网络的节点越多，虽然网络中的节点不断增多，但初始网络中度高的节点始终保持着较高的度。BA 无标度网络模型的演化过程如图 3-2-13 所示。

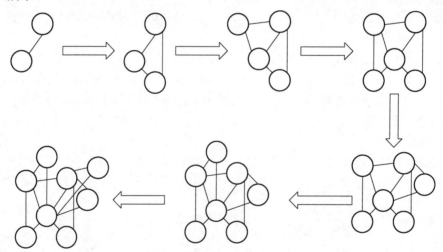

图 3-2-13　BA 无标度网络模型的演化过程

由 BA 无标度网络模型的构建过程与特性可以看出，它对随机攻击具有较好的鲁棒性，对于蓄意攻击，网络却十分脆弱。

3.2.2　网络层

网络层由各种私有网络、互联网、有线和无线通信网、网络管理系统、数据服务器等组成，相当于人的神经中枢和大脑，负责传递与处理感知层获取的信息。经过十余年的快速发展，移动通信、互联网等技术已比较成熟，基本能够满足物联网数据传输的需要。

本节主要介绍网络层的 M2M 技术、6LoWPAN 技术、TD-SCDMA 及光纤通信技术。

1. M2M 技术

（1）M2M 与物联网

M2M（Machine-to-Machine）即机器对机器，是一种在系统之间、远程设备之间、机器与人之间建立无线连接，使设备数据可以实时传输的技术，其目标是使所有机器设备都具备联网和通信能力，核心理念就是网络一切（Network Everything）。M2M 综合了数据采集、远程监控、通信、信息处理等技术，实现了人与机器、机器与机器之间畅通无阻、随时随地的通信。

M2M 技术是首先在物联网中得到广泛应用的技术，对于物联网而言，M2M 是一个点，或者说是一条线，只有当其规模化、普及化，且各个 M2M 系统之间通过网络实现智能的融合和通信时，才能形成物联网。M2M 的发展将会极大地推进物联网行业的发展，并彻底改变整个社会的工作和生活方式，提高生产能力及工作效率，使人们的生活更轻松、更便利、更和谐。未来的物联网将由无数个 M2M 系统组成，它们通过中央处理单元协同运作，负责自己的功能处理，最终组成智能化的社会系统。

（2）M2M 系统架构

M2M 系统架构包括应用层、网络传输层和设备终端层，如图 3-2-14 所示。

① 应用层。应用层主要由中间件、业务分析、数据存储和用户界面 4 部分组成。它的功能是进行数据存储及提供各种应用平台和用户界面。应用层通过中间件与网络传输层相连。

② 网络传输层。网络传输层的主要功能是数据传输。

③ 设备终端层。M2M 终端的功能是将机器设备的数据发送到通信网络，最终传输给服务器和用户。用户可以通过通信网络和控制系统远程控制与操作设备。

图 3-2-14　M2M 系统架构

（3）M2M 通信协议

M2M 终端可通过 GSM、WCDMA、TD-SCDMA 等不同的移动通信网接入，为了屏蔽不同通信网络、不同通信方式的差异性，便于 M2M 终端设备快速接入 M2M 系统，需要对 M2M 终端设备与 M2M 管理平台之间的通信协议进行规范，因此中国移动提出了无线机器管理协议（Wireless Machine Management Protocol，WMMP）。

WMMP 是为实现 M2M 业务中 M2M 终端与 M2M 平台、M2M 终端之间、M2M 平台与 M2M 平台之间的数据通信过程而设计的应用层协议。WMMP 由 M2M 平台与 M2M 终端接口协议（WMMP-T）和 M2M 平台与 M2M 应用接口协议（WMMP-A）两部分组成。WMMP-T 完成 M2M 平台与 M2M 终端之间的数据通信，以及 M2M 终端之间借助 M2M 平台转发、路由所实现的端到端数据通信。WMMP-A 完成 M2M 平台与 M2M 应用之间的数据通信，以及 M2M 终端与 M2M 应用之间借助 M2M 平台转发、路由所实现的端到端数据通信。

WMMP 主要实现的功能和流程如下。

① M2M 终端序列号的注册和分配，序列号由 M2M 管理平台为其分配。

② M2M 终端登录系统，M2M 管理平台对终端进行审核鉴权，决定是否允许接入平台。

③ M2M 终端退出系统。

④ M2M 连接检查，处于长连接模式的链路保持不变，对短连接模式的链路进行管理和监控。

⑤ 终端上线失败错误状态上报，终端发送报警短信，得到管理平台确认后进入休眠，管理平台可在故障排除后将其激活。

⑥ M2M 终端按照 M2M 管理平台的要求上报采集数据、告警数据或统计数据，以及向 M2M 管理平台请求配置数据。

⑦ M2M 管理平台从 M2M 终端提取所需的数据，或向终端下发控制命令和配置信息。

⑧ M2M 终端软件的远程升级。

2．6LoWPAN 技术

（1）6LoWPAN 技术概述

LR-WPAN 是为短距离、低速率、低功耗无线通信而设计的网络，它是由 IEEE 802.15.4 定义的一种低速无线个域网协议。IEEE 802.15.4 的设备密度很大，迫切需要实现网络化，且为了满足不同设备制造商的设备间的互联和互操作性，需要制定统一的网络层标准，但是该协议只规定了物理层（PHY）和介质访问控制（MAC）层标准，而没有涉及网络层以上的规范，这使得其网络化尤为困难。而 IPv6 具有规模空前的地址空间及开放性，使得人们开始研究 IPv6 技术与 LR-WPAN 技术相结合的技术，以期解决 IEEE 802.15.4 面临的问题，6LoWPAN 应运而生。

6LoWPAN（IPv6 over Low Power Wireless Personal Area Network）是由互联网工程任务组（IETF）定义的一种基于 IPv6 的低速无线个域网标准，即 IPv6 over IEEE 802.15.4。研究该技术的目的是将 IPv6 引入以 IEEE 802.15.4 为底层标准的无线个域网。该技术的出现解决了窄带宽无线网络中的低功耗、有限处理能力的嵌入式设备使用 IPv6 的困难，实现了短距离通信到 IPv6 的接入，推动了短距离、低速率、低功耗的无线个人区域网络的发展。

6LoWPAN 技术底层采用 IEEE 802.15.4 规定的物理层和 MAC 层，网络层采用 IPv6 协议。在 IPv6 中，MAC 层支持的载荷长度远大于 6LoWPAN 底层所能提供的载荷长度，为了实现 MAC 层与网络层的无缝链接，6LoWPAN 工作组在网络层和 MAC 层之间增加一个网络适配层，用来完成包头压缩、分片与重组及网状路由转发等工作。

（2）6LoWPAN 技术优势

IPv6 技术在 LoWPAN 网络中的应用对于 LoWPAN 网络而言，不仅保留了自己原有的优点，还将 IP 技术的优势带入了网络中。

① 普及性。IP 技术是一门已经得到普及并被广泛认可的技术，这使得作为下一代互联网核心技术的 IPv6 在 LoWPAN 网络中的应用更容易得到普及。

② 适用性。IP 技术普及性使得其网络协议栈架构也受到普遍认可，这使得基于 IP 的设备无须翻译网关或授权书就可以很容易地连接到其他 IP 网络。

③ 更多地址空间。IPv6 最吸引 LoWPAN 网络的地方就是其庞大的地址空间，这为 LoWPAN 网络部署大规模、高密度无线个域网提供了可行性。

④ 支持无状态自动地址配置。在 IPv6 中当节点启动时，可以自动读取 MAC 地址，并根据相关规则配置好所需的 IPv6 地址。

⑤ 易接入。使用 IPv6 技术可以使其他基于 IP 技术的网络及下一代互联网更容易地接入网络。

⑥ 易开发。基于 IPv6 的许多技术已经较为成熟，LoWPAN 网络可以根据自己的需求对这些技术进行适当的精简和取舍，简化了协议开发的过程。

（3）6LoWPAN 协议栈

6LoWPAN 协议栈的目的是实现无线传感器与 IP 网络的无缝连接，其体系结构如图 3-2-15 所示。简单的 6LoWPAN 协议栈与普通的 IP 协议栈相似，但也有较多区别，首先，对于 6LoWPAN 来说，只支持 IPv6，网络中的 LoWPAN 适配层是定义在 IPv6 之上的优化；其次，在传输协议方面，6LoWPAN 中最常用的用户数据协议（User Datagram Protocol，UDP）可以按照 LoWPAN 格式进行压缩。图 3-2-16 所示为 IP 协议栈和 6LoWPAN 协议栈的比较。

图 3-2-15　6LoWPAN 协议的体系结构

图 3-2-16　IP 协议栈和 6LoWPAN 协议栈的比较

3．TD-SCDMA

TD-SCDMA（Time Division-Synchronous Code Division Multiple Access，时分同步码分多址）是以我国知识产权为主的、被国际上广泛接受和认可的第三代移动通信（简称 3G）标准，也是被国际电信联盟批准的三个 3G 标准之一。TD-SCDMA 的优势主要在其频谱利用率、频谱灵活性及成本上，且其采用时分双工的方式，使上行和下行的特性几乎相同，因此，将其应用于物联网的承载网技术中，能大大推动物联网的发展。

在物联网的承载平台中应用 TD-SCDMA 将充分发挥其优势，且可以推动物联网技术在工业控制、农业种植和医疗环保等行业的发展。

4．光纤通信技术

光导纤维通信简称光纤通信，是一种利用光导纤维传输信号，从而实现信息传递的通信方式。在实际应用中，光纤通信系统使用的是由许多光纤聚集在一起而形成的光缆，而不是单根的光纤。采用光纤传导信号，使光纤通信系统具有很多别的通信系统没有的优势，主要有以下 6 点：

（1）频带宽，通信容量大；

（2）传输损耗低；

（3）抗电磁干扰；

（4）保密性强，使用安全；

（5）体积小、质量小，便于铺设；

（6）材料资源丰富。

这些优点非常符合物联网技术中对海量数据的传输与承载的要求，因此将该技术使用在物联网中，将大大加快物联网的发展进程。

3.2.3　应用层

应用层可以分为两个子层：一个是云应用层，进行数据挖掘、存储、计算和处理；另一个是终端人机世界，主要负责信息的显示。物联网的应用层覆盖自然界的方方面面，如工业、农业、物流、医疗等国民经济和社会领域。

应用层的主要支撑技术为服务与管理技术、云计算和雾计算技术，服务与管理技术在第 2 章已详细介绍，云计算和雾计算技术在第 1 章已介绍，本节将对其进行详细介绍。

1．云计算

（1）云计算的特征

① 超大规模。"云"所拥有的超强的运算、存储和信息服务功能来自其超大规模的服务器集群。

② 弹性服务。云计算提供的服务规模能够快速伸缩，这使得云计算能够快速调整用户使用的资源，使其与用户业务需求相一致，避免了服务器性能过载或冗余而导致的服务质量下降或资源浪费。

③ 资源池化。通过共享资源池的方式对资源进行统一管理。利用虚拟化技术，将资源分

享给不同用户，且资源的放置、管理与分配策略对用户透明。

④ 服务可计费。监控用户资源使用量，并根据资源的使用情况对服务计费。

⑤ 泛在接入。用户可以利用各种终端设备，如 PC、笔记本电脑、智能手机等，随时随地通过互联网使用云计算服务。

⑥ 可靠性。云计算使用了数据多副本容错、计算节点同构可互换等措施来保障服务的可靠性。

云计算是分布式计算、互联网技术、大规模资源管理等技术的融合与发展，其研究与应用是一个系统工程问题，涵盖了数据中心管理、资源虚拟化、海量数据处理、计算机安全等重要问题。云计算与相关技术的联系如图 3-2-17 所示。

图 3-2-17　云计算与相关技术的联系

（2）云计算的体系架构

云计算的体系架构如图 3-2-18 所示，从图中可以看出，其体系架构分为三层：核心服务

图 3-2-18　云计算的体系架构

层、服务管理层及用户访问接口层。核心服务层的功能是将硬件基础设施、软件运行环境、应用程序抽象成具有可靠性强、可用性高、规模可伸缩等特点的服务；服务管理层的功能是为核心服务提供支持，确保核心服务的可靠性、可用性与安全性；用户访问接口层的功能是实现端到云的访问。下面对这三层结构进行详细介绍。

① 核心服务层

云计算核心服务通常可以分为三个子层：基础设施即服务（IaaS，Infrastructure as a Service）层、平台即服务（PaaS，Platform as a Service）层、软件即服务（SaaS，Software as a Service）层。

IaaS 层的功能是将基础设施作为一种服务通过网络提供给消费者使用，消费者能够部署和运行包括操作系统与应用程序在内的任意软件。消费者没有控制或管理任何云计算基础设施的权限，但能控制操作系统的选择、存储空间、部署的应用，也有可能获得有限制的网络组件（如防火墙、负载均衡器等）的控制。

PaaS 是云计算应用程序运行环境，提供应用程序部署与管理服务。通过 PaaS 层的软件工具和开发语言，应用程序开发者只需上传程序代码和数据即可使用服务，而不必关注底层的网络、存储、操作系统的管理问题。SaaS 是基于云计算基础平台所开发的应用程序，它通过互联网提供按需付费的软件应用程序，云计算提供商托管和管理软件应用程序，允许其用户连接到应用程序并通过全球互联网访问应用程序。

② 服务管理层

服务管理层的功能是对核心服务层的可用性、可靠性和安全性提供保障。服务管理包括服务质量（Quality of Service，QoS）保证和安全管理等。

云计算平台庞大的规模和复杂的结构使其为用户提供的服务很难完全满足用户的需求，为了解决这个问题，云计算服务提供商需要和用户进行协商，并制定服务水平协议（Service Level Agreement，SLA），使得双方对服务质量的需求达成一致。用户在云计算平台提供商提供的服务未能达到 SLA 的要求时可以得到补偿。

除服务质量外，数据的安全性一直是用户较为关心的问题。云计算数据中心采用的资源集中式管理方式使得云计算平台存在单点失效问题。保存在云计算数据中心的关键数据会因为突发事件（如地震、断电）、病毒入侵、黑客攻击而丢失或泄露。根据云计算服务的特点，研究云计算环境下的安全与隐私保护技术（如数据隔离、隐私保护、访问控制等）是保证云计算得以广泛应用的关键。

除服务质量保证、安全管理外，服务管理层还负责计费管理、资源监控等管理内容，这些管理措施对云计算的稳定运行发挥了重要作用。

③ 用户访问接口层

用户访问接口层的功能是实现云计算的泛在访问，主要形式有命令行、Web 服务及 Web 门户等。命令行和 Web 服务的访问模式既可为终端设备提供应用程序开发接口，又便于多种服务进行组合。Web 门户则是不同于命令行和 Web 服务的一种访问模式，云计算可以通过 Web 门户将用户的桌面应用迁移到互联网，使得用户可以随时随地通过浏览器访问数据和程序，从而提高工作效率。虽然用户能够通过访问接口便捷地使用云计算提供的服务，但不同云计算提供商提供的接口标准不同，这导致用户数据不能在不同提供商之间迁移。为此，在一些公司的倡导下，云计算互操作论坛（CCIF，Cloud Computing Interoperability Forum）宣告成立，该论坛的目标是建立全球的云团体和生态系统。

2．雾计算

雾计算于 2011 年由思科公司提出，其原理是在用户和云服务层之间增加一个雾层，利用距离用户较近的雾层中的设备提供有弹性的计算资源。雾计算是对云计算概念的一种延伸，因此相较于云计算，既有相似之处，又有诸多不同。在计算模式上，雾计算与云计算类似，都是基于网络的计算模式，雾计算通过互联网上的雾节点提供数据共享、计算、存储等服务；在计算模型上，云计算采用的是一种相对集中的计算模型，利用核心网络中强大的资源处理来自网络环境的请求，在实现高速计算存储等功能的同时也带来了更大的网络延迟等问题，而雾计算则采用了一种具有更广泛分布式部署的处理环境，数据的存储和处理更依赖边缘设备，充分利用边缘网络中的资源提供更有效的服务。因此，雾计算并非同云计算一般由性能强大的服务器群组成，而是由性能较弱、更为分散的各种功能计算机组成的，它强调数量，且无论单个计算节点能力多么弱，都要发挥作用。因此，雾计算环境需要大量的边缘设备为用户提供更有效的服务，雾计算的用户通常需要为此支付一定的费用，计算服务设备则可以通过出借自身多余的计算资源来获得一定的收益奖励。

通用的雾计算架构是一个三层的网络结构，如图 3-2-19 所示。底层是终端用户的物联网设备层，主要由智能手机、PC、智能手表等组成；中间层是雾计算层，主要由具有一定计算能力的雾设备（如路由器、网关、小型服务器等）组成；上层是云计算中心层，主要由能够处理和存储大量数据的云服务器组成。

图 3-2-19　雾计算架构

3．基于云计算、雾计算的物联网平台

随着云计算、雾计算技术的发展和成熟，各大厂商都建立了自己的基于云计算、雾计算的物联网平台，这些平台主要分为两类：一类是阿里云这样的平台，这类平台没有为个人用

户提供服务的产品，因此只提供云端服务和 App 定制功能；另一类是华为、小米等企业的平台，这些企业拥有为个人用户提供服务的产品，因此，可以提供各种网关服务，便于设备的接入。

图 3-2-20 所示为小米物联网平台架构，小米的物联网平台主要针对智能家居市场，其网关一般通过 WiFi 连接到家庭路由器，能够连接小米旗下的智能设备及和小米合作的厂商的设备，能够提供 BLE、BLE-Mesh、ZigBee、红外遥控等功能。

图 3-2-20　小米物联网平台架构

图 3-2-21 所示为阿里云物联网平台架构，阿里云物联网平台主要提供线上服务。企业接入阿里云之后，在 SaaS 界面将自己的物联网产品功能进行定义，完成定义后，可以选择使用阿里云提供的模组，然后接入云端的物联网平台；也可以选择使用自己的硬件，阿里云会提供大量的软件开发工具包（SDK）。与小米相比，阿里云的物联网方式更为灵活，且涉及面广，除智能家居外，在农业、工业等方面都有涉及。

图 3-2-21　阿里云物联网平台架构

3.3　本章小结

　　近场无线通信技术是物联网的核心技术，解决了物联网的通信问题。为了更好地研究物联网，将其分为感知层、网络层及应用层。本章首先从以下几个方面对近场无线通信技术进行了介绍：第一，介绍 Bluetooth 技术的技术特征、系统组成及关键技术；第二，介绍了用高速 WPAN 技术实现的关键技术——UWB 技术，并介绍了该技术在 WPAN 中的应用；第三，介绍了 ZigBee 技术的技术特征、网络架构及技术层次；第四，介绍了 WLAN 技术的发展史、关键技术及基于 WLAN 的 WiFi 技术；第五，介绍了高速 WMAN 技术的协议标准及基于WMAN 的 WiMax 技术。然后对物联网的体系架构进行了介绍，主要包括以下几个方面：EPC技术、RFID 技术、传感器技术、无线传感器网络技术、M2M 技术、6LoWPAN 技术、TD-SCDMA、光纤通信技术、云计算技术及雾计算技术，使读者可以对物联网中的近场无线通信技术及体系架构有全面的认识。

第 4 章　物联网实验系统的硬件平台和软件开发环境

前 3 章对物联网技术相关理论知识进行了介绍，但技术主要为了服务于应用，在应用前，为防止不必要的损失，一般都会进行仿真实验，确保整个系统的正确性与可行性。本章将介绍物联网实验开发板——ZT-EVB 开发平台及 CVT-IOT-VSL 教学实验箱，以及物联网软件开发工具——IAR 软件，并通过它们实现处理器类片上系统基础实验、射频类网络与通信实验、蓝牙实验。

4.1　硬件平台和软件开发环境

本章介绍物联网实验的嵌入式硬件平台、集成开发环境和软件设计流程。首先介绍物联网实验的硬件平台，使读者了解物联网实验开发平台所提供的硬件资源状况，熟悉开发工具包中各组成模块的特性和基本功能；进而在硬件平台的基础上，说明物联网实验功能实现的总体软件流程及实验设计所需的软件开发工具，使读者了解实验例程的基本程序架构，熟悉集成环境安装、程序下载、程序调试、驱动安装等操作步骤，掌握开发工具的参数设置、调试、编译和下载等基本功能。通过本章学习，读者可掌握物联网开发平台的软/硬件操作过程及方法，为后续深入开发物联网多层次应用实验奠定固件应用基础。

4.1.1　ZT-EVB 开发平台

作为本书实验平台的 ZT-EVB 开发平台，是由多个 ZigBee 节点模块组成的无线传感器网络。该开发平台综合了传感器技术、嵌入式计算技术、现代网络及无线通信技术、分布式信息处理技术等多种技术，使用者可以根据所需的应用在该套件上进行自由开发。ZT-EVB 套件可结合多个传感器建立各种形式的无线网络，用于无线数据的收发、转发及无线自组织网络的构建。基于 ZT-EVB 套件的软/硬件实验平台，将为广大读者研究物联网领域工程实践及实验的设计方案，提供有效的学习工具和实践平台。ZT-EVB 硬件实验开发平台如图 4-1-1 所示。

本书的物联网教学实验系统在设计中采用 ZigBee 技术作为物联网实验系统的无线通信标准，综合考虑实验系统的功能可扩展性要求和硬件设备低功耗策略，本系统采用了以 TI 公司 CC2530 芯片为核心的 ZT-EVB 开发平台和以 Z-Stack 为核心的 ZigBee 协议栈方案。其中，CC2530 是符合 IEEE 802.15.4 标准的无线收发芯片，提供支持 ZigBee 和 RF4CE 应用的片上系统（SoC）解决方案，整合了业界领先的 RF 收发器的优良性能，具有良好的抗干扰特性和极高的接收灵敏度，能够提供可靠的链路传输质量；系统内可编程 8KB 闪存，配备 TI 所支持的包括 Z-Stack、RemoTI 和 SimpliciTI 在内的网络协议栈来简化系统应用开发，这使其能更快地获得物联网应用市场。CC2530 有 4 种不同的闪存版本：CC2530F32/64/128/256，分别具有 32/64/128/256KB 闪存。CC2530 具有的不同运行模式使得它尤其适应超低功耗要求的系统。运行模式之间的转换时间短，进一步保证了低能源消耗。CC2530 使用业界标准的增强型 8051 内核，相对于其他通用的 8 位微控制器来说，有更丰富的资源及更快的速度。CC2530 的主要资源包含单周期的 8051 兼容内核、8KB 的 SRAM、32/64/128/256KB 的闪存、两线调试接口允许对片上闪存进行编程、通过不同的运行模式使其可以低功耗运行、21 个数字 I/O 引脚、5 个独立的 DMA 通道、一个独立的 16 位定时器、两个 8 位定时器、一个 16 位 MAC 定时器、一个睡眠定时器、支持 14 位模数转换的 ADC、一个随机数发生器、支持 IEEE 802.15.4 全部安全机制的 AES 外部协处理器、4 个可选定时器间隔的看门狗、两个串行通信接口、USB 控制器、RF 内核控制模拟无线电模块。ZT-EVB 开发平台的接口说明如表 4-1-1 所示。

图 4-1-1　ZT-EVB 硬件实验开发平台

表 4-1-1　ZT-EVB 开发平台的接口说明

标号	a	b	c	d	e	f	g	h	i	j	k	l	m
接口说明	DEBUG 接口	USB 接口	RS232 接口	RS485 接口	RS485 接口（三线连接）	5V 电源适配器	纽扣电池插座	3.3V 电源通断开关	3.3V 外接电源插座	模块外接 VDD 电源插座	RF SMA 插座	ZT100D 或 ZT200D 模块插座	ZT100S 或 ZT200S 模块焊接焊盘
标号	n	o	p	q	r	s	t	u	v	w	x	A、B、C	D、E、F
接口说明	DC/DC 电源转换芯片（LTC3536）	USB 转串口芯片（CP2102）	RS232 电平转换芯片（MAX232CSE）	RS485 转串口芯片（MAX485ESA）	模块全部引脚引出接口	模块复位按键	蜂鸣器	三个电位器	三个热敏电阻	8 个 LED 发光二极管	8 个按键	对应的三组功能拨码开关	对应的三组功能拨码开关

1. 无线通信模块

　　ZigBee 芯片模块内部结构整合了微处理器及射频调制解调等基本功能单元，构成单一芯片并形成片上系统（SoC）。无线通信模块的内部结构如图 4-1-2 所示。

　　本实验系统平台的 ZigBee 无线通信模块器件采用 TI 公司的 CC2530 器件，CC2530 是用于 IEEE 802.15.4、ZigBee 和 RF4CE 应用的一种真正的片上系统解决方案。本书充分利用

图 4-1-2　无线通信模块的内部结构

CC2530 无线通信模块的相关资源和功能进行实验例程的开发设计。ZigBee 无线通信模块实物及天线配置如图 4-1-3 所示。

　　ZT 系列模块是符合最新 ZigBee PRO 协议的 ZigBee 无线通信模块,可与其他厂商的符合 ZigBee PRO 协议的产品实现互操作,具有体积小、功耗低、I/O 配置灵活等优点。使用 ZT 系列模块可以用于无线数据收发、转发数据、组建各种网络拓扑结构的无线个域网,也可以与各种类型的传感器模块进行套接组成无线传感器模块,并通过组网通信方式构建无线传感器网络。ZT 系列无线通信模块器件的核心器件采用 TI 公司的 CC2530 芯片功能系统,图 4-1-4 所示为 ZT100 模块外围电路。ZT 系列射频模块的引脚说明如表 4-1-2 所示。

计算机 B 天线　　　　Chip 天线　　　　Whip 天线

(a) 实物　　　　　　　　　　　　(b) 天线

图 4-1-3　ZigBee 无线通信模块实物及天线配置

图 4-1-4　ZT100 模块外围电路

表 4-1-2　ZT 系列射频模块的引脚说明

引脚号	ZT100S 引脚	CC2530 引脚	引脚号	ZT200S 引脚	CC2530 引脚
ZT100S 和 CC2530			ZT200S 和 CC2530		
1	GPIO9	P1.1 (9)	1	UART_/SPI	P1.3 (7)
2	GPIO8	P1.0 (11)	2	/SYSCFG	P1.2 (8)
3	GPIO7	P0.7 (12)	3	GND	
4	GPIO6	P0.6 (13)	4	GPIO9	P1.1 (9)
5	GPIO5	P0.5 (14)	5	GPIO8	P1.0 (11)
6	GPIO4	P0.4 (15)	6	GPIO7	P0.7 (12)
7	GPIO3	P0.3 (16)	7	GPIO6	P0.6 (13)
8	GPIO2	P0.2 (17)	8	GPIO5	P0.5 (14)
9	GPIO1	P0.1 (18)	9	GPIO4	P0.4 (15)
10	GPIO0	P0.0 (19)	10	GPIO3	P0.3 (16)
11	GND		11	GPIO2	P0.2 (17)
12	ANT		12	GPIO1	P0.1 (18)
13	GND		13	GPIO0	P0.0 (19)
14	/STANDBY	P2.0 (36)	14	/RESET	RESET_N (20)
15	UART_/SPI	P1.3 (7)	15	GND	
16	/SYSCFG	P1.2 (8)	16	DC	P2.2 (34)
17	RTS	P1.5 (5)	17	DD	P2.1 (35)
18	CTS	P1.4 (6)	18	VDD	
19	GND		19	/STANDBY	P2.0 (36)
20	TXD	P1.6 (38)	20	GND	
21	GND		21	RXD	P1.7 (37)
22	RXD	P1.7 (37)	22	GND	
23	GND		23	TXD	P1.6 (38)
24	VDD		24	GND	
25	DD	P2.1 (35)	25	RTS	P1.5 (5)
26	DC	P2.2 (34)	26	CTS	P1.4 (6)
27	GND				
28	/RESET	RESET_N (20)			

2. 电源模块

ZT-EVB 开发平台提供三种电源供电方式：适配器+5V 电源、USB 电源和纽扣电池。ZT-EVB 开发平台供电接口如图 4-1-5 所示。将模块电源 VDD 开关拨到 ON 位置，可使用图中 b 位置的 USB 对系统供电，也可选择 f 位置的 5V 直流电源供电和 g 位置的 5V 纽扣电池供电。ZT-EVB 上 i 和 j 位置的两个插座可连接外部电源，用于开发板的电流功耗测试。在 DC/DC 电源转换芯片的作用下，将以上三种电源进行降压或升压处理，输出+3.3V 系统电压，给射频模块、RS232 接口转换芯片和 RS485 接口转换芯片供电。电压转换电路接口如图 4-1-6 所示。

图 4-1-5　ZT-EVB 开发平台供电接口　　　　　　　图 4-1-6　电压转换电路接口

U1：DC/DC 电压转换芯片 LTC3536。LTC3536 是 Linear 公司生产的低噪声 buck-boost 电压转换芯片，可实现升压或降压功能，电压输入范围为 1.8～5.5V。输出电压可调，ZT-EVB 开发平台的设计输出电压为 3.3V。

3．通信接口电路

ZT-EVB 集成了通用的 USB 接口、RS232 接口和 RS485 接口，这些接口信号通过特定的芯片转换成可以和模块进行串口通信的信号，从而实现对模块的各种应用调试。在通信接口的使用中需要注意，同时只能有一路串口和模块通信，其他两路需要通过拨码开关来断开，以免相互干扰。

通信接口的引脚定义如表 4-1-3 所示。

表 4-1-3　通信接口的引脚定义

DEBUG 接口定义

引脚号	信号	I/O	描述
1	GND		地
2	VDD		电源
3	DC	I	Debug clock
4	DD	I/O	Debug data
5	CTS	I	清除发送
6	RTS	O	请求发送
7	RESET		模块复位信号
8	TXD	O	模块数据发送信号
9	NC		No Connection
10	RXD	I	模块数据接收信号

RS232 接口定义

引脚号	信号	I/O	描述
1	NC		No Connection
2	RXD	I	RXD 信号
3	TXD	O	TXD 信号
4	DTR	I	数据终端准备好
5	GND		GND
6	DSR	O	数据准备好
7	RTS	O	请求发送
8	CTS	I	清除发送
9	NC		No Connection

续表

USB 接口定义

引 脚 号	信 号	I/O	描 述
1	VBUS		+5V
2	DN	I/O	Data−
3	DP	I/O	Data+
4	GND		地

RS485-1 接口定义

引 脚 号	信 号	I/O	描 述
2	RS485A	I/O	A 信号
3	RS485B	I/O	B 信号
5	GND		地
1,4,6~9	NC		No Connection

RS485-2 接口定义

引 脚 号	信 号	I/O	描 述
1	GND		地
2	B	I/O	RS485B 信号
3	A	I/O	RS485A 信号

3.3V 接口定义

引 脚 号	信 号	I/O	描 述
1	3.3V		3.3V 电源
2	GND		地

VDD 接口定义

引 脚 号	信 号	I/O	描 述
1	VDD		模块电源 VDD
2	GND		地

- S16：+3.3V 电源控制开关，使用中切记要拨到 ON 位置。
- S18：电池控制开关，在使用电池给 ZT-EVB 供电时，开关一定要拨到 ON 位置，在 ZT-EVB 使用完毕后，切记要将开关拨到 OFF 位置，以防电池长期耗电。

通信接口原理说明如下。

RS232（UART）接口是 1970 年由美国电子工业协会（EIA）联合贝尔实验室、调制解调器厂家及计算机终端生产厂家共同制定的用于串行通信的标准，它的全称是"数据终端设备（DTE）和数据通信设备（DCE）之间的串行二进制数据交换接口技术标准"。该标准规定采用一个 25 脚的 DB25 连接器，对连接器每个引脚的信号内容加以规定，还对各种信号的电平加以规定。随着设备的不断改进，出现了代替 DB25 的 DB9 接口，现在把 RS232 接口称为 DB9；MAX232CSE 是 CMOS 双 RS232 发送器及接收器；USB 转串口（USB-UART）芯片 CP2102 内置 USB 2.0 全速功能控制器、USB 收发器、晶体振荡器、E^2PROM 及异步串行数据总线（UART），支持调制解调器全功能信号，无须任何外部的 USB 器件。CP2102 的工作原理是通过驱动程序将计算机的 USB 口虚拟成 COM 口，以达到扩展的目的。本书中开发平台 ZT-EVB 开发板上的通信接口原理图如图 4-1-7 所示。

U2：RS232 串口转换芯片 MAX232CSE。MAX232CSE 是 MAXIM 公司生产的 RS232 接口转换芯片，该芯片将计算机端的 RS232 信号电平转换成模块端 3.3V 的串口信号，以进行计算机和模块之间的数据交换。

U5：RS485 转串口驱动芯片 MAX485ESA。MAX485ESA 是 MAXIM 公司生产的 RS485 转串口接口芯片，该芯片将 RS485 信号转换成 3.3V 的串口信号，以进行计算机和模块之间的数据交换。

图 4-1-7　通信接口原理图

U3：USB 转串口芯片 CP2102（见图 4-1-8）。CP2102 是 Silicon Labs 公司生产的 USB 转串口芯片，采用 USB 2.0 的 Full Speed 标准。使用时需要安装该芯片的驱动程序才可正常生成串行端口，与模块进行通信。

图 4-1-8 和图 4-1-9 所示为 ZT-EVB 开发平台的几类通信接口连线原理图，其中，RS485、RS232 和 USB 公用 UART 的数据接收 RX 接口与数据发送 TX 接口，只通过 USB SW、RS232 SW 和 RS485 SW 这 3 个开关来控制连接，所以在串口通信时应该打开 RS232 SW 或 RS485 SW 上的 RXD 和 TXD 开关，RS232 或 RS485 的 RX 和 TX 引脚也会有信号，读者可以使用示波器自行观测。

4. 通用型输入/输出接口（GPIO）说明

ZT-EVB 对模块的 GPIO 口全部开放，设计了模块的典型用法，包括：对实时电压的检测（通过可变电阻模拟），通过热敏电阻实施环境温度的监测，通过控制发光二极管模拟数字控制电路、按键检测电路，以及利用 GPIO8、GPIO9 可输出大电流的性能来驱动高亮发光二极管电路等。用户可以参考该部分电路，根据具体使用来设计自己的产品。

图 4-1-8　USB 转串口电路

图 4-1-9　通信接口控制开关

S19 拨码开关电路图如图 4-1-10 所示。注意 ZT-EVB 开发平台上拨码开关的 ON/OFF 的标识，ON 表示拨码开关接通，OFF 表示拨码开关断开，其他几路拨码开关相同。S19 拨码开关实物图的含义如表 4-1-4 所示。

图 4-1-10　S19 拨码开关电路图

表 4-1-4 S19 拨码开关实物图的含义

引　　脚	含　　义
VDD	系统 3.3V 是否给模块 VDD 供电
485	系统 3.3V 是否给 RS485 转换电路供电
232	系统 3.3V 是否给 RS232 转换电路供电
NC	未使用
RXD	USB 转串口芯片的信号是否连接模块串口信号
TXD	同上
RTS	同上
CTS	同上

S17 拨码开关电路图如图 4-1-11 所示。S17 拨码开关实物图的含义如表 4-1-5 所示。在使用中请注意，若采用 RS485 接口，则 GPIO0 和 GPIO2 已经占用，不可复用。模块串口端同时只能和一种端口进行通信，不使用的端口，须把拨码开关相应的位置断开，以防互相干扰。

图 4-1-11 S17 拨码开关电路图

表 4-1-5 S17 拨码开关实物图的含义

引　　脚	含　　义
RXD	RS232 转串口信号是否连接模块串口
TXD	同上
RTS	同上
CTS	同上
RXD	RS485 转串口信号是否连接模块串口
TXD	同上
DE	RS485 芯片驱动输出使能，由模块 GPIO0 控制
RE	RS485 芯片接收输出使能，由模块 GPIO2 控制

S4 拨码开关电路图如图 4-1-12 所示。此拨码开关将模拟信号传输至模块的 GPIO 口，进行信号的 ADC 电压检测。S4 拨码开关实物图的含义如表 4-1-6 所示。

切记当模块的 GPIO 端口设置为 ADC 模式时，Vana 开关一定要处于 ON 状态，否则模拟电路的供电缺失，将导致电路无法正常工作。

S1 拨码开关电路图如图 4-1-13 所示。

图 4-1-12　S4 拨码开关电路图

表 4-1-6　S4 拨码开关实物图的含义

引　　脚	含　　义
ACH2	VR3 可变电压输出 2 是否连接至模块的 GPIO7
ACH1	VR2 可变电压输出 1 是否连接至模块的 GPIO6
ACH0	VR1 可变电压输出 0 是否连接至模块的 GPIO5
TRM3	检测 Vana 信号是否连接至模块的 GPIO4
TRM2	RT1 热敏电阻检测电压是否连接至模块的 GPIO3
TRM1	RT2 热敏电阻检测电压是否连接至模块的 GPIO2
Vana	模拟电源 Vana 是否连接至模块的 GPIO1 来供电
TRM0	RT3 热敏电阻检测电压是否连接至模块的 GPIO0

图 4-1-13　S1 拨码开关电路图

S1 拨码开关实物图的含义如表 4-1-7 所示。

表 4-1-7　S1 拨码开关实物图的含义

引　脚	含　义	引　脚	含　义
LED8	GPIO7 控制发光二极管 D8	LED4	GPIO3 控制发光二极管 D4
LED7	GPIO6 控制发光二极管 D7	LED3	GPIO2 控制发光二极管 D3
LED6	GPIO5 控制发光二极管 D6	LED2	GPIO1 控制发光二极管 D2
LED5	GPIO4 控制发光二极管 D5	LED1	GPIO0 控制发光二极管 D1

S5 拨码开关电路图如图 4-1-14 所示。

图 4-1-14　S5 拨码开关电路图

S5 拨码开关实物图的含义如表 4-1-8 所示。

表 4-1-8　S5 拨码开关实物图的含义

引　脚	含　义	引　脚	含　义
KEY7	GPIO7 检测 KEY7 按下	KEY3	GPIO3 检测 KEY3 按下
KEY6	GPIO6 检测 KEY6 按下	KEY2	GPIO2 检测 KEY2 按下
KEY5	GPIO5 检测 KEY5 按下	KEY1	GPIO1 检测 KEY1 按下
KEY4	GPIO4 检测 KEY4 按下	KEY0	GPIO0 检测 KEY0 按下

S3 拨码开关电路图如图 4-1-15 所示。S3 拨码开关实物图的含义如表 4-1-9 所示。在物联网实验设计的 GPIO 的使用过程中，相同的引脚资源功能不能同时复用。

图 4-1-15　S3 拨码开关电路图

表 4-1-9　S3 拨码开关实物图的含义

引　脚	含　义
WAKEUP	是否让模块一直 wakeup，不进入 sleep 模式
BUZ	是否用 GPIO9 驱动蜂鸣器 BZ1
LED	是否用 GPIO9 控制白色高亮发光二极管 D14
GPIO8	是否用 GPIO8 控制白色高亮发光二极管 D13
GPIO2	是否控制 RS485 转串口芯片的 RE 信号
GPIO0	是否控制 RS485 转串口芯片的 DE 信号
IND1	是否控制绿色发光二极管用以指示模块联网状态
IND0	是否控制红色发光二极管用以指示模块断网状态

5．开发平台硬件驱动安装

（1）仿真器 CC Debugger 驱动安装。将 ZT-EVB 开发平台的电源接上，打开 S16 开关，使用电源口 J13 供电；或关闭 S16 开关，使用 USB 接口供电。将 ZT-DEBUGGER 的一端连在开发平台的 DEBUGGER 接口上，另一端插在计算机的 USB 接口上，此时计算机自动搜索和安装驱动。仿真器的驱动安装步骤如图 4-1-16 和图 4-1-17 所示。

打开设备管理器，发现在其他设备的 CC Debugger 前有黄色的感叹号。右击选择"更新驱动程序软件"，选择"手动查找并安装驱动程序软件"，找到存放驱动的位置为…\SMARTRF04EB CC DEBUGGER 驱动(含 win7 64bit)\win_64bit_x64，根据计算机的不同，可选择 32 位或 64 位，单击"下一步"按钮。

安装成功后，会看到图 4-1-18 所示的界面，单击"关闭"按钮，黄色感叹号消失且更名为 Cebal controlled devices——CC Debugger。

图 4-1-16　仿真器的驱动安装步骤（1）

图 4-1-17　仿真器的驱动安装步骤（2）

图 4-1-18　仿真器驱动安装成功

（2）串口驱动安装。在串口调试中会使用串口与计算机通信，为了使用串口，必须要安装串口驱动。将 USB 数据线的一端连在开发平台的 COM 接口，将另一端连在计算机的 USB

接口上。会发现在 CP2102 USB to UART Bridge Controller 前面有一个黄色的感叹号，说明 ZT-EVB 开发平台上 USB 芯片 CP2102 的驱动没有正确安装，在 USB2Serial_Driver 文件夹中有 CP210x-VCP-Win-XP-S2K3-Vista-7.exe，双击它，如图 4-1-19 所示，单击 Next 按钮，选中 I accept the terms of the license agreement 选项，然后单击 Next 按钮，选择安装路径，单击 Next 按钮，单击 Finish 按钮，单击"确定"按钮，回到设备管理器，扫描设备管理器，会发现黄色的感叹号没有了，此时该驱动安装成功，如图 4-1-20 所示。

图 4-1-19　串口驱动安装步骤

图 4-1-20　串口驱动安装成功

按以上步骤完成软件驱动安装和平台硬件接口配置后，连接实验设备，用扁平电缆连接 ZT-DEBUGGER 仿真器和 ZT-EVB 开发平台，确认连接可靠后用 USB 数据线连接仿真器到计算机。查看仿真器上的电源指示灯和开发平台上的电源指示灯，若全部点亮，则证明连接完好，物联网实验的硬件平台准备完毕。

4.1.2 CVT-IOT-VSL 教学实验箱

CVT-IOT-VSL 全功能无线传感器网络教学实验系统，集无线 ZigBee、Bluetooth、RFID 等通信技术于一体，采用强大的 Cortex-A9 嵌入式处理器（可搭配 Linux/Android/WinCE 操作系统）作为智能终端，配合多种传感器模块，提供丰富的实验例程，便于物联网无线网络、传感器网络、RFID 技术、嵌入式系统、下一代互联网等多种物联网课程等的学习。

系统配备 ZigBee（兼容 TI CC2530 和 ST STM32W 两套方案）、蓝牙、WiFi 无线通信节点，可以快速构成小规模 ZigBee、WiFi、蓝牙通信网络。同时，模块化的开发方式使其完全兼容各种传感器网络，并可以在互联网上实现对各种通信节点的透明访问。RFID 无线射频识别模块分为可读写 125K 模块、ISO 14443 模块、可读写 15693 模块、900MHz 模块及 2.4GHz 有源标签读写器模块。

Cortex-A9 智能终端平台可进行 Linux/ Android /WinCE 三种嵌入式编程开发，包括开发环境搭建、Bootloader 开发、嵌入式操作系统移植、驱动程序调试与开发、应用程序的移植与开发等。

配备磁检测传感器、光照传感器、红外对射传感器、红外反射传感器、结露传感器、酒精传感器、人体检测传感器、三轴加速度传感器、声响检测传感器、温湿度传感器、烟雾传感器、振动检测传感器这 12 种传感器模块及传感器扩展接口板（可以根据教学需要定制自己需要的传感器），可以通过标准接口与通信节点建立连接，实现传感器数据的快速采集和通信。

CVT-IOT-VSL 教学实验系统硬件组成如图 4-1-21 所示。

图 4-1-21　CVT-IOT-VSL 教学实验系统硬件组成

CVT-IOT-VSL 教学实验箱模块图如图 4-1-22 所示。

图 4-1-22　CVT-IOT-VSL 教学实验箱模块图

CVT-IOT-VSL 教学实验系统的硬件组成如表 4-1-10 所示。

表 4-1-10　CVT-IOT-VSL 教学实验系统的硬件组成

序　号	名　　称	规格型号	数　量	备　注
1	无线传感智能网关	Cortex-A9	1	
2	ZigBee 模块 1	CVT-SENSOR	1	各类传感器
3	ZigBee 模块 2	CVT-SENSOR	1	各类传感器
4	ZigBee 网关	CVT-ZWMB1	1	工作频段 2.4GHz，信道 16 个，信道带宽 5MHz，符合 IEEE 802.15.4 标准，内置 IEEE 802.15.4 MAC 协议栈
5	WiFi 模块 1	CVT-SENSOR	1	各类传感器
6	WiFi 模块 2	CVT-SENSOR	1	各类传感器
7	WiFi 网关	CVT-ZWMB3	1	WiFi 组网
8	蓝牙模块 1	CVT-SENSOR	1	各类传感器
9	蓝牙模块 2	CVT-SENSOR	1	各类传感器
10	蓝牙网关	CVT-ZWMB4	1	蓝牙 4.0 通信
11	GPS/GPRS 扩展板	CVT-GPSGPRS	1	实现 GPS 定位和 GPRS 电话短信功能
12	125kHz RFID 扩展板	CVT-EM4095	1	可读写 125kHz RFID 卡
13	ISO 14443 RFID 扩展板	CVT-RC632	1	可读写 ISO 14443 RFID 卡
14	900MHz RFID 扩展板	CVT-900M	1	可读写 900MHz RFID 卡
15	有源 RFID 扩展板	CVT-NRF24L1	1	可读写 2.4GHz 有源 RFID 卡

1．核心网关

核心网关各部分组件如图 4-1-23 和表 4-1-11 所示。

图 4-1-23　核心网关各部分组件

表 4-1-11　核心网关各部分组件

编　号	名　　称	编　号	名　　称
1	CVT-Cortex-A9 核心板	20	ADC
2	TF 卡槽	21	CAN 总线模块
3	SD 卡槽	22	BOOT SELECT
4	网口模块	23	CAN485
5	WiFi + BT ANT	24	音频接口
6	显示屏模块	25	GPIO SPI IIC
7	LCD 显示屏接口	26	SPK
8	WiFi + BT 模块	27	音频模块
9	JTAG	28	CAMERA
10	电源口	29	HDMI 视频接口
11	电源指示灯	30	ZigBee+WiFi+BT+IPV6 插座
12	电源开关	31	UART 串口
13	电插槽	32	串口选择开关
14	功能按键	33	串口插座
15	GPIO LED	34	USB 接口
16	RTC	35	陀螺仪/加速度
17	红外传感器	36	USB OTG
18	温度传感器	37	网口
19	蜂鸣器		

　　CVT-IOT-VSL 教学实验箱的核心网关采用了三星的一款 4 核处理器 Exynos 4412，该处理器采用 ARM7 架构，属于 Cortex A9 系列。Exynos 4412 支持 32KB 一级缓存、1MB 二级缓存；领先的电源管理技术；64KB ROM 和 256KB RAM 安全存储运行空间；8 位 ITU 601/656

摄像头接口；MFC 多种视频格式硬件解码，支持 1080p 格式的视频拍摄和播放；内部集成图像信号处理子单元；多种格式 JPEG 图像解码；3D 图像加速；2D 图像加速；1 通道 HDMI 接口；MIPI-DSI 和 MIPI-CSI 接口；1 通道 AC97 音频接口和 3 路 PCM 音频接口；3 路 24 位 I2S 接口；1 通道 S/PDIF 接口；8 路 IIC 接口；4 通道高速 UART 接口，传输速率可达 3Mbps；1 路 USB 2.0 HOST 接口；1 路 USB 2.0 DEVICE 接口；2 路 USB 2.0 HSIC，方便 USB 扩展；4 路 SD/SDIO/HS-MMC 接口；24 通道 DMA 控制器；最大支持 14×8 矩阵键盘；可编程 GPIO；实时时钟 RTC；PLL 锁相环；PWM 脉冲宽度调制；多核定时器；看门狗定时器等。

2. ZigBee 模块

CVT-IOT-VSL 教学实验箱中的 ZigBee 网关的核心与 ZT-EVB 开发平台无线通信模块中的 ZigBee 芯片模块相似，也采用 TI 公司的 CC2530 器件，支持 128KB 闪存和 8KB RAM，最大传输速率为 250kbps，通道有 16 个可选频段，传输距离可以在 0～200m 内调节，电源电压为 2～3.6V。CVT-IOT-VSL 教学实验箱中的 ZigBee 网关实物图如图 4-1-24 所示。

图 4-1-24　CVT-IOT-VSL 教学实验箱中的 ZigBee 网关实物图

3. 蓝牙模块

蓝牙模块采用 TI 的 CC2540 芯片。TI 的 CC2540 是一个单芯片的 BLE 解决方案，完美支持 BLE 协议栈，其集成一个 2.4GHz 的 RF 收发器、增强型 8051 内核、256KB 在系统可编程 Flash、8KB RAM 和许多其他外围扩展模块，数据接收所需的瞬态电流为 19.6mA，数据发送（-6dBm）所需的瞬态电流为 24mA。相较于 CC2530，其功耗更小。

CC2540/2541 小模块实物和接口图如图 4-1-25 所示。

图 4-1-25　CC2540/2541 小模块实物和接口图

蓝牙模板原理图如图 4-1-26 所示。

图 4-1-26　蓝牙模块原理图

该蓝牙模块采用 4 层板设计，外接 SMA 天线接口，对外引出了所有的 I/O 口，可以很方便地配合底板使用。

4．开发板硬件驱动安装

连接仿真器到计算机的 USB 接口，在安装 SmartRF Studio 或 SmartRF Flash Programmer 之类的软件后，系统会自动安装 CC Debugger 的 USB 驱动。若没有安装此类软件，则系统会提示安装新硬件，将驱动位置定位到 Cebal–CC××××Development Tools USB Driver for Windows x86 and x64 安装即可，安装成功后在设备管理器中可查看图 4-1-27 所示的设备，表示安装成功。

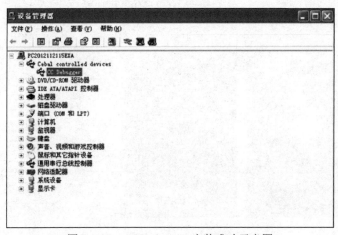

图 4-1-27　CC Debugger 安装成功示意图

4.1.3　IAR 软件的安装

双击 autorun.exe 文件，选择 Install IAR Embedded Workbench，单击 Next 按钮，选中 I accept the terms of the license agreement 选项，再单击 Next 按钮，从光盘上找到序号并填入，单击 Next 按钮，根据需要选择完全安装（Complete）或自定义安装（Custom），单击 Next 按钮选择安装路径后完成，如图 4-1-28 和图 4-1-29 所示。

图 4-1-28　IAR 软件的安装（1）

图 4-1-29　IAR 软件的安装（2）

4.1.4　IAR 软件的应用

本节将介绍如何使用 IAR 环境搭建配套实验工程。后续实验的工程建立方法可参照本节，将不再赘述。关于 IAR 的详细说明文档，请浏览 IAR 官方网站或软件安装文件夹 8051\doc 里的支持文档。以下将通过一个简单的中断控制 LED 亮灭测试程序工程，带领用户逐步熟悉 IAR for 51 实验开发环境。

打开 IAR 软件，建立 Workspace 工作空间，进入 IAR IDE 环境。单击 Project 菜单，选择 Create New Project...命令建立新工程，如图 4-1-30 所示。

弹出图 4-1-31 所示的选择工程类型对话框，确认 Tool chain 栏已经选择 8051，在 Project templates 栏中选择 Empty project，单击 OK 按钮。弹出创建工程目录对话框，选择一个路径，给该工程取名为 lesson1，然后单击"保存"按钮。

单击 File 菜单，选择 New→File 命令，按图 4-1-32 所示进行操作创建一个 C 文件，用于写程序，命名后单击"保存"按钮，将该 C 文件保存在该工程所在的同一个文件夹里，并命名为 lesson1.c，将 lesson1.c 文件加入该工程，并在 lesson1.c 文件中写入程序，如图 4-1-33 所示。

图 4-1-30　建立工作空间

图 4-1-31　选择工程类型对话框和创建工程目录对话框

图 4-1-32　创建和保存一个 C 文档

图 4-1-33　将 C 文件加入工程

在配置工程选项时，选择 Project 菜单下的 Options 命令，配置与 CC2530 相关的选项。选择 General Options→Target 命令，按图 4-1-34 所示配置 Target，选择 Code model（标准模式）为 Near，选择 Data model（数据模式）为 Small，选择 Calling convention（调用约定）为 IDATA stack reentrant，以及其他参数。单击 Device 栏右边的　按钮，选择程序安装位置，如这里是 IAR　Systems\Embedded　Workbench　5.4\8051\config\devices\Texas　Instruments　下 的 文 档 CC2530F256.i51。选择 Data Pointer 选项卡，选择数据指针数为 1，Size 为 16bit，默认即为该配置。

图 4-1-34　Target 选项卡和 Data Pointer 选项卡配置

选择 Stack/Heap 选项卡：改变 XDATA 栈的大小为 0x1FF。在 Linker 选项的 Output 选项卡中勾选 Override default，可以在下面的文本框中更改输出文件名。如果要用 C-SPY 进行调试，那么应选中 Format 下面的 Debug information for C-SPY，如图 4-1-35 所示。

采用交互式方法设置并监控断点，将插入点的位置指向目标语句，然后选择 Toggle Breakpoint 命令。在编辑窗口选择要插入断点的语句，选择 Edit→Toggle Breakpoint 命令，或者在工具栏上单击 按钮。

选择 View→Disassembly 命令，打开反汇编调试窗口，用户可看到当前 C 语句对应的汇编语言指令。寄存器窗口允许用户监控并修改寄存器的内容。选择 View→Register 命令，打开寄存器窗口。运行程序时，选择 Debug→Go 命令，或者单击调试工具栏中的 按钮，程序将运行至断点。若没有设置断点，则选择 Debug→Break 命令或单击调试工具栏中的 按钮，停止程序运行。若用 ZT-DEBUGGER 下载程序，则 Debugger 中的 Driver 要选为 Texas Instruments，目的是配合使用本书所采用的仿真器 ZT-DEBUGGER。

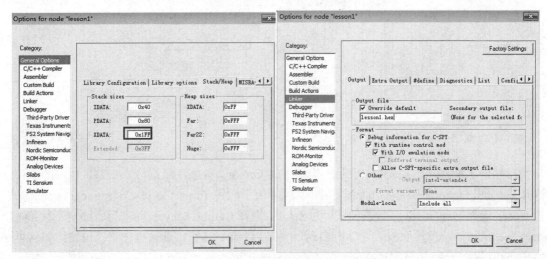

图 4-1-35　输出文档设置

C-SPY 允许用户查看源代码中的变量或表达式，并在程序运行时跟踪其值的变化。使用自动窗口选择 View→Auto 命令，开启窗口。自动窗口会显示当前被修改过的表达式，连续步进观察 j 值的变化情况。选择 View→Watch 命令，打开 Watch 窗口，使用 Watch 窗口来查看变量。单击 Watch 窗口中的虚线框，出现输入区域时输入 j 并回车。也可以先选中一个变量，再将其从编辑窗口拖到 Watch 窗口。变量值跟踪和观测如图 4-1-36 所示。

图 4-1-36　变量值跟踪和观测

程序下载工具 SmartRF Flash Programmer 是用来对无线 SoC 单片机 CC2530 进行程序下载和对 ZigBee SoC 芯片物理地址（IEEE Address）进行修改的软件。使用时，将 ZT-EVB 开发平台通过仿真器 ZT-DEBUGGER 与计算机连接，打开电源开关，启动 SmartRF Flash Programmer，若硬件正确连接并开启，则会在 System-on-Chip 栏的 Device 对话框中看到已连接的设备，如图 4-1-37 所示。此时，图中区域①会出现相关芯片的信息。区域②为芯片编号读/写操作，用于修改读取节点的编号，用户可根据应用要求自行修改节点编号，但需注意，节点编号会影响网络的拓扑结构及组网。区域④为可选的 Flash 操作，区域③通常为刻录程序选择区域，该区域共有 4 字节，前 2 字节为组号，后 2 字节为节点号。在选择操作选项后，在 Flash 右侧的对话框中选择准备使用的程序文件（区域①下方），接着在 Action 选项卡下选择适当的选项，选择编译程序生成的可执行文件并对程序下载操作进行详细的设置，选择刻录文件，单击区域⑤的按钮"Perform actions"进行刻录，将目标程序下载至 ZigBee 设备中。

图 4-1-37　SmartRF Flash Programmer 程序下载工具

4.2　处理器类片上系统基础实验

4.2.1　温湿度传感器采集实验

1．实验目的

（1）掌握温湿度传感器的操作方法；
（2）掌握温湿度传感器采集程序的编程方法。

2．实验设备

硬件：计算机一台（操作系统为 Windows XP 或 Windows 7）；CVT-IOT-VSL 实验箱一台；CC Debugger 仿真器；USB 数据线一根。

软件：IAR Embedded Workbench for MCS-51 开发环境。

3．实验要求

通过串口调试助手显示 SHT10 温湿度传感器采集到的数据。

4．基础知识

（1）温湿度传感器介绍

本实验采用 SHT10 温湿度传感器，SHT×× 系列单芯片传感器是一款含有已校准数字信号输出的温湿度传感器。它应用专利的工业 COMS 过程微加工技术,确保产品具有极高的可靠性与卓越的长期稳定性。传感器包括一个电容式聚合体测湿元件和一个能隙式测温元件,并与一个 14 位的 A/D 转换器及串行接口电路在同一芯片上实现无缝连接,因此,该产品具有品质卓越、响应超快、抗干扰能力强、性价比极高等优点。

每个 SHT×× 温湿度传感器都在极为精确的湿度校验室中进行校准。校准系数以程序的形式存储在 OTP 内存中,传感器内部在检测信号的处理过程中要调用这些校准系数。

两线制串行接口和内部基准电压,使系统集成变得简易快捷。超小的体积、极低的功耗,使其成为各类应用甚至最为苛刻的应用场合的最佳选择。产品提供表面贴片 LCC(无铅芯片)或 4 针单排引脚封装,特殊封装形式可根据用户需求而提供。

(2)温湿度传感器的接口电路

SHT10 温湿度传感器的接口电路如图 4-2-1 所示,引脚分配如表 4-2-1 所示。通过 CC2530 的 I/O 口仿真 SHT10 要求的串行接口时序,以读出 SHT10 温湿度传感器采集的当前的温度和湿度值。

图 4-2-1　SHT10 温湿度传感器的接口电路

表 4-2-1　SHT10 温湿度传感器的引脚分配

引　脚	名　称	描　述
1	GND	地
2	DATA	串行数据,双向
3	SCK	串行时钟,输入口
4	VDD	电源
5~8	NC	必须为空

(3)实验说明

本实验根据设定的时间间隔,循环采集温湿度传感器的温度和湿度,并通过串口在串口调试助手中显示出来。

① 函数 void Sensor_PIN_INT(void):用于配置相应的 I/O 口。

② 函数 uint32 ReadSHT1(uint8 Addr);用于读取温湿度传感器的值。

函数功能:返回 SHT10 温湿度芯片采集的值。

输入参数:地址值(根据芯片手册,参数为温度地址 0x3 或湿度地址 0x5)。

```
uint32 ReadSHT1(uint8 Addr)
{
  uint32 lResult;
  while(1){
     SHT1_Start();
```

```
    SHT1_WriteCommandData(Addr);
    if(SHT1_Ready() != 0){ //无应答
        SHT1_Reset();
        continue;
        }
else{
    SHT1_SendAck();
    break;
    }
}
Delay10ms(60);
lResult = SHT1_ReadData();
lResult = lResult<<16;
SHT1DATA_LOW;
Delay();
SHT1_SendAck();
lResult |= ((uint16)SHT1_ReadData()<<8);
SHT1DATA_LOW;
Delay();
SHT1_SendAck();
lResult |= SHT1_ReadData();
SHT1DATA_HIGH;
Delay();
SHT1_SendAck();
return lResult;
    }
```

③ 主函数使用温湿度芯片的驱动，读取温湿度值并通过串口打印，具体如下。

```
void main()
{
    … //初始化相关代码见工程源文件
    while(1){
        lTemp = ReadSHT1(3);            //14bit 温度
        lTemp = lTemp >> 8;
        RHTValue = lTemp;
        RHTValue = 0.01 * RHTValue - 39.64;
        buf[0] = (uint8)RHTValue;      //温湿度传感器的温度
        buf[0] = ( ((buf[0]/10)<<4) + (buf[0]%10) );
        buf[1] = (buf[0]>>4)&0xf;
        if(buf[1] > 0x9)
            buf[1] = buf[1] - 0XA + 'A';
        else
            buf[1] = buf[1] + '0';
        buf[2] = (buf[0])&0xf;
```

```
        if(buf[2] > 0x9)
            buf[2] = buf[2] -0XA + 'A';
        else
            buf[2] = buf[2] + '0';
        lTemp = ReadSHT1(5);                    //12bit 湿度
        lTemp = lTemp >> 8;
        RHTValue = lTemp;
        RHTValue = 0.0405 * RHTValue -4 - 2.8*RHTValue*RHTValue/1000000;
        buf[3] = (uint8)RHTValue;              //温湿度传感器的湿度
        buf[3] = ( ((buf[3]/10)<<4) + (buf[3]%10) );
        buf[4] = (buf[3]>>4)&0xf;
        if(buf[4] > 0x9)
        buf[4] = buf[4] - 0XA + 'A';
        else
            buf[4] = buf[4] + '0';
        buf[5] = (buf[3])&0xf;
        if(buf[5] > 0x9)
            buf[5] = buf[5] -0XA + 'A';
        else
            buf[5] = buf[5] + '0';
        UartTX_Send_String("Temperature = ",14);
        UartTX_Send_String(&buf[1],1);
        UartTX_Send_String(&buf[2],1);
        UartTX_Send_String(" ",4);
        UartTX_Send_String("humidity = ",11);
        UartTX_Send_String(&buf[4],1);
        UartTX_Send_String(&buf[5],1);
        UartTX_Send_String("\r\n",2);
        delay();
        }
} // end of main()
```

5．实验步骤

（1）实验箱上电，使用仿真器连接好带温湿度模块的 CC2530 节点；

（2）参照 IAR 安装及使用说明中的步骤"如何新建一个工程→添加配置→添加文件→编译链接→下载调试运行"的过程，新建一个工程 SHT10，添加相应的文件，并修改 SHT10 的工程设置；

（3）创建 SHT10.c 并加入工程 SHT10 中；

（4）编写 SHT10 相关函数，在设置的间隔时间内循环显示温度和湿度的值，并通过串口发送出来；

（5）编译 SHT10 成功后，下载并运行，可通过串口调试助手和实验箱上的显示屏观察温湿度值，如图 4-2-2 所示。

(a)

(b)

图 4-2-2　温湿度值

4.2.2　三轴加速度传感器实验

1．实验目的

（1）掌握三轴加速度传感器的工作原理；

（2）掌握三轴加速度传感器采集程序的编程方法。

2．实验设备

硬件：计算机一台（操作系统为 Windows XP 或 Windows 7）；CVT-IOT-VSL 实验箱一台；CC Debugger 仿真器；USB 数据线一根。

软件：IAR Embedded Workbench for MCS-51 开发环境。

3．实验要求

通过串口调试助手显示 MMA7260Q 三轴加速度传感器采集到的数据。

4．基础知识

（1）三轴加速度传感器的工作原理

飞思卡尔（现更名为 NXP）半导体公司开发的基于微机电系统（MEMS）的三轴向低重力加速计 MMA7260Q 是一款单芯片设备，能在 X、Y、Z 三个轴向上以极高的灵敏度读取低重力水平的坠落、倾斜、移动、放置、震动和摇摆变化，体型小巧、功耗低，且有可选量程，可广泛地应用于各个领域。

MMA7260Q 采用电容式加速度传感器。根据电容的物理特性，电容值的大小与电极板的面积大小成正比，与电极板的距离成反比。三轴加速度传感器的感测单元就是利用电容的原理设计的。从芯片内部简化功能模块来看，感测单元将所侦测的加速度变化量的信号送往"电容到电压转换电路"，然后送到积分放大滤波器进行处理，最后通过温度补偿处理后输出反映瞬时加速度值的模拟电压信号。

（2）三轴加速度传感器的接口电路

三轴加速度传感器的接口电路如图 4-2-3 所示，X、Y、Z 三个轴向的加速度对应产生三个模拟信号，通过 CC2530 的不同的 A/D 口（P0.1、P0.4、P0.5）进行采集，经过运算可以得到三个轴向上的加速度。

图 4-2-3　三轴加速度传感器的接口电路

（3）程序说明

本实验例程的主程序如下。

```
void main( void )
{
    uint16 AdValue;
    unsigned char buf[3];
    Sensor_PIN_INT();
    UartTX_Send_String("Testing...\r\n",12);
    while(1){
        AdValue = ReadAdcValue(0x1,3,2);
            AdValue = AdValue>>6;
                buf[0] = (uint8)AdValue;
        AdValue = ReadAdcValue(0x4,3,2);
```

```
        AdValue = AdValue>>6;
        buf[1] = (uint8)AdValue;
    AdValue = ReadAdcValue(0x5,3,2);
        AdValue = AdValue>>6;
        buf[2] = (uint8)AdValue;
    UartTX_Send_String("X Accelerometer = ",18); //X轴加速度处理
    UartTX_Send_String(&buf[0],1);
    UartTX_Send_String(" ",3);
    UartTX_Send_String("Y Accelerometer = ",18); //Y轴加速度处理
    UartTX_Send_String(&buf[1],1);
    UartTX_Send_String(" ",3);
    UartTX_Send_String("X Accelerometer = ",18); //Z轴加速度处理
    UartTX_Send_String(&buf[2],1);
    UartTX_Send_String(" ",3);
    UartTX_Send_String("\r\n",2);
     delay();
    }
}
```

5. 实验步骤

（1）实验箱上电，使用仿真器连接好带三轴加速度模块的 CC2530 节点；

（2）参照 IAR 安装及使用说明中的步骤"如何新建一个工程→添加配置→添加文件→编译链接→下载调试运行"的过程，新建一个工程 Accelerometer，添加相应的文件，并修改工程设置；

（3）创建 Accelerometer.c 并加入工程 Accelerometer 中；

（4）编写 Accelerometer 相关函数，在设置间隔时间内循环显示加速度的值，并通过串口发送出来；

（5）编译 Accelerometer 成功后下载并运行，将带节点板在 X 轴、Y 轴或 Z 轴方向上做加速运动，可通过串口调试助手和实验箱上的显示屏观察三个轴向上的加速度值，如图 4-2-4 所示。

(a)　　　　　　　　　　　　　　　　(b)

图 4-2-4　三个轴向上的加速度值

4.2.3 超声波传感器采集实验

1. 实验目的

（1）掌握超声波传感器的操作方法；
（2）掌握超声波传感器采集程序的编程方法。

2. 实验设备

硬件：计算机一台（操作系统为 Windows XP 或 Windows 7）；CVT-IOT-VSL 实验箱一台；CC Debugger 仿真器；USB 数据线一根。

软件：IAR Embedded Workbench for MCS-51 开发环境。

3. 实验要求

通过串口调试助手显示超声波传感器采集到的数据。

4. 基础知识

（1）CC2530 及超声波传感器接口

① CC2530 及超声波传感器接口电路

CC2530 及超声波传感器接口电路如图 4-2-5 所示。说明：当 CC2530 的 P1.0 输出低电平时，超声波传感器的 Trig 端为高电平，超声波传感器发出声波信号。当接收到回声时，Echo 接收端输出高电平，否则输出低电平。

图 4-2-5 CC2530 及超声波传感器接口电路

② 超声波传感器的引脚分配

超声波传感器的引脚分配如表 4-2-2 所示。

表 4-2-2 超声波传感器的引脚分配

引 脚	名 称	描 述
1	VCC	电源输入端，连接到 CC2530 的 5V 电源端
2	Trig	Trig 控制端，由 CC2530 的 P1.0 的反向信号控制
3	Echo	Echo 接收端，通过 CC2530 的 P1.1 读取回声信号
4	NC	必须为空
5	GND	连接到 CC2530 的 GND 端

（2）超声波传感器

① 概述

超声波传感器是利用超声波的特性研制而成的传感器。超声波是一种振动频率高于声波的机械波，是由换能晶片在电压的激励下发生振动而产生的，具有频率高、波长短、绕射现象少，特别是方向性好、能够成为射线而定向传播等特点。超声波对液体、固体的穿透本领很强，尤其是在不透明的固体中，它可穿透几十米的深度。超声波碰到杂质或分界面时会产生显著反射而形成反射回波，碰到活动物体时能产生多普勒效应，因此超声波检测广泛应用在工业、国防、生物医学等方面。在以超声波作为检测手段时，必须产生超声波和接收超声波。完成这种功能的装置就是超声波传感器，习惯上称为超声换能器或超声探头。

超声探头主要由压电晶片组成，既可以发射超声波，又可以接收超声波。小功率超声探头多作探测之用。它有许多不同的结构，可分为直探头（纵波）、斜探头（横波）、表面波探头（表面波）、兰姆波探头（兰姆波）、双探头（一个探头反射和一个探头接收）等。

超声探头的核心是其塑料外套或金属外套中的一块压电晶片，构成晶片的材料可以有许多种。晶片的大小（如直径和厚度）各不相同，因此每个探头的性能是不同的，在使用前必须预先了解它的性能。超声波传感器的主要性能指标如下。

- 工作频率。工作频率就是压电晶片的共振频率。当加到它两端的交流电压的频率和晶片的共振频率相等时，输出的能量最大，灵敏度也最高。
- 工作温度。由于压电材料的居里点一般比较高，特别是诊断用超声探头的使用功率较低，因此工作温度比较低，可以长时间地工作而不产生失效。医疗用的超声探头的温度比较高，需要单独的制冷设备。
- 灵敏度。主要取决于制造晶片本身，若机电耦合系数大，则灵敏度高；反之，则灵敏度低。

② 结构与工作原理

当电压作用于压电陶瓷时，压电陶瓷就会随电压和频率的变化而产生机械变形。另外，当振动压电陶瓷时，会产生一个电荷。利用这一原理，当给由两片压电陶瓷或一片压电陶瓷和一个金属片构成的振动器（所谓的双压电晶片元件）施加一个电信号时，就会因弯曲振动而发射超声波。相反，当向双压电晶片元件施加超声振动时，就会产生一个电信号。基于以上作用，可以将压电陶瓷用作超声波传感器。

本实验使用的超声波传感器也采用上述原理，其核心部件为一个复合式振动器。该复合式振动器是由谐振器、一个金属片和一个压电陶瓷组成的双压电晶片元件振动器的一个结合体。谐振器呈喇叭形，目的是有效地辐射由振动而产生的超声波，并且可以有效地使超声波聚集在振动器的中央部位。

　　室外用的超声波传感器必须具有良好的密封性，以防止露水、雨水和灰尘的侵入。压电陶瓷被固定在金属盒体的顶部内侧。底座固定在盒体的开口端，并且使用树脂进行覆盖。对应用于工业机器人的超声波传感器而言，要求其精确度达到 1mm，并且具有较强的超声波辐射。

　　③ 超声波传感器的应用及特点

　　超声波传感器可以广泛应用在物位（液位）监测、机器人防撞、各种超声波接近开关、防盗报警等相关领域，工作可靠，安装方便，发射夹角较小，灵敏度高，方便与工业显示仪表连接，也可提供发射夹角较大的探头。

　　④ 超声波传感器 S906 的技术参数

　　本实验采用超声波传感器 S906，其主要技术参数如下。

- 使用电压：DC 5V；
- 静态电流：小于 2mA；
- 电平输出：高电平 VCC 为 0.2V，低电平小于 0.2V；
- 感应角度：不大于 15°；
- 探测距离：2～500cm；
- 探测精度：2mm。

　　⑤ 超声波传感器 S906 的使用说明

　　S906 超声波传感器使用简单，通过在超声波传感器的触发端 Trig 发送一个 10μs 以上的高电平脉冲，当发射声波遇到障碍物时，将有反射回声产生，在超声波传感器的 Echo 回声端就可以接收到一个高电平脉冲，通过此高电平脉冲的高电平长度，就可以计算出障碍物与超声波传感器的距离。

　　计算公式：检测端高电平时间（s）×340（m/s）/2，单位为 m。

5. 流程图及核心代码

（1）流程图

主程序流程图如图 4-2-6 所示。

图 4-2-6　主程序流程图

（2）核心代码

① 主程序循环

```
while(1){
    P2_0=~P2_0;
    SendASignal();
    while(1){
        if(P1_0==1) break;
```

```
        }
        counter = 0;
        while(1){
        if(P1_1==0) break;
        }
        distance = counter;
        distance = (distance*50/1000000*340/2*100);
        counter = (unsigned int)distance;
        //counter 保存高电平长度,单位为 50μs
         buf[0] = counter/100;
         buf[1] = (counter%100)/10;
         buf[2] = (counter%10);
         if(buf[0] > 0x9)
           buf[0] = buf[0] - 0XA + 'A';
         else
           buf[0] = buf[0] + '0';
         if(buf[1] > 0x9)
           buf[1] = buf[1] -0XA + 'A';
         else
           buf[1] = buf[1] + '0';
         if(buf[2] > 0x9)
          buf[2] = buf[2] -0XA + 'A';
         else
           buf[2] = buf[2] + '0';
        UartTX_Send_String("Ultrasonic = ",13);
        UartTX_Send_String(&buf[0],1);
        UartTX_Send_String(&buf[1],1);
        UartTX_Send_String(&buf[2],1);
        UartTX_Send_String("cm",2);
        UartTX_Send_String("\r\n",2);
        delay();
         }
```

② 50μs 定时器中断程序

```
#pragma vector=T1_VECTOR //定时器 1 中断函数 50μs
  __interrupt void Timer1(void){
      counter++;//50μs 计数
      P0_0=~P0_0;
}
```

6. 实验步骤

（1）实验箱上电，使用仿真器连接好带超声波模块的 CC2530 节点；

（2）参照 IAR 安装及使用说明中的步骤"如何新建一个工程→添加配置→添加文件→编

译链接→下载调试运行"的过程,新建一个工程 ultrasonic,添加相应的文件,并修改 ultrasonic 的工程设置;

（3）创建 ultrasonic.c 并加入工程 ultrasonic 中;

（4）编写 ultrasonic.c 程序并进行编译,编译成功后,下载并运行;

（5）打开 PC 上的串口工具,设置波特率为 57600bps,8 位数据、1 位停止位、无校验、无流控,可以通过串口查看超声波测量的数据;

（6）编译 Accelerometer 成功后下载并运行,使用纸板在超声波模块上方进行遮挡测距,可通过串口调试助手和实验箱上的显示屏观察超声波测得的距离,如图 4-2-7 所示。

(a)　　　　　　　　　　　　　　　　(b)

图 4-2-7　超声波测距值

4.2.4　压力传感器实验

1. 实验目的

（1）掌握压力传感器的工作原理;

（2）掌握压力传感器采集程序的编程方法。

2. 实验设备

硬件:计算机一台（操作系统为 Windows XP 或 Windows 7）;CVT-IOT-VSL 实验箱一台;CC Debugger 仿真器;USB 数据线一根。

3. 实验要求

通过串口调试助手显示压力传感器采集到的数据。

4. 基础知识

（1）压力传感器的工作原理

当在压力传感器上施加压力时,该压力传感器发生形变,从而使阻抗发生变化,同时使激励电压发生变化,输出一个变化的模拟信号。该信号经放大电路放大输出到模数转换器。微处理器通过 A/D 采集口采集此模拟信号,并通过运算计算出压力值。

（2）压力传感器的接口电路

本实验系统的压力传感器的接口电路如图 4-2-8 所示，通过仪器放大芯片 AD620 将压力传感器的微小的电阻变化转换为较大的模拟电压的变化，然后通过 CC2530 的 A/D 口 P0.6 进行采集。

图 4-2-8　压力传感器的接口电路

（3）程序说明

① 函数 void Sensor_PIN_INT(void)用于在进行读写压力传感器实验时，对相应的 I/O 口进行配置。

② 函数 uint16 ReadAdcValue(uint8 ChannelNum,uint8 DecimationRate,uint8RefVoltage)具体如下。

函数功能：用指定的参考电压、分辨率，读出指定 A/D 口的数据。

输入参数：

```
ChannelNum: 采集的通道号 0-0xF
1000: AIN0-AIN1
1001: AIN2-AIN3
1010: AIN4-AIN5
1011: AIN6-AIN7
1100: GND
1101: Reserved
1110: Temperature sensor
1111: VDD/3
DecimationRate: 分辩率 00: 64 decimation rate ( 7 bits ENOB )
01: 128 decimation rate ( 9 bits ENOB )
10: 256 decimation rate ( 10 bits ENOB )
11: 512 decimation rate ( 12 bits ENOB )
RefVoltage: 参考电压: 00: Internal reference
01: External reference on AIN7 pin
10: AVDD5 pin
11: External reference on AIN6-AIN7 differential input
```

返回值：采集的 16bit A/D 数据。

本实验例程的主程序如下所示：

```
Void main ( void )
{
    uint16 AdValue;
    uint 16 press;
    float temp;
    unsigned char buf[8];
    Sensor_PIN_INT();
    UartTX_Send_String("Testing....rin ",12);
    While(1){
        AdValue = ReadAdcValue(0x1,3,2);
        AdValue = AdValue>>6;
        temp = AdValue;
        if(temp > 0x18){
            temp = (temp - 0x18)*500/0x33;
        }
        else
            temp = 0;
        press = (uint16)temp;//压力
        buf[1] = press/100;
        buf[2] = press%100/10;
        buf[3] = press%10;
        if(buf[1] > 0x9)
        buf[1] = buf[1] - 0XA + 'A';
        else
        buf[1] = buf[1] + '0';
        if(buf[2] > 0x9)
        buf[2] = buf[2] - 0XA + 'A';
        else
        buf[2] = buf[2] + '0';
        if(buf[3] > 0x9)
        buf[3] = buf[3] - 0XA + 'A';
        else
        buf[3] = buf[3] + '0';
        UartTX_Send_String("Press = ",8);
        UartTX_Send_String(&buf[1] ,3);
        UartTX_Send_String("g",1);
        UartTX_Send_String("\r\n",2);
        delay () ;
        }
}
```

5．实验步骤

（1）实验箱上电，使用仿真器连接好带压力传感器模块的 CC2530 节点；

（2）参照 IAR 安装及使用说明中的步骤"如何新建一个工程→添加配置→添加文件→编译链接→下载调试运行"的过程，新建一个工程 PRESS，添加相应的文件，并修改 PRESS 的工程设置；

（3）创建 PRESS.c 并加入工程 PRESS 中；

（4）编写 PRESS 程序，循环采集压力传感器电压值，并通过串口发送出来；

（5）编译 PRESS 成功后，下载并运行，通过串口调试助手观察压力值，如图 4-2-9 所示。

(a) 　　　　　　　　　　　　　　　　(b)

图 4-2-9　压力值

4.2.5　烟雾传感器采集实验

1．实验目的

（1）掌握烟雾传感器的操作方法；

（2）掌握烟雾传感器采集程序的编程方法。

2．实验设备

硬件：计算机一台（操作系统为 Windows XP 或 Windows 7）；CVT-IOT-VSL 实验箱一台；CC Debugger 仿真器；USB 数据线一根。

软件：IAR Embedded Workbench for MCS-51 开发环境。

3．实验要求

通过串口调试助手显示 MQ-2 烟雾传感器采集到的数据。

4．基础知识

（1）烟雾传感器

① 概述

烟雾传感器分为离子式烟雾传感器和气敏电阻式烟雾传感器等。

离子式烟雾传感器，它的内外电离室里有放射源——镅 241，电离产生的负、正离子在电场的作用下各自向正、负电极移动。在正常的情况下，内外电离室的电流、电压都是稳定的。一旦有烟雾窜逃到电离室，干扰了带电粒子的正常运动，电流、电压就会有所改变，通过检测电压或电流的改变即可判别是否检测到烟雾。

气敏电阻式烟雾传感器在碰到烟雾或某些特定的气体时，其内部阻值将发生变化，通过检测此电阻的变化即可判别是否存在烟雾及计算烟雾的浓度。

② MQ-2 烟雾传感器

MQ-2 可燃气体传感器可在工业中或家庭设备上使用，适合于检测液化石油气、丁烷、甲烷、酒精、氢气和烟雾。为了进行准确的检测，可燃气体传感器需要进行预热，当有可燃气体时，可燃气体传感器的输出电压将减小。

MQ-2 烟雾传感器具有检测范围宽、可靠性好、寿命长、反应快速、灵敏度高、驱动电路简单等特点，它的工作条件如图 4-2-10 所示，基本测量电路如图 4-2-11 所示。

MQ-2 烟雾传感器的使用方法如下：使用前先预热 1～5min（开机 1～5min 后使用）。在无烟的房间内，烟雾传感器测试的返回值在 75 左右。例如,点一支香烟，距离烟雾 50cm 左右时，烟雾传感器测试的返回值在 110 左右，浓烟时，烟雾传感器测试的返回值在 180 左右。

A. 标准工作条件

符号	参数名称	技术规范	备注
V_C	开路电压	5±0.1V	交流或直流
V_H	加热电压	5±0.1V	交流或直流
R_L	负载电阻	可调整	
R_H	加热电阻	33Ω±5%	室温下
P_H	热功耗	低于800mW	

B. 环境条件

符号	参数名称	技术规范	备注
T_{ao}	使用温度	−20～50℃	
T_{as}	存放温度	−20～70℃	
R_R	相关湿度	低于95%Rh	
O_2	氧气浓度	21%（标准状况下）氧气浓度会影响灵敏度	最小值超过2%

C. 灵敏度特性

符号	参数名称	技术规范	备注
R_S	传感阻抗	(1000ppm异丁烷浓度下)	检测浓度范围:
α(3000/1000)异丁烷	浓度斜率	≤0.6	液化石油气和丙烷
标准探测环境	温度：20±2℃ V_C: 5±0.1V		200～5000ppm
	湿度：65%±5%Rh V_R: 5±0.1V		丁烷300～5000ppm
预热时间	超过24h		甲烷5000～20000ppm
			氢气300～5000ppm
			乙醇100～2000ppm

图 4-2-10 MQ-2 烟雾传感器的工作条件

图 4-2-11　基本测量电路

（2）烟雾传感器的接口电路

烟雾传感器的接口电路如图 4-2-12 所示。通过 CC2530 的 P0.1 采集烟雾传感器的电压和固定电阻的电压，从而检测是否存在可燃气体。

图 4-2-12　烟雾传感器的接口电路

R1 和 R2 组成分压电路，将烟雾传感器输出的 5V 高电平信号分压到 CC2530 可接受的 3.3V 电平标准。

5. 程序流程图及核心代码

（1）程序流程图

程序流程图如图 4-2-13 所示。

（2）核心代码

```
void main( void )
{
  unsigned char buf[8];
  uint16 temp;
```

图 4-2-13　程序流程图

```
P0DIR |= 0x01; //设置 P0.0 为输出方式
APCFG = (0x1<<1)|(0x1<<4)|(0x1<<6);//P01,P04,P06 为 ADC 口
P2DIR |= 0x01; //设置 P2.0 为输出方式
P0_0 = 1;
P2_0 = 1; //熄灭 LED
CLKCONCMD &= ~0x40; //选择 32MHz 晶振
while(!(SLEEPSTA & 0x40)); //等待 XSOC 稳定
CLKCONCMD = 0xb8; //TICHSPD128 分频,CLKSPD 不分频
SLEEPCMD |= 0x04; //关闭不用的 RC 振荡器
PERCFG = 0x00; //位置1 P0 口
P0SEL = 0x3c; //P0 用作串口
U0CSR |= 0x80; //UART 方式
U0GCR |= 10; //baud_e = 10;
U0BAUD |= 216; //波特率设为 57600
UTX0IF = 1;
U0CSR |= 0X40; //允许接收
IEN0 |= 0x84; //开总中断,接收中断
Sensor_PIN_INT();
UartTX_Send_String("Testing...\r\n",12);
while(1){
    P2_0=~P2_0;
    temp=ReadAdcValue(1,3,0x2);//P0.1 采集烟雾传感器模拟量,12bit,AVDD5 作为参考
    buf[0] = 0x2;//命令头
```

```
    buf[1] = (unsigned char)(temp/1000);buf[1] += '0';
    buf[2] = (unsigned char)(temp%1000/100);buf[2] += '0';
    buf[3] = (unsigned char)(temp%100/10);buf[3] += '0';
    buf[4] = (unsigned char)(temp%10);buf[4] += '0';
    //UartTX_Send_String("Smog = ",7); UartTX_Send_String(&buf[0],5);
    delay();
    }
} // end of main()
```

6. 实验步骤

（1）实验箱上电，使用仿真器连接好带烟雾传感器模块的 CC2530 节点；

（2）参照 IAR 安装及使用说明中的步骤"如何新建一个工程→添加配置→添加文件→编译链接→下载调试运行"的过程，新建一个工程 Smog，添加相应的文件，并修改 Smog 的工程设置；

（3）创建 Smog.c 并加入工程 Smog 中；

（4）编写 Smog.c 程序，循环采集烟雾传感器的电压值，并通过串口发送；

（5）编译 Smog，编译成功后下载并运行，可通过串口调试助手和实验箱上的显示屏观察烟雾传感器测得的数据，如图 4-2-14 所示。

(a)　　　　　　　　　　　　　　　(b)

图 4-2-14　烟雾传感器测得的数据

4.2.6　人体感应传感器采集实验

1. 实验目的

（1）掌握人体感应传感器的操作方法；

（2）掌握人体感应传感器采集程序的编程方法。

2. 实验设备

硬件：计算机一台（操作系统为 Windows XP 或 Windows 7）；CVT-IOT-VSL 实验箱一

台；CC Debugger 仿真器；USB 数据线一根。

软件：IAR Embedded Workbench for MCS-51 开发环境。

3．实验内容

在 IAR 集成开发环境中编写人体感应传感器采集程序。

4．基础知识

（1）人体感应传感器介绍

采用基于人体热释传感原理的人体感应传感器模块。开关信号输出，当有人靠近时，输出高电平，无人靠近时输出低电平。

（2）人体感应传感器的接口电路

人体感应传感器的接口电路如图 4-2-15 所示。通过 CC2530 的 I/O 口采集人体感应传感器的开关输出状态，从而感知是否有人靠近。

图 4-2-15　人体感应传感器的接口电路

R12 和 R15 组成分压电路，将人体感应传感器输出的 5V 高电平信号分压到 CC2530 可接受的 3.3V。

5．实验说明

本实验通过检测人体感应模块的开关输出状态，通过指示灯进行指示。当有人靠近时，人体感应模块的开关输出状态为高电平，通用调试底板上的发光二极管亮；当无人靠近时，人体感应模块的开关输出状态为低电平，通用调试底板上的发光二极管灭。本实验例程的主程序如下：

```
void main( void )
{
  P0DIR |= 0x01;            //设置 P0.0 为输出方式
  P2DIR |= 0x01;            //设置 P2.0 为输出方式
  P1DIR &= ~(0x1 << 5);     //设置 P1.0 为输入方式

  P0_0 = 1;
  P2_0 = 1;    //熄灭 LED

  while(1)
  {
      if(P1_0 == 1){  //OUT=1,人体感应 LED 亮,存在人体感应
```

```
        P0_0 = 0;//底板上的 D2 LED 亮
        P2_0 = 0;//底板上的 D3 LED 亮
    }
    else{
        P0_0 = 1;//底板上的 D2 LED 灭
        P2_0 = 1;//底板上的 D3 LED 灭
    }
    delay();
  }
} // end of main()
```

6．实验步骤

（1）实验箱上电，使用仿真器连接好带人体感应模块的 CC2530 节点。

（2）参照 IAR 安装及使用说明中的步骤"如何新建一个工程→添加配置→添加文件→编译链接→下载调试运行"的过程，新建一个工程 ManSensor，添加相应的文件，并修改 ManSensor 的工程设置。

（3）创建 ManSensor.c 并加入工程 ManSensor 中。

（4）编写 ManSensor.c 程序并进行编译，成功后下载并运行。

（5）人靠近或离开人体感应传感器，观察通用调试底板上的发光二极管的亮灭变化，实验结果如图 4-2-16 所示。

(a)　　　　　　　　　(b)　　　　　　　　　(c)

图 4-2-16　人体感应传感器实验结果

4.3　射频类网络与通信实验

4.3.1　Z-Stack 协议栈运行实验

1．实验目的

（1）学习 IEEE 802.15.4 通信标准和 ZigBee 协议栈的相关术语概念；

（2）熟悉 Z-Stack 协议栈核心代码架构，加深理解 Z-Stack 的体系结构和运行方式；

（3）了解 Z-Stack 主要函数的功能并熟悉其调用方法，掌握在协议栈已有工程案例的基础上修改和添加应用层功能代码的编程方法；

（4）熟悉基于 Z-Stack 协议栈的应用程序开发过程。

2．实验设备

硬件：计算机一台（操作系统为 Windows XP 或 Windows 7）；ZT-EVB 开发平台套件；ZT-Debugger 仿真器。

软件：IAR Embedded Workbench for MCS-51 开发环境；Z-Stack 协议栈开发包。

3．实验要求

（1）总结并分析 Z-Stack 体系软件的功能结构和运作原理；

（2）运行 Z-Stack 协议栈自带的工程案例程序，测试其运行过程；

（3）调试 Z-Stack 协议栈程序代码，熟悉协议栈的函数调用方法；

（4）修改协议栈软件架构的相关程序代码，实现对 LED 控制的应用功能，并在 ZT-EVB 开发平台上运行测试。

4．基础知识

（1）协议栈体系架构

ZigBee 体系的协议栈定义了通信硬件和软件在不同层次进行协调工作的内涵与联系。具体协议架构由 4 层模块组成：物理层（PHY）、媒体接入控制层（MAC）、网络层（NWK）和应用层（APL）。在网络通信领域，每个协议层实体都进行执行打包信息和与对等实体进行通信的任务。在通信的发送方，数据包按照从高层到低层的顺序依次通过各协议层，每层实体按照预定消息格式在数据信息中加入头信息和校验等自身信息，最终抵达底层的物理层，形成比特位流。在通信的接收方，数据包依次向上通过协议栈，每一层的实体能够根据预定的格式准确地提取需要在本层处理的数据信息，用户应用程序得到最终数据信息后，执行相应的处理。

ZigBee 协议栈是在 IEEE 802.15.4 标准的基础上建立的，该标准定义了在个人局域网中通过射频方式在设备间进行互相通信的方式与协议。ZigBee 联盟在 IEEE 802.15.4 标准的基础上建立了网络层和应用层的框架。ZigBee 协议结构体系如图 4-3-1 所示，PHY 层、MAC 层位于底层，且与硬件相关；NWK 层、APL 层、应用支持子层 APS 层及安全层建立在 PHY 层和 MAC 层之上，并且完全与硬件无关。每一层均为其上一层提供一套完美服务：数据实体提供数据传输的服务，管理实体则提供所有的其他管理服务。每个服务实体和上层之间的接口称为"服务访问点（SAP）"，通过 SAP 交换一组服务，为一层提供相关的功能。在 ZigBee 协议栈中，分层结构脉络清晰，给设计和调试带来极大方便。

Z-Stack 是 TI 公司推出的一款应用在 CC2530 片上系统的 ZigBee 协议栈，其代码是半开源的，除 NWK 层和 MAC 层外，绝大部分代码开源，项目的可移植性强。整个 Z-Stack 采用分层的软件结构，硬件抽象层（HAL）提供各种硬件模块的驱动和各种服务的扩展集。Z-Stack 的主要工作流程大致分为系统启动、驱动初始化、OSAL 初始化和启动、进入任务轮循这几个阶段。从 Z-Stack 运行结构来分析，其协议栈目录结构和内容说明如图 4-3-2 所示。

图 4-3-1 ZigBee 协议结构体系 　　　图 4-3-2 Z-Stack 协议栈目录结构和内容说明

Z-Stack 项目中有 14 个目录文件，相应目录文件下又有很多子目录和文件。目录内容如表 4-3-1 所示。

表 4-3-1 Z-Stack 协议栈目录内容

目录名称	内容概要	内容说明
APP	应用层目录	这是用户创建各种不同工程的区域,这个目录包含应用层的内容和项目主要内容,在协议栈中一般以操作系统的任务方式实现
HAL	硬件层目录	包含与硬件相关的配置和驱动及操作函数
MAC	介质访问层目录	包含 MAC 层的参数配置文件及其 LIB 库的函数接口文件
MT	监制调试层目录	该目录下的文件主要用于调试,即通过串口调试各层,与各层进行直接交互
NWK	网络层目录	含网络层配置参数文件、网络层库函数接口文件及 APS 层库函数接口
OSAL	操作系统抽象层目录	协议栈的操作系统
Profile	AF 层目录	包含应用框架（Application Framework，AF）层处理函数接口文件
Security	安全层目录	包含安全层处理函数接口文件
Services	地址处理函数目录	包含地址模式的定义及地址处理函数
Tools	工程配置目录	包含空间划分及 Z-Stack 相关配置信息
ZDO	ZigBee 设备对象目录	文件用户用自定义对象调用 APS 子层的服务和 NWK 层的服务
ZMac	MAC 层目录	包含 MAC 层参数配置及 MAC 层 LIB 库函数的回调处理函数
ZMain	主函数目录	包含整个项目的入口函数及硬件配置文件
Output	输出文件目录	IAR 自动生成的输出文件目录

（2）协议栈软件运行架构

Z-Stack 协议栈基于轮转查询式操作系统，采用操作系统（Operation System，OS）的概念，代码中采用操作系统抽象层（Operating System Abstraction Layer，OSAL），该层采用以实现多任务为核心的系统资源管理机制，是整个 ZigBee 协议栈运行的核心部分。Z-Stack 软件运行架构从 main() 函数开始执行，实现两个主要功能：一是系统初始化；二是执行轮转查询式操作系统。

① 系统初始化

系统初始化功能完成硬件平台和软件架构所需要的各模块的初始化工作，主要分为初始化系统时钟、检查芯片工作电压、初始化堆栈、初始化各硬件模块、初始化 Flash、形成芯片 MAC 地址、初始化非易失变量、初始化 MAC 层协议、初始化应用帧层协议、初始化操作系统等功能，为操作系统的运行和后期程序运作与调试做好准备。ZigBee 协议栈系统初始化功能函数执行流程如图 4-3-3 所示。

图 4-3-3 ZigBee 协议栈系统初始化功能函数执行流程

② Z-Stack 操作系统运行原理

Z-Stack 基于操作系统抽象层 OSAL 运行，OSAL 是一个基于轮转查询和事件驱动的简易操作系统，通过事件及时间片轮转函数来实现多任务调度和处理机制。OSAL 类似于普通的操作系统，主体部分是一个死循环，以系统最小单位时间去轮询处理各任务中的事件，并将任务插入任务链表中，以便操作系统以后轮询。在 CC2530 中，用一个硬件定时器来确定系统时钟，每执行完一个任务后，系统都会按照从高优先级到低优先级的顺序扫描任务是否被设置了事件，当有任务被设置事件时，进入并执行相应任务；OSAL 操作系统具有普通操作系统的主要特征，但它不是完整意义上的操作系统，其多任务彼此之间不能抢占，只能利用定时器管理和任务事件的设置来循环执行任务调用。

OSAL 在硬件系统上电后首先运行 main 函数，执行整个系统的初始化，包括板级各模块的硬件初始化与操作系统资源及任务相关的软件初始化，在执行 main 函数的最后语句后即进入操作系统实体，其流程如图 4-3-4 所示。在启动代码为操作系统的执行做好准备工作后，通过 osal_start_system( ) 函数进入操作系统实体，osal_start_system( ) 函数是一个无限循环过程，它通过不断地询问每个任务是否有事件（Event）发生来维持系统与任务的运行，若检测到事件，则跳入任务自身的事件处理函数进行处理；若没有任何事件，则继续轮询下一个任务。OSAL 提供了诸如任务同步与管理、时钟、中断、内存、消息管理、电源、Flash 管理等各种简化的操作系统功能，为基于物联网协议栈的软件开发奠定基础。

OSAL 需要处理的各类任务分别来自 MAC 层、网络层、硬件抽象层、应用层、ZigBee 设备应用层和完全由用户处理的应用层。

OSAL 共需要处理 6 类任务，其优先级由高到低。MAC 层任务具有最高的优先级，用户层任务具有最低的优先级，整体上保证高优先级的任务事件最先被处理。OSAL 任务优先级示例如图 4-3-5 所示。

根据 OSAL 运作的模式，将 ZigBee 协议栈的每一层设计为一个任务，而层与层或任务与任务之间需要接口来透明地调用邻层的功能和服务。接口设计有函数调用与消息通信两种方式，基于 OSAL 的系统框架，在消息通信机制中事先定义各不同服务的消息 ID，在通信时将消息 ID 与调用所需参数通过消息机制发送给高层。OSAL 在各层收到消息时会将相应层的事件标识固定位置，以便各层及时处理消息，系统消息功能说明如表 4-3-2 所示。

Z-Stack 编写了对从 MAC 层到 ZigBee 设备应用层这 5 层任务的事件处理函数，一般情况下无须修改这些函数，只需按照设计目标编写应用层的相应任务及事件处理函数，即用户调用 OSAL 提供的相关 API 进行多任务编程，将自定义的应用程序作为一个独立的任务来实现。

理解 Z-Stack 的运行，需要掌握 OS 管理的任务运行部分。操作系统抽象层所注册的任务以两种方式被执行：一种为任务初始化；另一种为轮询处理任务的事件。其中，任务初始化主要针对应用程序特征变量初始化、登记应用程序对象和使用的系统服务；轮询处理任务的事件是实现系统应用目标的关键过程。本实验系统中的大部分事件主要是添加在底层硬件 Hal 任务和用户扩展的 SampleApp 任务中的，以强制事件子事件和普通事件的形式添加，每个任务都会调用各自的任务处理函数来处理任务事件，具体结构如图 4-3-6 所示。

5. 实验步骤

（1）安装 ZigBee 协议栈。双击实验 Z-Stack2007 协议栈安装包目录下的 ZStack.exe 安装程序，安装 TI 的 Z-Stack 协议栈。Z-Stack 安装文件需要使用 Microsoft.NET Framework 工具。重新启动计算机后再次双击 Z-Stack 安装文件 ZStack.exe，会出现图 4-3-7 所示的安装欢迎界面。

图 4-3-4　OSAL 多任务机制流程

图 4-3-5　OSAL 任务优先级示例

表 4-3-2　系统消息功能说明

系统消息名称	消 息 功 能
AF_DATA_CONFIRM_CMD	指示通过唤醒 AF_DataRequest( )函数发送的数据来请求信息情况
AF_INCOMING_MSG_CMD	用来指示接收的 AF 信息
KEY_CHANGE	确认按键动作
ZDO_NEW_DSTADDR	指示自动匹配请求
ZDO_STATE_CHANGE	指示网络状态的变化

(a)　　　　　　　　　　　　　　　　　　　　(b)

图 4-3-6　硬件层任务和应用层任务内的事件具体结构

图 4-3-7　安装欢迎界面

　　（2）协议栈软件架构分析。协议栈安装成功后，打开 IAR 软件中的 Sample 工程，如果正确安装了 TI 的 Z-Stack 协议栈，那么路径如下

```
Texas Instruments\ZStack-CC2530-2.4.0-1.4.0\Projects\zstack\Samples\
SampleApp\CC2530DB
```

在该路径下双击*.eww 文件，运行 IAR 编译程序，留意左边的工程目录，暂时只需关注 ZMain 文件夹，如图 4-3-8 所示。

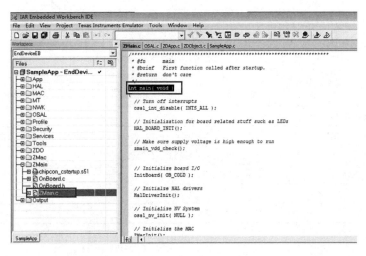

图 4-3-8　协议栈主函数

　　在以上函数中需重点关注两个函数：初始化系统函数 osal_init_system( )和运行操作函数 osal_start_system( )。

　　① 进入初始化系统函数 osal_init_system( )后，可看到 6 个初始化函数。其中，函数 osalInitTasks( )实现任务的初始化，Z-Stack 中任务（Task）的运行过程依据事件形式进行处理。进入函数 osalInitTasks( )后的代码如图 4-3-9 所示。

图 4-3-9　osalInitTasks( )函数

观察代码,可发现变量taskID的变化规律。首先,根据task来分配Event,并放入tasksEvents变量中, 其变量的原型是 uint16 tasksEvents[tasksCnt]。此后, 调用各功能被分配的任务初始化函数, 每执行完一个函数, taskID 都会加 1, 其实质是给每个函数分配一个 ID。通过此过程, 各 task 相关功能实现被分配到自身特定的 taskID, 代码中最后调用的 SampleApp_Init(taskID)函数是与最终应用（Application）操作相关的被创建函数, 可将该函数视为应用的开始。应用实现的功能不同, 其对应任务的函数名称也不同。为了使每个功能被赋予 Task 函数和 taskID, 程序中用 osalInitTasks( )函数来记录相关操作的代码。

② 进入运行操作函数 osal_start_system( )后, 首先看到的是一个任务事件处理机制的死循环。

```
for(;;)  //Forever Loop
  {
    osal_run_system();
  }
//现在进入osal_run_system()函数
void osal_run_system(void)
{
  uint8 idx = 0;
  osalTimeUpdate();              //扫描哪个事件被触发了,然后置相应的标志位
  Hal_ProcessPoll();
  do {
    if (tasksEvents[idx])    //最高优先级任务准备
      {
      break;                    //得到待处理的最高优先级任务索引号idx
      }
    } while (++idx < tasksCnt);
if (idx < tasksCnt)
{
  uint16 events;
  halIntState_t intState;

  HAL_ENTER_CRITICAL_SECTION(intState);
  events = tasksEvents[idx];              //提取需要处理的任务中的事件
  tasksEvents[idx] = 0;                   //清除任务事件集
HAL_EXIT_CRITICAL_SECTION(intState);

  events = (tasksArr[idx])(idx, events);  //通过指针调用任务处理函数

  HAL_ENTER_CRITICAL_SECTION(intState);   //进入临界区
  tasksEvents[idx] |= events;             //保存未处理的事件
  HAL_EXIT_CRITICAL_SECTION(intState);    //退出临界区
  }
HAL_EXIT_CRITICAL_SECTION(intState);
```

```
events = (tasksArr[idx])(idx, events);        //通过指针调用任务处理函数

HAL_ENTER_CRITICAL_SECTION(intState);         //进入临界区
tasksEvents[idx] |= events;                   //保存未处理的事件
HAL_EXIT_CRITICAL_SECTION(intState);          //退出临界区
}
...
}
```

操作系统专门分配了存放所有任务事件的 tasksEvents[ ]数组，每个单元对应存放着每个任务的所有事件，在这个函数中，首先通过一个 do-while 循环来遍历 tasksEvents[ ]，找到一个具有待处理事件的优先级最高的任务（其中，序号低的任务的优先级高），然后跳出循环。此时，就得到了最高优先级任务的序号 idx，然后通过 events=tasksEvents[idx]语句将这个当前具有最高优先级任务的事件取出，接着调用(tasksArr[idx]) (inx,events)函数来执行具体的处理过程，taskArr[ ]是一个函数指针数组，根据不同的 idx 可执行不同的函数。

在 osal_run_system( )函数中存在函数 events = tasksEvents[idx]，它的功能是提取待处理任务中的事件。进入 tasksEvents[idx]数组（在文件 OSAL_SampleApp.c 中定义），发现该数组恰好在 osalInitTasks(void)函数之前执行，而且 taskID 一一对应，这就是初始化与调用的关系，taskID 为每个任务的唯一标识号，也正是它把任务联系起来了。tasksArr[ ]数组包括每一层的处理函数，尤其是 SampleApp_ProcessEvent，这个是应用层的处理函数，其实现过程如图 4-3-10 所示。

图 4-3-10　SampleApp_ProcessEvent 处理函数的实现过程

以上简单地介绍了 main( )中的初始化系统函数和运行操作函数，其中最关键的是 taskID 的分配，以及数组 tasksArr[ ]的内容构造，也正是它们将协议栈的每一层联系起来了，tasksArr[ ]数组存放了对应每个任务的入口地址，只有在 tasksEvents 中记录了需要运行的任务，在本次循环中才会被调用。

（3）分析协议栈软件入口函数 main( )的功能，并画出协议栈的工作流程图，如图 4-3-11 所示。

图 4-3-11　协议栈的工作流程图

```
int main(void)
{
  osal_int_disable(INTS_ALL);      //关闭所有中断
  HAL_BOARD_INIT();                //初始化系统时钟
  zmain_vdd_check();               //查看电压是否正常
  InitBoard(OB_COLD);              //初始化 I/O、LED、Timer 等
  HalDriverInit();                 //初始化各硬件模块,以后会在此处修改串口
  osal_nv_init(NULL);              //初始化 Flash 内存
  ZMacInit();                      //初始化 MAC 层
  zmain_ext_addr();                //确定 IEEE 64 位地址
#if defined ZCL_KEY_ESTABLISH
  //Initialize the Certicom certificate information.
  zmain_cert_init();
#endif
  zgInit();                        //初始化非易失变量
#ifndef NONWK
  //应用框架(AF)不以任何形式存在,需要调用其初始化例程
  afInit();
#endif
  //操作系统初始化
  osal_init_system();              //初始化系统
  osal_int_enable(INTS_ALL);       //使能全部中断
  InitBoard(OB_READY);             //初始化按键
  zmain_dev_info();                //显示设备信息
#ifdef LCD_SUPPORTED
```

```
    zmain_lcd_init();              //LCD
#endif
#ifdef WDT_IN_PM1
  WatchDogEnable(WDTIMX);          //看门狗
#endif
osal_start_system();              //执行操作系统,里面是一个死循环,进入后不会返回

return 0;                          //程序不应执行到该行代码处
}
main()
```

6. 实验结果

（1）分析协议栈软件架构，总结 Z-Stack 协议栈中操作系统的运行原理，并画出功能流程图。

（2）采用 IAR 软件调试初始化系统函数 osal_init_system( )和运行操作函数 osal_start_system( )，记录并归纳调试过程中功能函数的调用状况。

（3）修改和添加 Sample 工程的应用层功能代码，在 ZT-EVB 开发平台上测试 LED 外设的控制功能，并应用 C 语言中转移表的知识来分析函数指针数组 taskArr[ ]在实现多任务事件处理机制中的作用。

7. 扩展与思考

参考以下程序，思考并总结在协议栈中修改和添加应用层功能代码的方法。

在协议栈上开发应用工程，可以在以下两个地方添加任务，但一定要注意它们的顺序是一一对应的，具体方法如下。

在 osalInitTasks( )和 tasksArr[ ]添加相应的项即可。

①修改 osalInitTasks( )

```
void osalInitTasks(void)
{
...
MyApp_Init(taskID);              //放在最后
}
```

②修改 tasksArr[ ]

```
const pTaskEventHandlerFn tasksArr[] = {
...
MyApp_ProcessEvent              //放在最后
};
```

③添加_Init( )和_ProcessEvent( )函数

```
void MyApp_Init(uint8 task_id)
{
MyApp_TaskID = task_id;
MyInit();
RegisterForMy (MyApp_TaskID);   //任务注册
```

```
}
uint16 MyApp_ProcessEvent(uint8 task_id uint16 events)
{
afIncomingMSGPacket_t *MSGpkt;
if (events &SYS_EVENT_MSG)
  {
   MSGpkt = (afIncomingMSGPacket_t *)osal_msg_receive(MyApp_TaskID);
   while (MSGpkt)
    {
    switch (MSGpkt->hdr.event)
    {
    case My_CHANGE:
      HalLedSet (HAL_LED_3, HAL_LED_MODE_ON);
      break;
      }
    osal_msg_deallocate((uint8 *)MSGpkt);
    MSGpkt = (afIncomingMSGPacket_t *)osal_msg_receive(MyApp_TaskID);
    }
   return (events ^ SYS_EVENT_MSG);
  }
return 0;
}
```

4.3.2　设备启动组网实验

1. 实验目的

（1）了解 ZigBee 网络设备类型及其在物联网应用中的功能作用；

（2）掌握 ZigBee 功能设备中协调器、路由器及终端的启动流程；

（3）理解设备启动过程中各类协议栈函数的功能作用和相互关联；

（4）基于协议栈机制实现协调器、路由器及终端设备的组网及通信过程。

2. 实验设备

硬件：计算机一台（操作系统为 Windows XP 或 Windows 7）；ZT-EVB 开发平台 3 套；ZT-Debugger 仿真器；USB 数据线 3 根。

软件：IAR Embedded Workbench for MCS-51 开发环境；Z-Stack 协议栈开发包。

3. 实验要求

（1）在 ZT-EVB 实验硬件平台和软件开发环境的基础上，依据 Z-Stack 协议栈设计物联网中各类型设备的软件功能流程，实现协调器、路由器和终端的设备功能类型设置；

（2）根据不同类型设备的相应特点，实现设备启动、网络拓扑建立、网络加入批准、组网无线通信等功能流程；

（3）通过 ZT-EVB 开发平台上 LED 的状态变化来指示各种设备类型的功能状态实现，包括协调器的组网、路由器和终端的加入网络及各类型设备间的数据通信状态。

4．基础知识

（1）ZigBee 设备类型功能概述

依据 ZigBee 规范，ZigBee 网络由协调器、路由器和终端这 3 种类型的设备组成。协调器是启动和配置网络的一种设备，它是网络的第一个设备，具备无线电频段信道和局域网标识符（Personal Area Network ID，PANID）的选择、网络启动和允许新设备加入等功能。协调器可以保持间接寻址用的绑定表格并支持关联功能，一个 ZigBee 网络只允许有一个 ZigBee 协调器，协调器上电后按照指定的信道和 PANID 建立无线网络，然后各终端或路由器加入该网络，协调器通过无线网络取得终端传感器采集的数据，可形成简单的无线传感器网络。路由器是一种支持关联的设备，能够将消息转发到其他设备，多个 ZigBee 路由器可构成网状网或树形 ZigBee 网络，路由器使用自启动模式，在上电后搜索并加入已存网络，同样可以允许新的设备加入。终端设备是执行信息采集、网络结构维持的设备，它使用 ZigBee 网络到达需要与其通信的设备，终端设备同样在上电后搜索已存在的网络并加入，当终端与其父节点（路由器或协调器）失去联系后，会再次执行加入网络的程序，父节点将终端从邻居表中删除。

下面重点介绍协议栈中的协调器、路由器及终端设备的启动流程，使读者能整体把握协议栈架构并掌握其功能机制的实现方法。

（2）协调器启动机制

① 协调器建立网络流程

协调器是整个 ZigBee 网络的组建者，负责启动整个网络，也是网络的第一个设备。协调器选择一个信道和建立一个网络 PANID，随后启动整个网络。建立网络后，监听串口或按键的状态，通过命令的接收或传送对网络状态进行维护管理，实现终端采集任务的控制、串口和按键等硬件事件的监听及无线接收事件的周期性轮询、数据接收处理等功能。协调器上电后，首先对硬件模块和协议栈进行初始化，由启动代码来初始化硬件系统和软件架构需要的各模块，然后应用层向网络层发送建立网络的命令，网络层接到命令后，先向物理层发送信道能量检测请求，扫描 DEFAULT_CHANLIST 指定的通道，并按能量的大小将扫描信道排序，在干扰最小的信道上建立网络，并在 f8wConfig.cfg 文件中修改信道和 PANID，用于标识所创建的无线网络。

```
-DDEFAULT_CHANLIST=0x00000800        //11 - 0x0B
-DZDAPP_CONFIG_PAN_ID=0xFFFF    //协调器将根据自身的 IEEE 地址建立一个随机的 PANID
```

进而，在所有的参数配置好后，协调器调用以下函数来执行网络格式化操作：

```
ZStatus_t NLME_NetworkFormationRequest(uint16 PanId, uint32 ScanChannels,
byte   ScanDuration,   byte   BeaconOrder,   byte   SuperframeOrder,byte
BatteryLifeExtension);
```

Z-Stack 协议的 f8wConfig.cfg 配置文件定义了工程相关的网络通信设置，用户可以通过更改配置文件中的相关宏定义来控制 ZigBee 网络信道和 PANID，并解决多个 ZigBee 网络的冲突问题。其中，在信道配置环节，各类型设备都依据内置 DEFAULT_CHANLIS 列表来控制信道集合，协调器设置 ZDO_CONFIG_PAN_ID 参数作为要启动网络的 PANID，该值可设置为 0～0x3FFF 范围内的一个值，若要关闭该网络标识指定功能，须将该参数设置为 0xFFFF，此时，协调器扫描并发现干扰最小的信道，用于建立网络。

② 协调器启动流程

协调器上电后，ZDO 层首先进行一系列初始化工作，然后调用 ZDO 层的初始化设备函数 ZDOInitDevice( )，该函数从 main( )进入，路径如下：

```
main( )→osal_init_system()→osalInitTasks()→ZDApp_Init(taskID++)
```

以下通过调试和分析函数 ZDOInitDevice( )的执行流程，来在该函数中设置 NV 网络状态：

```
networkStateNV = ZDO_INITDEV_NEW_NETWORK_STATE;
```

最终触发网络初始化函数 ZDApp_NetworkInit(extendedDelay)，并通过 osal_set_event (ZDAppTaskID, ZDO_NETWORK_INIT)产生网络初始化事件 ZDO_NETWORK_INIT，进而调用 ZDO 层的任务事件处理函数对该网络初始化事件进行处理，该事件处理函数是文件 ZDApp.c 中的 ZDApp_event_loop( )，包含在数组 tasksArr[ ]中，即启动该设备：

```
if (events & ZDO_NETWORK_INIT)
  {
...
   devState = DEV_INIT;
   ZDO_StartDevice((uint8)ZDO_Config_Node_Descriptor.LogicalType,
        devStartMode,DEFAULT_BEACON_ORDER, DEFAULT_SUPERFRAME_ORDER);
   return (events ^ ZDO_NETWORK_INIT);
   ...
  }
```

启动设备函数 ZDO_StartDevice( )，改变设备状态为协调器启动：

```
devState = DEV_COORD_STARTING;
```

根据设备逻辑类型和启动模式调用网络层函数，形成请求原语：

```
NLME_NetworkFormationRequest(zgConfigPANID,zgApsUseExtendedPANID,
        zgDefaultChannelList, zgDefaultStartingScanDuration,beaconOrder,
        superframeOrder, false);
```

其中，在 Tools 文件夹下的 f8wConfig.cfg 中定义 ID 和默认通道号：

```
-DZDAPP_CONFIG_PAN_ID=0xFFFF
-DDEFAULT_CHANLIST=0x00000800  //11 - 0x0B
```

当网络层通过调用 MAC 层和物理层的相关函数完成网络形成工作后，网络层将接收网络形成的回调函数（在 ZDApp.c 文件中），即：

```
ZDO_NetworkFormationConfirmCB()    //协调器启动的指示灯
```

在设置为协调器的 ZT-EVB 开发平台上，灯 D12 的"亮"或"灭"状态用来指示本协调器是否已经建立网络，"亮"（绿色）代表已经建网成功，反之，代表网络未建立成功。

触发网络启动事件 ZDO_NETWORK_START：

```
osal_set_event(ZDAppTaskID, ZDO_NETWORK_START);
```

调用 ZDO 层任务事件处理函数，执行网络启动事件处理（该函数触发事件的 TaskID 是 ZDAppTaskID，对应 ZDO 层，即调用 ZDApp.c 文件中的 ZDApp_event_loop( )）：

```
ZDApp_NetworkStartEvt();
```

此时设备状态变为"协调器"，并保证电源供电：

```
devState = DEV_ZB_COORD;          osal_pwrmgr_device(PWRMGR_ALWAYS_ON);
```

触发 ZDO 状态改变事件：

```
osal_set_event(ZDAppTaskID, ZDO_STATE_CHANGE_EVT);
```

ZDO 层任务事件处理函数将进行 ZDO 网络状态更新事件的处理：

```
ZDO_UpdateNwkStatus(devState);
```

确定协调器的 16 位网络地址和 64 位 IEEE 地址：

```
NLME_GetShortAddr();
NLME_GetExtAddr();
```

当应用层接收到 ZDO 状态改变消息时，改变应用层网络状态为启动状态：

```
MyZighee_NwkState=DEV_ZB_COORD;
```

协调器完成硬件模块和协议栈初始化的启动流程后，对协调器信道自身的网络进行配置，包括信道号、PANID、终端节点地址列表，然后应用层会向网络层发送建立网络的命令 **NLME_NetworkFormationRequest( )**，网络层接到命令后，执行确认类型的服务原语操作 **ZDO_NetworkFormationConfirmCB( )**，先向物理层发送通道能量检测请求，扫描完毕后，将会按能量的大小将扫描信道排序，然后挑选一条最合适的信道来建立网络，若无合适信道，则终止流程。选取信道后，协调器挑选一个 PANID，用于标识将创建的无线网络，最后根据初始化阶段设定的网络拓扑结构建立一个无线网络。协调器启动流程图如图 4-3-12 所示。

图 4-3-12　协调器启动流程图

③ 协调器接收设备成员流程

至此，ZigBee 网络创建完成，协调器根据初始化阶段设定的网络拓扑结构成功建立无线网络后，进入监控模式，等待新设备成员加入网络，路由器和终端依据网络标识配置产生的 PANID 来选择自身需要加入的网络，当有终端或路由节点申请加入网络时，协调器对其分配

16 位短地址。

协调器接收终端或路由器入网后，对所接收的数据包信息进行处理。首先解析数据包，判断数据信息类型和目标地址是否包含自身地址信息，确定属于自己的数据信息后提取信息负荷，进而对信息负荷进行处理。当有数据请求时，协调器会接收数据并将数据发送给计算机。协调器功能流程图如图 4-3-13 所示。

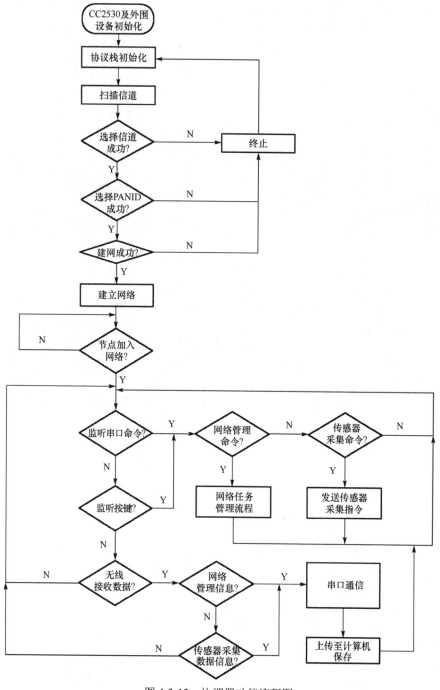

图 4-3-13　协调器功能流程图

（3）路由器启动机制

① 路由器加入网络流程

在路由器上电前先修改设备的配置参数，即从非易失性内存中读出设备的逻辑类型并改写为 ZG_DEVICETYPE_Router，同时设置设备的启动方式为 ZCD_STARTOPT_AUTO_START。路由器上电后，先初始化硬件系统和软件架构需要的各模块，然后扫描 DEFAULT_CHANLIST 指定的频道。通过函数 ZStatus_t NLME_NetworkDiscoveryRequest( ) 启动搜索协调器，若找到协调器，则路由器就调用 ZStatus_t NLME_OrphanJoinRequest( )函数申请加入网络，并等待协调器的响应。协调器收到路由器的入网请求后，若允许其加入，则路由器会获得由协调器分配的网络地址，然后路由器会等待接收终端设备的入网请求，同时会转发来自协调器和终端设备的数据包。

② 路由器启动流程

路由器设备上电之后，调用 ZDO 层的初始化设备函数：

```
ZDOInitDevice();
```

在该函数中设置 NV 网络状态，并修改当前设备状态为：

```
networkStateNV = ZDO_INITDEV_NEW_NETWORK_STATE;
```

最终触发网络初始化函数：

```
ZDApp_NetworkInit(extendedDelay);
```

触发网络初始化事件：

```
osal_start_timerEx(ZDAppTaskID, ZDO_NETWORK_INIT, delay);
```

ZDO 层的任务事件处理函数对网络初始化事件进行处理，即启动该设备：

```
ZDO_StartDevice((uint8)ZDO_Config_Node_Descriptor.LogicalType,devStartMode,
        DEFAULT_BEACON_ORDER, DEFAULT_SUPERFRAME_ORDER);
```

此时设备状态将变为"网络发现"（协调器和路由器的启动从此处开始不同）：

```
devState = DEV_NWK_DISC;
```

并根据设备的逻辑类型和启动模式调用 NWK 层，发现网络请求原语：

```
NLME_NetworkDiscoveryRequest(zgDefault ChannelList,zgDefaultStarting
ScanDuration);
```

其中，默认通道号 ChannelList 在 f8wConfig.cfg 文件中定义，信道号的范围为 11～26；ScanDuration 规定了在新网建立前其他网络可能扫描信道的时延。该函数在网络扫描之前调用，要求网络层发现邻居路由器节点，扫描结果由 ZDO_NetworkDiscoveryConfirmCB( )函数返回，即：当网络层通过调用 MAC 层和物理层的相关功能函数发现网络动作后，网络层将接收到发现网络的回调函数，从而发送发现网络消息至 ZDO 层：

```
ZDApp_SendMsg(ZDAppTaskID,ZDO_NWK_DISC_CNF,sizeof(osal_event_hdr_t),(uint8
*)&msg);
```

ZDO 层在接收到该消息后，触发任务 SYS_EVENT_MSG，在 ZDO 任务事件处理函数 ZDApp_event_loop( )中处理该任务，调用处理函数 ZDApp_ProcessOSALMsg( )处理事件 ZDO_NWK_DISC_CNF，并修改设备状态为正在加入网络：

```
devState = DEV_NWK_JOINING;
```

任务事件处理函数将执行请求加入网络原语：

```
NLME_JoinRequest(pChosenNwk->extendedPANID,pChosenNwk->panId,pChosenNwk->
```

```
            logicalChannel,ZDO_Config_Node_Descriptor.CapabilityFlags,
            pChosenNwk->chosenRouter, pChosenNwk->chosenRouterDepth);
```

当网络层通过调用 MAC 层和物理层的相关功能函数执行请求加入网络操作后，物理层将接收到请求加入网络的回调函数：

```
ZDO_JoinConfirmCB();
```

该回调函数代表申请加入网络，并发送加入网络指示消息至 ZDO 层：

```
ZDApp_SendMsg(ZDAppTaskID,ZDO_NWK_JOIN_IND,sizeof(osal_event_hdr_t),
            (byte*)NULL);
```

在 ZDO 层接收到该消息后，任务事件处理函数将执行处理入网功能流程：

```
ZDApp_ProcessNetworkJoin();
```

修改设备状态为终端设备：

```
devState = DEV_END_DEVICE;
```

并且由逻辑类型为路由器的设备发送请求启动路由原语：

```
NLME_StartRouterRequest(0, 0, false);
```

当网络层通过调用 MAC 层和物理层的相关功能函数执行请求启动路由后，网络层将接收到请求启动路由的回调函数，即：

```
ZDO_StartRouterConfirmCB()
```

此时路由器 ZT-EVB 开发平台上的红灯 D10 灭、绿灯 D12 亮，代表设备已经加入网络，并成为路由器。然后触发启动路由事件：

```
osal_set_event(ZDAppTaskID, ZDO_ROUTER_START);
```

ZDO 层任务事件处理函数处理路由启动事件，首先修改设备状态为路由器：

```
devState = DEV_ROUTER;
osal_pwrmgr_device(PWRMGR_ALWAYS_ON);
```

路由器启动软件流程图如图 4-3-14 所示。

触发 ZDO 状态改变事件：

```
osal_set_event(ZDAppTaskID, ZDO_STATE_CHANGE_EVT);
```

ZDO 层任务事件处理函数将执行 ZDO 更新网络状态事件处理：

```
ZDO_UpdateNwkStatus(devState);
```

此时搜索端点列表，寻找曾经在应用层注册过的端点号，并将 ZDO 状态改变消息发送给这些端点：

```
zdoSendStateChangeMsg(state, *(pItem->epDesc->task_id));
```

且确定协调器的 16 位网络地址和 64 位 IEEE 地址：

```
NLME_GetShortAddr();
NLME_GetExtAddr();
```

在应用层接收到 ZDO 状态改变消息后，改变应用层网络状态为启动状态：

```
MyZigbee_NwkState=DEV_ROUTER;
```

③ 路由器接收终端成员及路径发现流程

在完成以上的路由启动过程之后，路由器执行终端加入及路径发现等功能，并按已构建的路由路径转发数据，在设计中可根据应用需求为路由器增加相应的代码，路由器功能流程图如图 4-3-15 所示。

图 4-3-14　路由器启动软件流程图

（4）终端设备启动机制

① 终端启动流程

终端设备工作流程图如图 4-3-16 所示。在形成数据收集功能之前，经过设备逻辑类型的断定和一系列初始化后，程序跳转到 ZDOInitDevice（zgStartDelay）调用 ZDO 层的初始化设备函数：

```
ZDOInitDevice();
```

在该函数中设置了 NV 网络状态，并修改当前设备状态为：

```
networkStateNV = ZDO_INITDEV_NEW_NETWORK_STATE;
```

调用网络初始化函数：

```
ZDApp_NetworkInit(extendedDelay);
```

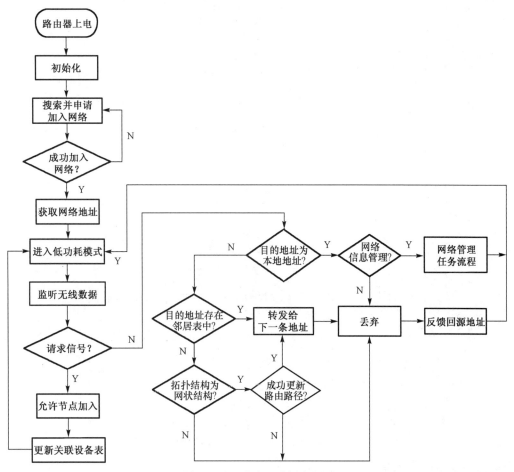

图 4-3-15　路由器功能流程图

触发网络初始化事件：

```
osal_start_timerEx(ZDAppTaskID, ZDO_NETWORK_INIT, delay);
```

　　ZDO 层的任务事件处理函数对网络初始化事件进行处理，并启动设备：

```
ZDO_StartDevice((uint8)ZDO_Config_Node_Descriptor.
        LogicalType,devStartMode,DEFAULT_
        BEACON_ORDER,DEFAULT_SUPERFRAME_ORDER);
```

此时将改变设备状态为发现网络：

```
devState = DEV_NWK_DISC;
```

并根据设备的逻辑类型和启动模式调用 NWK 层发现网络请求原语：

```
NLME_NetworkDiscoveryRequest(zgDefaultChannelList,zgDefaultStartingScanDur
ation);
```

其中，默认通道号在 Tools 文件 f8wConfig.cfg 中定义：

```
-DDEFAULT_CHANLIST=0x00000800  //11 - 0x0B
```

　　当网络层通过调用 MAC 层和物理层相关功能函数执行发现网络动作后，网络层将接收到发现网络回调函数，即：

```
ZDO_NetworkDiscoveryConfirmCB();
```

图 4-3-16　终端设备工作流程图

发送发现网络消息至 ZDO 层：

```
ZDApp_SendMsg(ZDAppTaskID,ZDO_NWK_DISC_CNF,sizeof(osal_event_hdr_t),
        (uint8 *)&msg);
```

ZDO 层在接收到该消息后，修改设备状态为正在加入网络：

```
devState = DEV_NWK_JOINING;
```

　　任务事件处理函数将执行请求加入网络原语：

```
NLME_JoinRequest(pChosenNwk->extendedPANID,pChosenNwk->panId,pChosenNwk->
        logicalChannel,ZDO_Config_Node_Descriptor.CapabilityFlags,
        pChosenNwk->chosenRouter,pChosenNwk->chosenRouterDepth);
```

　　当网络层通过调用 MAC 层和物理层的相关功能函数执行加入网络请求后，物理层将接收到请求加入网络的回调函数，即：

```
ZDO_JoinConfirmCB()
```

发送加入网络指示消息至 ZDO 层：

```
ZDApp_SendMsg(ZDAppTaskID,ZDO_NWK_JOIN_IND,sizeof(osal_event_hdr_t),
(byte*)NULL);
```

在 ZDO 层接收到该消息后，任务事件处理函数将执行处理加入网络函数：

```
ZDApp_ProcessNetworkJoin();
```

修改设备为终端设备：

```
devState = DEV_END_DEVICE;
```

触发 ZDO 状态改变事件（终端设备启动和路由器启动从这里开始不同）：

```
osal_set_event(ZDAppTaskID, ZDO_STATE_CHANGE_EVT);
```

　　ZDO 层任务事件处理函数将执行 ZDO 更新网络状态事件处理：

```
ZDO_UpdateNwkStatus(devState);
```

　　终端设备启动流程图如图 4-3-17 所示。

图 4-3-17　终端设备启动流程图

　　此时搜索端点列表，寻找曾经在应用层注册过的端点号，并将 ZDO 状态改变消息发送给这些端点：

```
zdoSendStateChangeMsg(state, *(pItem->epDesc->task_id));
```

且确定协调器的 16 位网络地址和 64 位 IEEE 地址：

```
NLME_GetShortAddr();  NLME_GetExtAddr();
```

在应用层接收到 ZDO 状态改变消息后，改变应用层网络状态为启动状态：

```
MyZigbee_NwkState=DEV_END_DEVICE;
```

② 终端加入网络及信息采集流程

终端类型节点没有组建网络和管理网络的权限，在设备上电后只能搜索并加入现有的网络。成功加入网络后，会不停地监听无线模块，等待协调器发来的传感器采集指令，再根据指令控制各传感器采集的任务。终端设备需要在应用层添加 SensorApp_ProcessEvent 处理函数，使节点具有数据采集和无线数据传输的功能。终端设备需在上电后立即搜寻并请求加入网络，直接在 ZB_ENTRY_EVENT 事件的处理中执行 zb_StartRequest()，新加入的节点必须通过已存在网络中的全功能设备（包括路由器和协调器）才能成功加入网络，在通信范围内的全功能设备会响应网络加入请求，然后为该节点分配唯一的网络地址，进入"睡眠—唤醒采集数据—睡眠"低功耗工作模式，用户可通过编写 void myApp_Measure() 函数来实现数据采集和发送的功能。终端设备功能流程图如图 4-3-18 所示。

图 4-3-18　终端设备功能流程图

到此三种设备的启动流程已介绍完毕，读者可尝试用单步运行和断点运行，在 ZT-EVB 开发平台上将该流程走一遍。当用单步运行时，会发现函数中的很多语句都会根据所选设备类型的不同而选择性地跳过，这说明，应把握协议栈的整体功能，而不要过多地纠结于某个函数和某条语句的执行。

5. 实验步骤

（1）将开发平台的 DEBUGGER 口与计算机用仿真器 ZT-Debugger 相连；每个节点通过 USB 供电，也可以利用供电接口（开发平台上为 J13）连接。

（2）将开发平台上 Power SW 的 3V3-VDD、I/O SW 的 IND0 和 IND1，以及 USB SW 这 4 个开关打开。

（3）修改协议栈中的 LED 驱动，D10 和 D13 用于组网状态显示。

（4）打开一个 Sample 工程，若正确安装了 TI 的 Z-Stack 协议栈，则路径为…Texas Instruments\ZStack-CC2530-2.4.0-1.4.0\Projects\zstack\Samples\SampleApp\CC2530DB。

（5）屏蔽 TI 提供的原版 Z-Stack 协议栈中不需要的部分。这里主要是 LCD 模块的屏蔽，具体方法如下。

在 Project→Options 中有图 4-3-19 所示的编译选项对话框，在 C/C++ Compiler 中选择 Preprocessor，在 Defined symbols 中的 LCD_SUPPORTED=DEBUG 前面加上一个小写的 x，这样就屏蔽掉了 LCD 模块。

（6）下载程序。在 3 个功能设备中，必须有且只有一个下载为协调器，剩下的分别下载为路由器和终端设备。3 种设备在功能程序下载时应该分别选择图4-3-20所示的3种状态。

图 4-3-19　编译选项对话框

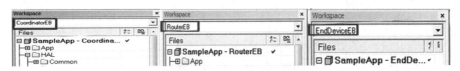

图 4-3-20　下载状态选择

6. 实验结果

（1）观察各类型功能设备在启动和自组网过程中状态变化的 LED 指示。如果协调器成功启动，那么绿灯会亮，路由器或终端等其他设备在加入网络的过程中，绿灯会闪烁几次，如果最终加入网络，那么绿灯也会呈现长亮状态。

（2）通过 IAR 软件调试程序，总结各类型功能设备在启动和自组网过程中的协议栈函数调用状况。

7. 扩展思考

（1）验证 LED 驱动的修改结果

以上程序中的 3 个回调函数 ZDO_NetworkFormationConfirmCB( )、ZDO_StartRouterConfirmCB( )、ZDO_JoinConfirmCB()都使用了 LED，通过 LED 的状态来显示设备启动的状态，读者可以通过修改 LED 的工作方式来表示不同设备的启动状态。因为 TI 所提供例子中的 LED 驱动和本实验 ZT-EVB 开发平台的驱动不一样，所以需要修改底层驱动，方法如下：在 HAL-Target-CC2530EB-Config 文件夹的文件 hal_board_cfg.h 中，进行如下修改即可

```
#define LED1_BV              BV(2)
#define LED1_SBIT            P1_2
#define LED1_DDR             P1DIR
```

```
#define LED1_POLARITY          ACTIVE_HIGH
#define LED2_BV                BV(0)
#define LED2_SBIT              P0_0
#define LED2_DDR               P0DIR
#define LED2_POLARITY          ACTIVE_HIGH
#define LED3_BV                BV(3)
#define LED3_SBIT              P1_3
#define LED3_DDR               P1DIR
#define LED3_POLARITY          ACTIVE_HIGH
```

按此修改后，协议栈中的 LED1、LED2、LED3 分别对应开发平台上的 D10（红灯）、LED1、D12（绿灯）。

（2）控制 LED 的状态显示

分析函数 ZDO_StartRouterConfirmCB() 和 ZDO_JoinConfirmCB() 的执行功能，在程序设计中调用这两个函数，实现设备节点加入网络和成为路由器这两个功能，并通过红色 LED 和绿色 LED 的状态来观察路由器的启动状态。

4.3.3 绑定控制机制实验

1．实验目的

（1）学习绑定的流程，了解基于 ZigBee 协议的 4 种绑定表建立方式；

（2）了解 ZigBee 设备对象的概念和功能；

（3）学习 Z-Stack 协议栈中按键的工作机制，并学会修改按键驱动；

（4）分析绑定实现过程和工作原理，能通过协议栈函数调用方式实现 ZigBee 设备对象间的绑定。

2．实验设备

硬件：计算机一台（操作系统为 Windows XP 或 Windows 7）；ZT-EVB 开发平台 3 套；ZT-Debugger 仿真器；USB 数据线 3 根。

软件：IAR Embedded Workbench for MCS-51 开发环境；Z-Stack 协议栈开发包。

3．实验要求

（1）在 ZigBee 网络应用层上建立一条被绑定终端 A 与 B 之间的逻辑链路，实现终端 B（控制器 SampleSwitch）对终端 A（灯 SampleLight）的控制操作。

（2）要求控制过程满足：通过按键动作来选择设备在指定时间内被绑定；且绑定请求信息在规定时间内被协调器 C 收集，并建立绑定表条目。

4．基础知识

（1）绑定机制的基本概念

绑定是应用支持子层（Application Support Sublayer，APS）间控制信息的一种流动机制，该机制在设备的应用层建立逻辑连接，体现了从一个应用层节点到另一个或多个应用层节点的信息流程控制过程。

　　绑定机制允许一个应用服务在未知目标地址的情况下向对方的应用服务发送数据包。信息发送时使用的目标地址或组地址将由 APS 从绑定表中自动获得并被增加到信息格式前端，从而使消息顺利地被目标节点的一个或多个应用服务乃至分组接收。绑定允许一个应用层节点发送一个信息包到网络中，而无须知道目标地址，在同一个目标节点上可以建立多个绑定服务，分别对应不同种类的数据包；此外，绑定也允许有多个目标节点的一对多绑定形式。

　　ZigBee 设备对象（ZigBee Device Object，ZDO）是特殊的应用层的端点（Endpoint），可理解为应用层其他端点与应用子层管理实体交互的中间件。绑定的功能由 APS 提供，但绑定功能的管理由 ZDO 执行，它确定了绑定表的规模、绑定的发起和绑定的解除等功能。表 4-3-3 说明了 ZigBee 规范中协议栈支持的绑定 API 及对应的响应命令名称。

表 4-3-3　绑定 API 及响应命令

ZDO 绑定 API	响 应 命 令
ZDP_EndDeviceBindReq( )	End_Device_Bind_req
ZDP_EndDeviceBindRsp( )	End_Device_Bind_rsp

（2）绑定建立方式

　　ZDO 终端设备绑定请求：设备能告诉协调器它们想建立绑定表报告，协调器将在这两个设备上创建绑定表条目。若比较匹配成功，则发送匹配成功的信息 End_Device_Bind_rsp 给两个请求终端。由于终端在 SerialApp.c 中注册过 End_Device_Bind_rsp 消息，因此接收到协调器发来的绑定响应消息后，将交由 SerialApp 任务事件处理函数处理，即调用 SerialApp_ProcessZDOMsgs 函数进行事件处理，至此，终端绑定完成。

　　建立绑定表主要有 4 种方式，如表 4-3-4 所示。

表 4-3-4　绑定表的建立方式

序　号	绑 定 方 式	过 程 说 明
1	Match 方式	该绑定方式无须协调器设备存在，可采用按键机制实现
2	ZDO 终端设备绑定请求	两个终端通知协调器，它们之间想建立绑定记录
3	协调器应用层请求	协调器应用层建立和管理一个绑定表
4	手工管理绑定表	通过应用程序调用来实现手工绑定表管理

　　本实验依据表 4-3-4 中的绑定方式 2 来设计实现绑定过程。首先，两个终端设备（或路由器）A 与 B 通知协调器 C 它们想建立绑定表报告，然后协调器执行协调功能，并在这两个设备上创建绑定表条目。绑定表存在输出控制命令的 B 上，而 A 接收控制命令。在具体实验过程中，首先设定 A 是具有 incluster 性质的受控方，B 是具有 outcluster 性质的主控方，在协议栈默认时间 16s 内，A 与 B 分别通过按键机制触发和调用 ZDP_EndDeviceBindReq 函数向协调器 C 发出绑定请求，绑定过程在协调器 C 的帮助下自动完成。绑定成功后，A 与 B 之间的通信过程不再需要协调器的参与，具有 outcluster 性质的 B 即可以通过绑定方式给具有 incluster 性质的 A 单向发送消息，A 接收消息，但不能发送消息给 B，因为绑定表存在 B 中，A 没有关于 B 的信息。协调器调用 ZDO_MatchEndDeviceBind( )处理请求，当协调器 C 接收到 A 与 B 两个终端设备的绑定请求时，将启动在绑定设备上创建源绑定条目的处理过程。其中，绑定表条目结构体的定义如下：

```
typedef struct { uint16 srcIdx;              //源地址索引
                 uint8 srcEP;                //源端点
                 uint8 dstGroupMode;         //指定寻址模式
                 uint16 dstIdx;              //目标地址索引或分组号
                 uint8 dstEP;                //目标端点
                 uint8 numClusterIds;        //在簇标识符表中簇标识符的个数
                 uint16 clusterIdList[MAX_BINDING_CLUSTER_IDS];
                                             //簇标识符表
               }BindingEntry_t;
```

关键代码说明如下：

```
void SerialApp_HandleKeys(uint8 shift, uint8 keys)
{
  zAddrType_t dstAddr;
  ...
  if (keys & HAL_KEY_SW_2)
  {
    //终端设备绑定请求
    dstAddr.addrMode = Addr16Bit;
    dstAddr.addr.shortAddr = 0x0000;   //Coordinator
    ZDP_EndDeviceBindReq(&dstAddr, NLME_GetShortAddr(),
          SerialApp_epDesc.endPoint,
          SERIALAPP_PROFID,
          SERIALAPP_MAX_CLUSTERS,
          (cId_t *)SerialApp_ClusterList,
          SERIALAPP_MAX_CLUSTERS,
          (cId_t *)SerialApp_ClusterList,
          FALSE);
  }
  if (keys & HAL_KEY_SW_4)
  {
    //描述符匹配请求，该方式与终端设备绑定请求是两种不同的请求方式，因此使用的按键不同
    dstAddr.addrMode = AddrBroadcast; //广播地址
    dstAddr.addr.shortAddr = NWK_BROADCAST_SHORTADDR;
```

以下过程调用 ZDP_MatchDescReq 函数建立和发送一个匹配描述符（Match Description）请求，搜索应用的输入/输出簇列表中的符合匹配条件的设备或应用。该函数使用 AF 层来发送信息，其 afStatus 状态值是定义在 ZComDef.h 中的 ZStatus_t 的 AF 层状态值。

```
ZDP_MatchDescReq(&dstAddr,                    //目的地址
         NWK_BROADCAST_SHORTADDR,             //已知的 16 位网络地址
      SERIALAPP_PROFID,                       //应用程序的特征 ID，作为簇 ID 的参考
      SERIALAPP_MAX_CLUSTERS,                 //簇输入列表中的簇 ID 个数
      (cId_t *)SerialApp_ClusterList,         //簇 ID 的输入数组，每个占一字节
      SERIALAPP_MAX_CLUSTERS,                 //簇输出列表中的簇 ID 个数
      (cId_t *)SerialApp_ClusterList,         //簇 ID 的输出数组，每个占一字节
```

```
FALSE);    }
```

从以上可以看到，SW2 是发送终端设备绑定请求方式，SW4 是发送描述符匹配请求方式。若按下 SW2，则使用终端设备绑定请求方式，这里是要通过终端告诉协调器它们想要建立绑定表，协调器将协调这两个请求的设备，在两个设备上建立绑定表条目。

（3）终端设备向协调器发送终端设备绑定请求

调用 ZDP_EndDeviceBindReq()函数建立和发送终端设备绑定请求，完成绑定之后，用户可给协调器发送一个无地址的间接信息，协调器把该信息发送至绑定了该信息的设备，至此，使用者就可接收来自新绑定设备的信息了。

```
ZDP_EndDeviceBindReq(&dstAddr,                //目的地址设为 0x0000
         NLME_GetShortAddr(),
         SerialApp_epDesc.endPoint,           //EP 号
         SERIALAPP_PROFID,                    //Profile ID
         SERIALAPP_MAX_CLUSTERS,              //输入簇的数目
     (cId_t *)SerialApp_ClusterList,          //输入簇列表
         SERIALAPP_MAX_CLUSTERS,              //输出簇的数目
     (cId_t *)SerialApp_ClusterList,          //输出簇列表
          FALSE);
```

该函数实际调用无线发送函数将绑定请求发送给协调器节点，默认 clusterID 为 End_Device_Bind_req，然后调用函数 fillAndSend(&ZDP_TransID, dstAddr, End_Device_Bind_req, len)，最后通过 AF_DataRequest()发送出去。

```
AF_DataRequest(&afAddr, &ZDApp_epDesc, clusterID,
(uint16)(len+1), (uint8*)(ZDP_TmpBuf-1),
transSeq, ZDP_TxOptions,  AF_DEFAULT_RADIUS);
```

（4）协调器收到终端设备绑定请求 End_Device_Bind_req

该信息会传送到 ZDO 层，并在 ZDO 层的任务事件处理函数中被调用。

```
ZDApp_ProcessOSALMsg((osal_event_hdr_t *)msg_ptr);  //该函数在下面的任务事件处
理函数中被调用
  UINT16 ZDApp_event_loop(byte task_id, UINT16 events)
  {
    if (events & SYS_EVENT_MSG)
    {
      while ((msg_ptr = osal_msg_receive(ZDAppTaskID)))
      {
        ZDApp_ProcessOSALMsg((osal_event_hdr_t *)msg_ptr);
  ...
      }
  void ZDApp_ProcessOSALMsg(osal_event_hdr_t *msgPtr)
  {
  ...
      case AF_INCOMING_MSG_CMD:
      ZDP_IncomingData((afIncomingMSGPacket_t *)msgPtr);
      ...
```

```
    }
    //在 ZDP_IncomingData((afIncomingMSGPacket_t *)msgPtr);函数中
void ZDP_IncomingData(afIncomingMSGPacket_t *pData)
{
  ...
  handled = ZDO_SendMsgCBs(&inMsg);
  ...
}
```

因为 ZDO 信息处理表 zdpMsgProcs[.]没有对应的 End_Device_Bind_req 簇，所以没有调用 ZDO 信息处理表中的处理函数，但是前面的 ZDO_SendMsgCBs()会把这个终端设备绑定请求发送到登记过这个 ZDO 信息的任务中去。那么这个登记注册的程序在哪里呢？

对于协调器来说，在 void ZDApp_Init(byte task_id)函数中调用 ZDApp_RegisterCBs()函数，进行终端绑定请求信息的注册。

```
void ZDApp_RegisterCBs(void)
{
        ...
        ZDO_RegisterForZDOMsg(ZDAppTaskID, End_Device_Bind_req);
        ...
}
```

因此，在协调器节点的 ZDApp 接收到外界输入的数据后，由于注册了 ZDO 回馈消息 ZDO_CB_MSG，因此 ZDApp 层的任务事件处理函数将调用下面的程序进行处理：

```
UINT16 ZDApp_event_loop(byte task_id, UINT16 events)
{
  if (events & SYS_EVENT_MSG)
  {
    while ((msg_ptr = osal_msg_receive(ZDAppTaskID)))
    {
      ZDApp_ProcessOSALMsg((osal_event_hdr_t *)msg_ptr);
      ...
}
```

在这里调用函数 ZDApp_ProcessOSALMsg((osal_event_hdr_t *)msg_ptr)，在这个函数中可以看到对 ZDO_CB_MSG 事件的处理。

```
void ZDApp_ProcessOSALMsg(osal_event_hdr_t *msgPtr)
{
        ...
        case ZDO_CB_MSG:
        ZDApp_ProcessMsgCBs((zdoIncomingMsg_t *)msgPtr);
        ...
}
```

调用 ZDApp_ProcessMsgCBs()函数。在这个函数中根据 ClusterID（这里根据 End_Device_Bind_req）选择相应的匹配描述符处理函数：

```
void ZDApp_ProcessMsgCBs(zdoIncomingMsg_t *inMsg)
```

```
{
  switch (inMsg->clusterID)
  ...
  case End_Device_Bind_req:
    {
        ZDEndDeviceBind_t bindReq;
        ZDO_ParseEndDeviceBindReq(inMsg, &bindReq);
        //解析绑定请求信息,然后向发送绑定请求的节点发送绑定响应消息
        ZDO_MatchEndDeviceBind(&bindReq);
        ...
    }
}
```

以下是 ZDO_MatchEndDeviceBind( )函数的源代码:

```
void ZDO_MatchEndDeviceBind(ZDEndDeviceBind_t *bindReq)
{
  zAddrType_t dstAddr;
  uint8 sendRsp = FALSE;
  uint8 status;
  if (matchED == NULL)                         //接收到的是第一个绑定请求
  {
    matchED = (ZDMatchEndDeviceBind_t *)osal_mem_alloc(sizeof
         (ZDMatchEndDeviceBind_t));           //创建匹配信息结构体,分配空间
    if (matchED)
    {
      osal_memset((uint8 *)matchED, 0, sizeof (ZDMatchEndDeviceBind_t));
                                               //先进行清除操作
      if (!ZDO_CopyMatchInfo(&(matchED->ed1), bindReq))
                                               //复制第一个请求信息,不成功
      {
        status = ZDP_NO_ENTRY;
        sendRsp = TRUE;
      }
    }
    else                                       //分配空间不成功
    {
      status = ZDP_NO_ENTRY;
      sendRsp = TRUE;
    }

    if (!sendRsp)                              //分配空间成功,复制数据结构成功
    {
      matchED->state = ZDMATCH_WAIT_REQ;       //设置正确的设备状态
      APS_SetEndDeviceBindTimeout(AIB_MaxBindingTime,
```

```
                    ZDO_EndDeviceBindMatchTimeoutCB);              //设置计时时间
        }
    }
    else                                              //接收到的不是第一个绑定请求
    {
        matchED->state = ZDMATCH_SENDING_BINDS;    //状态为绑定中
        if (!ZDO_CopyMatchInfo(&(matchED->ed2), bindReq))
                                            //复制第二个请求信息,不成功
        {
          status = ZDP_NO_ENTRY;
          sendRsp = TRUE;
        }
    //将 ed1 的输出簇 ID 与 ed2 的输入簇 ID 进行比较，若有符合的，则返回相匹配的簇的数目
    matchED->ed1numMatched = ZDO_CompareClusterLists(
            matchED->ed1.numOutClusters, matchED->ed1.outClusters,
            matchED->ed2.numInClusters, matchED->ed2.inClusters,
ZDOBuildBuf);
        if (matchED->ed1numMatched)            //返回 ed1 相匹配的簇不为 0
        {
            matchED->ed1Matched=
osal_mem_alloc((short)(matchED->ed1numMatched
                * sizeof(uint16)));           //申请空间保存相匹配的簇列表
        if (matchED->ed1Matched)              //分配成功
        {
          osal_memcpy(matchED->ed1Matched,ZDOBuildBuf,
(matchED->ed1numMatched
                * sizeof(uint16)));           //保存相匹配的簇列表
        }
        else                                  //内存空间分配不成功
        {
          status = ZDP_NO_ENTRY;
          sendRsp = TRUE;
        }
        }
    //将 ed2 的输出簇 ID 与 ed1 的输入簇 ID 进行比较,若有符合的,则返回相匹配的簇的数目
    matchED->ed2numMatched = ZDO_CompareClusterLists(
            matchED->ed2.numOutClusters, matchED->ed2.outClusters,
            matchED->ed1.numInClusters,matchED->ed1.inClusters,
ZDOBuildBuf);
        if (matchED->ed2numMatched)            //匹配成功
        {
        matchED->ed2Matched = osal_mem_alloc((short)(matchED->ed2numMatched
                *sizeof(uint16)));            //申请空间保存相匹配的簇列表
```

```
      if (matchED->ed2Matched)
      {
        osal_memcpy(matchED->ed2Matched, ZDOBuildBuf,
(matchED->ed2numMatched
              * sizeof (uint16)));          //保存匹配的簇列表
      }
      else
      {
        status = ZDP_NO_ENTRY;
        sendRsp = TRUE;
      }
    }
    //两个相请求的终端设备有相匹配的簇,并且保存成功
    if ((sendRsp == FALSE) && (matchED->ed1numMatched || matchED->
          ed2numMatched))
    {
      //发送回应信息给两个设备
      ZDMatchSendState(ZDMATCH_REASON_START, ZDP_SUCCESS, 0);
    }
    else
    {
      status = ZDP_NO_MATCH;
      sendRsp = TRUE;
    }
  }
  if (sendRsp)        //没有相匹配的或匹配不成功
  {
    //发送匹配请求回应
    dstAddr.addrMode = Addr16Bit;
  dstAddr.addr.shortAddr = bindReq->srcAddr;
  status = ZDP_NO_MATCH; //发送绑定终端响应函数
    ZDP_EndDeviceBindRsp(bindReq->TransSeq, &dstAddr, status, bindReq->
          SecurityUse);
    if (matchED->state == ZDMATCH_SENDING_BINDS)
    {
      dstAddr.addrMode = Addr16Bit;
      dstAddr.addr.shortAddr = matchED->ed1.srcAddr;
      ZDP_EndDeviceBindRsp(matchED->ed1.TransSeq, &dstAddr, status, matchED->
          ed1.SecurityUse);
    }
    ZDO_RemoveMatchMemory();
  }
}
```

在 ZDO_MatchEndDeviceBind( )函数中，若协调器接收到第一个绑定请求，则分配内存空间进行保存并计时，若不是第一个绑定请求，则分别以第一个和第二个绑定请求为源绑定进行比较匹配，若比较匹配成功，则发送匹配成功的信息 End_Device_Bind_rsp 给两个请求终端。ZDMatchSendState( )函数也调用了 ZDP_EndDeviceBindRsp( )函数，对匹配请求响应进行发送。若匹配不成功，则发送匹配失败的信息给两个终端。

```
uint8 ZDMatchSendState(uint8 reason, uint8 status, uint8 TransSeq)
{
...
    dstAddr.addr.shortAddr = matchED->ed1.srcAddr;     //发送回应信息给第一个
请求终端
    ZDP_EndDeviceBindRsp(matchED->ed1.TransSeq, &dstAddr, rspStatus,
            matchED->ed1.SecurityUse);
    if (matchED->state == ZDMATCH_SENDING_BINDS)
    {
      dstAddr.addr.shortAddr = matchED->ed2.srcAddr;     //发送回应信息给第二个
请求终端
      ZDP_EndDeviceBindRsp(matchED->ed2.TransSeq, &dstAddr, rspStatus,
            matchED->ed2.SecurityUse);
    }
    ZDO_RemoveMatchMemory();
  }
  return (TRUE);
}
```

（5）终端设备的响应

由于终端设备在 SerialApp.c 中曾注册过 End_Device_Bind_rsp 消息，因此当接收到协调器节点发来的绑定响应消息时，将交由 SerialApp 任务事件处理函数来处理：

```
UINT16 SerialApp_ProcessEvent(uint8 task_id, UINT16 events)
{
  if (events & SYS_EVENT_MSG)
  {
    afIncomingMSGPacket_t *MSGpkt;
    while ((MSGpkt = (afIncomingMSGPacket_t *)osal_msg_receive(SerialApp_
TaskID)))
    {
      switch (MSGpkt->hdr.event)
      {
        case ZDO_CB_MSG:
          SerialApp_ProcessZDOMsgs((zdoIncomingMsg_t *)MSGpkt);
          break;
      ...
    }
```

然后，调用 SerialApp_ProcessZDOMsgs( )函数，进行事件处理。

```
static void SerialApp_ProcessZDOMsgs(zdoIncomingMsg_t *inMsg)
{
  switch (inMsg->clusterID)
  {
    case End_Device_Bind_rsp:
      if (ZDO_ParseBindRsp(inMsg) == ZSuccess)
      {
        HalLedSet(HAL_LED_4, HAL_LED_MODE_ON);
      }
#if defined(BLINK_LEDS)
      else
      {
        HalLedSet (HAL_LED_4, HAL_LED_MODE_FLASH);
      }
#endif
      break;
...
}
```

至此，整个终端绑定过程就完成了，从中可以看出，该方式和描述符匹配请求的绑定方式有很大不同。在描述符匹配请求中，两个设备之间的绑定是无须经过协调器控制的，而这种绑定方式必须在和协调器发生联系后，才能在两个终端设备中建立绑定关系，也就是下面的这种方式。

"终端设备绑定请求"这一命名中的"设备"有广义理解。这一请求不仅适用于终端设备，而且适用于对希望在协调器上绑定的两个设备中匹配的簇进行绑定。一旦这个函数被调用，就假设 REFLECTOR 这一编译选项在所有希望使用这一服务的节点中都已经打开。具体操作如下：选择图 4-3-21 中特定的绑定信息传递方式后，协调器首先找出包含在绑定请求中的簇，然后对比每一设备的 IEEE 地址，若簇可以匹配，而且这几个设备没有已经存在的绑定表，则协调器将发送一个绑定应答给每个设备。

图 4-3-21　绑定信息传递方式

该绑定机制在一个选定的设备上使用一个按键或类似动作在一个定制的超时周期内进行绑定行为。在定制的超时周期内在协调器上收集该终端设备的绑定请求信息，基于配置文件标识符与簇标识符的一致性，将产生一个绑定表条目，功能设备绑定流程如图 4-3-22 所示。

图 4-3-22　功能设备绑定流程

5. 实验步骤

（1）配置 ZT-EVB 开发平台的硬件接口。将开发平台的 DEBUGGER 口与计算机用

ZT-Debugger 相连；C 板的 USB 与计算机相连，用于供电和数据传输；A 板和 B 板的 USB 接电源，用于供电，也可以通过开发平台上的 J13 接口供电；然后分别将 A、B、C 这 3 块板上的 Power SW 的 3V3-VDD、KEY SW 的 KEY7 和 KEY6、LED SW 的 LED1、I/O SW 的 IND0 和 IND1，以及 USB SW 的 4 个开关打开；并关闭 ZT-EVB 开发平台上本实验未使用的所有其他功能拨码开关组，完成符合本实验功能要求的拨码开关配置。

（2）完成以上 ZT-EVB 开发平台的供电和接口配置后，参考图 4-3-23 所示的设备逻辑连接图，进行实验系统的硬件设备连接和软件功能程序设计。

图 4-3-23　绑定控制机制实验的设备逻辑连接图

（3）设计绑定控制机制实验流程图，如图 4-3-24 和图 4-3-25 所示。

（4）建立绑定控制机制的实验工程。启动 IAR Embedded Workbench 开发环境，在当前的工作空间 Workspace 中建立一个新工程（Create New Project in Current Workspace），设置工程名为"绑定控制机制.eww"，在 IAR Workspace 下拉列表中选择合适的设备类型，并按照实验要求编写程序。实验工程的建立步骤如下。

① 打开一个 Sample 工程，若正确安装了 TI 的 Z-Stack 协议栈，则路径为···Texas Instruments\ZStack-CC2530-2.4.0-1.4.0\Projects\zstack\Utilities\SerialApp\CC2530DB，参照 4.3.2 节"设备启动组网实验"的内容修改协议栈中的 3 个 LED，D10 和 D13 用于组网状态显示，D1 可供用户自己使用。接下来的工作就是在该 Sample 工程中做相应的修改，使其实现本实验功能。

② 修改按键驱动，TI 的 Z-Stack 协议栈默认使用的是一个摇杆和一个按键，基于 ZT-EVB 硬件资源，在开发平台上将使用 KEY7 和 KEY6，分别对应 P0_7 和 P0_6。对这两个按键的修改将使用两种不同的方法：KEY6 在原有的按键基础上修改，KEY7 则是新增的一个按键，方法如下。

（a）在 hal_key.h 中有如下定义：

```
#define HAL_KEY_INTERRUPT_DISABLE        0x00
#define HAL_KEY_INTERRUPT_ENABLE         0x01//中断使能
#define HAL_KEY_SW_6 0x20    //若按键 S1 存在
#define HAL_KEY_SW_7 0x40    //若按键 S2 存在
```

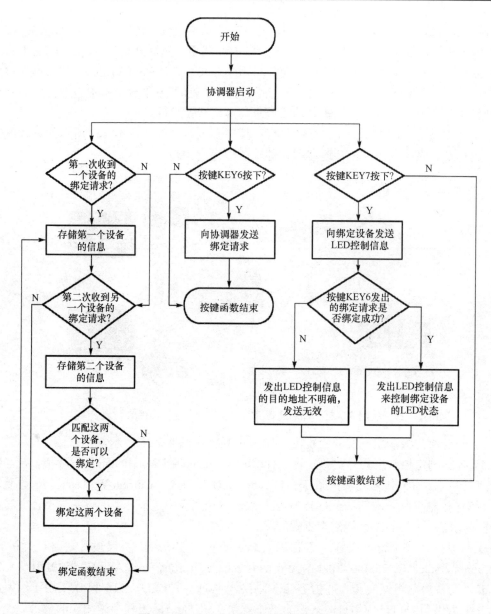

图 4-3-24　绑定控制机制实验流程图（1）

本实验需要使用的是 HAL_KEY_SW_6 和 HAL_KEY_SW_7，HAL_KEY_SW_7 虽然在这里定义了，但在协议栈中并没有使用，所以在这里是新增按键，同时也应用这个宏定义。

（b）在 hal_key.c 中有如下定义：

```
#define HAL_KEY_SW_6_PORT     P0
#define HAL_KEY_SW_6_BIT          BV(6)
#define HAL_KEY_SW_6_SEL          P0SEL
#define HAL_KEY_SW_6_DIR          P0DIR
#define HAL_KEY_SW_6_EDGEBIT      BV(0)
#define HAL_KEY_SW_6_EDGE         HAL_KEY_FALLING_EDGE
#define HAL_KEY_SW_6_IEN          IEN1    //CPU中断寄存器
```

```
#define HAL_KEY_SW_6_IENBIT    BV(5)     //P0 口开中断
#define HAL_KEY_SW_6_ICTL      P0IEN     //P0 口中断控制寄存器
#define HAL_KEY_SW_6_ICTLBIT   BV(6)     //中断使能
#define HAL_KEY_SW_6_PXIFG     P0IFG     //中断标识
```

图 4-3-25 绑定控制机制实验流程图（2）

对于按键相关的宏定义，可进行如上修改，本实验使用的是轮询方式，而不是中断方式，因此下面的中断宏定义无须修改。

（c）先从 main()函数开始看，main()→HalDriverInit()→HalKeyInit()，在该函数中可以看到，初始化了 HAL_KEY_SW_6 和摇杆，依据 ZT-EVB 开发平台的资源状况，将摇杆改为 KEY6 和 KEY7，如下：

```
void HalKeyInit(void)
{
  halKeySavedKeys = 0;
  HAL_KEY_SW_6_SEL &= ~(HAL_KEY_SW_6_BIT); //KEY6 输入
  HAL_KEY_SW_6_DIR &= ~(HAL_KEY_SW_6_BIT);
  P0SEL &= ~(BV(7));                       //KEY7 输入
  P0DIR &= ~(BV(7));
...
}
```

（d）完成初始化后，再回到 main()函数，main()→InitBoard(OB_READY)。

```
void InitBoard(uint8 level)
{
...
    HalKeyConfig(HAL_KEY_INTERRUPT_DISABLE, OnBoard_KeyCallback);
}
```

HAL_KEY_INTERRUPT_DISABLE 为不使用中断方式，即使用轮询方式；OnBoard_KeyCallback 为回调函数。函数 HalKeyConfig()如下：

```
HalKeyConfig (bool interruptEnable, halKeyCBack_t cback)
{
  Hal_KeyIntEnable = interruptEnable;
pHalKeyProcessFunction = cback;
  if (Hal_KeyIntEnable) //使用中断
  {
      ...                        //这里是对中断的寄存器配置
  }
  else                  //不使用中断
  {
HAL_KEY_SW_6_ICTL &= ~(HAL_KEY_SW_6_ICTLBIT);
P0IEN &= ~(BV(7));     //新增，关P0_7口中断
HAL_KEY_SW_6_IEN &= ~(HAL_KEY_SW_6_IENBIT);
  osal_set_event(Hal_TaskID, HAL_KEY_EVENT);
  }
```

（e）从以上可以看出，此处触发了事件 HAL_KEY_EVENT，在 hal_drivers.c 文件中有任务事件处理函数：

```
Hal_ProcessEvent(uint8 task_id, uint16 events)
{
  uint8 *msgPtr;
...
  if (events & HAL_KEY_EVENT)
  {
#if (defined HAL_KEY) && (HAL_KEY == TRUE)
    HalKeyPoll();

    if (!Hal_KeyIntEnable)   //若中断关闭，则做下一次轮询
    {
      osal_start_timerEx(Hal_TaskID, HAL_KEY_EVENT, 100);
    }
#endif                       //HAL_KEY
    return events ^ HAL_KEY_EVENT;
  }
...
}
```

其中，调用了轮询函数 HalKeyPoll( )，基于 ZT-EVB 开发平台的硬件资源，在轮询函数中删掉摇杆的轮询，修改 KEY6 和添加 KEY7，如下：

```
HalKeyPoll (void)
{
  uint8 keys = 0;
  if (P0_6 == 0)                    //KEY6 按下，按下为 0
  {
    keys |= HAL_KEY_SW_6;
  }
  if (P0_7 == 0)                    //KEY7 按下
  {
    keys |= HAL_KEY_SW_7;
  }
  if (!Hal_KeyIntEnable)
  {
    if (keys == halKeySavedKeys)    //检测是否跟上次按键值一样
    {                               //若一样，则不调用回调函数
      return;
    }
    halKeySavedKeys = keys;
  }
  else
  { }
  if (keys && (pHalKeyProcessFunction))     //调用回调函数
  {
    (pHalKeyProcessFunction) (keys, HAL_KEY_STATE_NORMAL);
  }
}
```

（f）现在来看回调函数，是否还记得回调函数是在哪里调用的？是在 main()→InitBoard(OB_READY)→HalKeyConfig( )中。

```
OnBoard_KeyCallback (uint8 keys, uint8 state)
{
  uint8 shift;
  (void)state;
  shift = 0;      //设置为 0，请执行后续程序，分析设置为 0 的原因
// shift = (keys & HAL_KEY_SW_6) ? true : false;
  if (OnBoard_SendKeys(keys, shift)!= ZSuccess)
  {
...                //发送不成功
}
```

按键信号通过 OnBoard_SendKeys( )发送到注册了按键的应用层。这里直接将 shift 变量赋值为 0，因为在 TI 的 Z-Stack 协议栈中，HAL_KEY_SW_6 只起辅助功能，相当于计算机的 Shift 键，必须配合摇杆上的键才能使用。这也是为什么在轮询函数 HalKeyPoll()中，把 KEY6

和 KEY7 按键的检测放在检测按键重复判断之前。

（g）在应用层注册了按键，现在来看按键的处理函数。

```
SerialApp_ProcessEvent(uint8 task_id, UINT16 events)
{
...
case KEY_CHANGE:
SerialApp_HandleKeys(((keyChange_t*)MSGpkt)->state,((keyChange_t*)MSGpkt)-
>keys);
break;
...
}
```

在 SerialApp_HandleKeys()中：

```
SerialApp_HandleKeys(uint8 shift, uint8 keys)
{
  if (shift)            //前面已将 shift 设置为 0
  { ... }
  else
  { if (keys & HAL_KEY_SW_6)
    {
...
    }
    if (keys & HAL_KEY_SW_7)
    {
...
    }
  }
}
```

到此，按键的驱动就修改好了。可以在 HAL_KEY_SW_6 和 HAL_KEY_SW_7 的省略号处添加相应的处理函数。

③ 以上对按键 KEY6 和 KEY7 的驱动进行了修改，现在只需在应用层修改相关的函数，本实验用 KEY6 发送绑定请求，用 KEY7 发送 LED 控制信息。首先添加终端设备绑定请求函数，程序如下：

```
SerialApp_HandleKeys(uint8 shift, uint8 keys)
{
  ...
    if (keys & HAL_KEY_SW_6)
    {
      txAddr.addrMode = Addr16Bit;
      txAddr.addr.shortAddr = 0x0000;        //Coordinator
      ZDP_EndDeviceBindReq(&txAddr, NLME_GetShortAddr(),
            SerialApp_epDesc.endPoint,
            SERIALAPP_PROFID,
            SERIALAPP_MAX_CLUSTERS,(cId_t*)SerialApp_ClusterList,
            SERIALAPP_MAX_CLUSTERS,(cId_t*)SerialApp_ClusterList,
```

```
        FALSE);
    }
  ...
}
```

从之前对绑定流程的介绍可以得出，若有两个设备在一定间隔时间内按下了 KEY6，即发送了绑定请求，则这两个设备可由协调器进行绑定。

④ 在任务事件处理函数 SerialApp_ProcessEvent()-SYS_EVENT_MSG-ZDO_CB_MSG-SerialApp_ ProcessZDOMsgs()中可添加绑定确定函数：

```
SerialApp_ProcessZDOMsgs(zdoIncomingMsg_t *inMsg)
{
  switch (inMsg->clusterID)
  {
    case End_Device_Bind_rsp:
      if (ZDO_ParseBindRsp(inMsg) == ZSuccess)
      {
        HalLedSet(HAL_LED_4, HAL_LED_MODE_FLASH);
      }
  ...
}
```

Z-Stack 协议栈中的 HAL_LED_4 对应 ZT-EVB 开发平台的灯 D10，若绑定成功，则可观察到 ZT-EVB 上的灯 D10 闪烁。

⑤ 通过以上步骤可实现两个终端设备的绑定，然后添加 LED 控制信息的发送函数。

```
SerialApp_HandleKeys(uint8 shift, uint8 keys)
{
...
    if (keys & HAL_KEY_SW_7)
    {
      SerialApp_SendLed();
    }
...
}
添加全局变量uint8 i = 1;
/*************************************************************
名称: SerialApp_SendLed()
功能: 发送信息,发送的簇 ID 为 SERIALAPP_CLUSTERID1 或 SERIALAPP_CLUSTERID2
输入参数: 无
输出参数: 无
*************************************************************/
static void SerialApp_SendLed(void)
{
  if(i >= 2)
  {
    i = 1;
```

```
    }
    else  i++;
    if(i == 1)
    {
      while(AF_DataRequest(&SerialApp_DstAddr,
            (endPointDesc_t *)&SerialApp_epDesc,
            SERIALAPP_CLUSTERID2,
            1, (uint8 *)&SerialApp_Led,
            &SerialApp_MsgID,0,AF_DEFAULT_RADIUS)!=afStatus_SUCCESS);
    }
    else if(i == 2)
    {
      while(AF_DataRequest(&SerialApp_DstAddr,
            (endPointDesc_t *)&SerialApp_epDesc,
            SERIALAPP_CLUSTERID1,
            1, (uint8 *)&SerialApp_Led,
            &SerialApp_MsgID,0,AF_DEFAULT_RADIUS)!=afStatus_SUCCESS);
    }
}
```

该函数的作用是：每按下一次键 KEY7，发送一次数据，数据为 SerialApp_Led，该变量是全局变量，赋值为 0。关键的不是发送的数据，而是簇 ID，SERIALAPP_CLUSTERID1 和 SERIALAPP_CLUSTERID2 轮流发送。

⑥ 从以上的发送函数可以看出，目的地址为 SerialApp_DstAddr，首先要声明该结构体：

```
afAddrType_t  SerialApp_DstAddr;
```

在初始化函数 SerialApp_Init( )中有如下赋值：

```
SerialApp_DstAddr.addrMode = (afAddrMode_t)AddrNotPresent;
 SerialApp_DstAddr.endPoint = 0;
 SerialApp_DstAddr.addr.shortAddr = 0;
```

该地址是从绑定列表中获得已绑定的目的地址，若还没有绑定任何设备，则该地址无效。

⑦ 在接收数据事件中，添加对应的簇 ID 的处理函数，如下：

```
SerialApp_ProcessMSGCmd(afIncomingMSGPacket_t *pkt)
{
 switch (pkt->clusterId)
 {
 case SERIALAPP_CLUSTERID1:
   HalLedSet (HAL_LED_2, HAL_LED_MODE_ON);
   break;

 case SERIALAPP_CLUSTERID2:
   HalLedSet (HAL_LED_2, HAL_LED_MODE_OFF);
   break;
```

```
default:
  break;
}
}
```

若收到的是 SERIALAPP_CLUSTERID1，则打开 LED1，若收到的是 SERIALAPP_
CLUSTERID2，则关闭 LED1（TI 协议栈中的 HAL_LED_2 对应 ZT-EVB 开发平台的 LED1）。

（5）程序的编译、调试和下载。选择 Project→Rebuild All 命令，在以上实验程序编译成
功后，将开发平台的 DEBUGGER 口与计算机用 ZT-Debugger 相连，选择 Project→Download and
Debug 命令将程序下载到无线模块中，在线调试实验功能。程序代码下载步骤为：首先下载
协调器 C 板的程序，然后下载路由器 B 板的程序，最后下载终端设备 A 板的程序。下载时注
意工作空间中设备类型的选择要对应开发平台的功能类型，如图 4-3-26 所示。从功能扩展角
度看，终端设备也可以由协调器、路由器类型的设备来担任。

图 4-3-26　功能设备工作空间配置

（6）程序运行测试。单击 IAR 工具界面上的 ⚄ 按钮全速运行程序，或去除 ZT-Debugger
调试器，按下 ZT-EVB 开发平台上的"reset"键让模块复位，复位完成后，进行点对点功能
测试。程序正确运行之后，观测协调器组网及路由器和终端设备加入网络过程的 LED 状态指
示。通过按键方式向协调器发出 ZDO 终端设备申请绑定的请求，由协调器建立终端设备和
路由器间的绑定关系，进而在绑定设备之间进行数据传输的测试，通过协调器和终端设备上
的 LED 组的状态变化来指示绑定过程的各实现阶段。

6．实验结果

（1）测试绑定。实验现场平台如图 4-3-27 所示，分别是协调器 C、路由器 B 和终端设备
A。组网后，按下任意一个终端 ZT-EVB 开发平台的键 KEY6，产生并发送一个允许绑定的请
求；再按下另一终端 ZT-EVB 开发平台的键 KEY6，产生并发送一个绑定请求信息。两个终
端通知协调器，它们之间想建立绑定记录，进而协调器执行绑定流程。在绑定功能成功实现
后，承担协调器身份的 ZT-EVB 开发平台上的灯 D10 呈现闪烁状态，至此，两个终端已经直
接建立了绑定关系。此时，用户可用任一终端上的键 KEY7 对另一终端上的被控设备 LED1
进行控制。请观察实验现象，并填写表 4-3-5 所示的实验结果。

（2）实现基于两个设备的双向绑定控制目标，即按键可以相互控制对方的 LED；修改程
序实现单向绑定的控制目标。

① 在 SerialApp.h 中修改和添加簇：

```
#define SERIALAPP_MAX_OUTCLUSTERS    2    //输出簇总数
#define SERIALAPP_CLUSTERID1         1
#define SERIALAPP_CLUSTERID2         2
```

```
#define SERIALAPP_MAX_INCLUSTERS         2     //输入簇总数
#define SERIALAPP_CLUSTERID3             3
#define SERIALAPP_CLUSTERID4             4
```

图 4-3-27　实验现场平台

表 4-3-5　实验结果

绑 定 设 备	发送绑定请求	发送控制信息	相应设备板上 LED 的响应情况		
			A 板	B 板	C 板
A、B	按下 A 板的键 KEY6	按下 A 板的键 KEY7			
	按下 B 板的键 KEY6	按下 B 板的键 KEY7			

② 在 SerialApp.c 中修改和添加簇：

```
const cId_t SerialApp_OUTClusterList[SERIALAPP_MAX_OUTCLUSTERS] =
{
  SERIALAPP_CLUSTERID1,
  SERIALAPP_CLUSTERID2,
// SERIALAPP_CLUSTERID3,
// SERIALAPP_CLUSTERID4
};
const cId_t SerialApp_INClusterList[SERIALAPP_MAX_INCLUSTERS] =
{
  //SERIALAPP_CLUSTERID1,
  //SERIALAPP_CLUSTERID2,
  SERIALAPP_CLUSTERID3,
  SERIALAPP_CLUSTERID4
};
```

并修改简单描述符：

```
const SimpleDescriptionFormat_t SerialApp_SimpleDesc =
{
  SERIALAPP_ENDPOINT,
  SERIALAPP_PROFID,
  SERIALAPP_DEVICEID,
  SERIALAPP_DEVICE_VERSION,
```

```
SERIALAPP_FLAGS,
SERIALAPP_MAX_INCLUSTERS,               //改为输入簇总数
 (cId_t *)SerialApp_INClusterList,      //改为输入簇列表
SERIALAPP_MAX_OUTCLUSTERS,              //改为输出簇总数
 (cId_t *)SerialApp_OUTClusterList      //改为输出簇列表
};
```

③ 修改终端设备绑定请求函数 ZDP_EndDeviceBindReq( )：

```
ZDP_EndDeviceBindReq(&txAddr, NLME_GetShortAddr(),
    SerialApp_epDesc.endPoint,
    SERIALAPP_PROFID,
    SERIALAPP_MAX_INCLUSTERS,               //改为输入簇总数
    (cId_t *)SerialApp_INClusterList,  //改为输入簇列表
    SERIALAPP_MAX_OUTCLUSTERS,              //改为输出簇总数
    (cId_t *)SerialApp_OUTClusterList,      //改为输出簇列表
             FALSE);
```

④ 下载程序，修改输入簇列表和输出簇列表如下：

```
const cId_t SerialApp_OUTClusterList[SERIALAPP_MAX_OUTCLUSTERS] =
{
  SERIALAPP_CLUSTERID1,
  SERIALAPP_CLUSTERID2,
//SERIALAPP_CLUSTERID3,
//SERIALAPP_CLUSTERID4
};
const cId_t SerialApp_INClusterList[SERIALAPP_MAX_INCLUSTERS] =
{
//SERIALAPP_CLUSTERID1,
//SERIALAPP_CLUSTERID2,
  SERIALAPP_CLUSTERID3,
  SERIALAPP_CLUSTERID4
};
```

将其下载到 SampleSwitch（控制器）设备中，再修改输入簇列表和输出簇列表如下：

```
const cId_t SerialApp_OUTClusterList[SERIALAPP_MAX_OUTCLUSTERS] =
{
// SERIALAPP_CLUSTERID1,
// SERIALAPP_CLUSTERID2,
  SERIALAPP_CLUSTERID3,
  SERIALAPP_CLUSTERID4
};
const cId_t SerialApp_INClusterList[SERIALAPP_MAX_INCLUSTERS] =
{
  SERIALAPP_CLUSTERID1,
  SERIALAPP_CLUSTERID2,
 //SERIALAPP_CLUSTERID3,
```

```
    //SERIALAPP_CLUSTERID4
};
```

将其下载到 SampleLight（灯）设备中。其实 SERIALAPP_CLUSTERID3、SERIALAPP_
CLUSTERID4 是没有用到的，它只是标出了输入簇列表和输出簇列表的关系，即单向关系，
这样设计便于读者理解。如果需要添加簇，那么读者可以利用这两个簇自行添加功能。

　　执行以上绑定功能后，可实现 SampleSwitch（控制器）设备对 SampleLight（灯）设备的
控制，而不能实现 SampleLight（灯）设备对 SampleSwitch（控制器）设备的控制。

7．扩展与思考

　　（1）一个设备能和两个设备进行绑定吗？若能，则如何绑定？若成功绑定了，则键 KEY7
如何控制 LED1 的亮灭？请读者思考需采用何种类型的绑定机制实现，设计绑定程序并进行
功能验证。

　　（2）设计一种简单灯光控制机制，在开关中建立绑定服务，使之可以控制 3 个不同的
LED，要求开关中的应用服务在未知灯光设备确切的目标地址时，可以顺利地向灯光设备发
送数据包。

　　（3）以上实验代码实现了 Z-Stack 提供的 4 类绑定方式中的一种，即两个终端分别通过
按键机制调用 ZDP_EndDeviceBindReq 函数来实现绑定；请读者将下列功能程序补充完整，
成功编译运行后，验证 Z-Stack 协议栈所提供的另外 3 类绑定方式的实现结果，并填写
表 4-3-6。

表 4-3-6　实验结果

绑 定 设 备	绑 定 方 式	发送绑定请求	发送控制信息	相应设备板上 LED 的响应情况		
				A 板	B 板	C 板
A、B		按下 A 板的键 KEY6	按下 A 板的键 KEY7			
		按下 B 板的键 KEY6	按下 B 板的键 KEY7			
		按下 C 板的键 KEY6	按下 C 板的键 KEY7			
A、C		按下 A 板的键 KEY6	按下 A 板的键 KEY7			
		按下 B 板的键 KEY6	按下 B 板的键 KEY7			
		按下 C 板的键 KEY6	按下 C 板的键 KEY7			
B、C		按下 A 板的键 KEY6	按下 A 板的键 KEY7			
		按下 B 板的键 KEY6	按下 B 板的键 KEY7			
		按下 C 板的键 KEY6	按下 C 板的键 KEY7			
A、B、C		按下 A 板的键 KEY6	按下 A 板的键 KEY7			
		按下 B 板的键 KEY6	按下 B 板的键 KEY7			
		按下 C 板的键 KEY6	按下 C 板的键 KEY7			

　　① Match 方式

　　这种绑定方式无须协调器设备存在，可采用按键机制来实现。在初始化函数中注册
Match_Desc_rsp 进程，按键请求函数 SerialApp_HandleKeys( )中有如下程序：

```
if(keys & HAL_KEY_SW_6)
```

```
    {
    txAddr.addrMode = AddrBroadcast;
        txAddr.addr.shortAddr = NWK_BROADCAST_SHORTADDR;
        ZDP_MatchDescReq(&txAddr, NWK_BROADCAST_SHORTADDR,
                    SERIALAPP_PROFID,
                    SERIALAPP_MAX_CLUSTERS, (cId_t *)SerialApp_ClusterList,
                    SERIALAPP_MAX_CLUSTERS, (cId_t *)SerialApp_ClusterList,
                    FALSE);
    }
```

在回调处理函数 SerialApp_ProcessZDOMsgs( )中补充如下程序：

```
case Match_Desc_rsp:
    {
      ZDO_ActiveEndpointRsp_t *pRsp = ZDO_ParseEPListRsp(inMsg);
      if (pRsp)
      {
        if (pRsp->status == ZSuccess && pRsp->cnt)
        {
          SerialApp_TxAddr.addrMode = (afAddrMode_t)Addr16Bit;
          SerialApp_TxAddr.addr.shortAddr = pRsp->nwkAddr;
          //Take the first endpoint, Can be changed to search through endpoints
          SerialApp_TxAddr.endPoint - pRsp->epList[0];
          //Light LED
          HalLedSet(HAL_LED_4, HAL_LED_MODE_FLASH);
        }
        osal_mem_free(pRsp);
      }
    }
```

② 协调器（Coordinator）应用层请求方式

这种绑定方式需要第三方设备辅助完成，即假如 A 设备和 B 设备想要进行绑定，A 为源设备，B 为目标设备，这时需要一个 C 设备来发起绑定，C 设备需要知道 A 设备和 B 设备的端点号、簇 ID 号和 64 位 IEEE 地址。该方式的 ZDO 绑定 API 为 ZDP_BindReq 和 ZDP_UnbindReq，首先需要注册 Bind_rsp/Unbind_rsp，然后绑定请求，函数如下：

```
destAddr.addrMode = Addr16Bit;
destAddr.addr.shortAddr = BUILD_UINT16(Uart_buf[1], Uart_buf[2]);
//目标设备网络地址
osal_cpyExtAddr(Bind_SourceAddr,&Uart_buf[3]);

devAddr.addrMode = Addr64Bit;
osal_cpyExtAddr(devAddr.addr.extAddr, &Uart_buf[11]);

ZDP_BindReq(&destAddr,
            Bind_SourceAddr,
            ZG_Serial_Control_ENDPOINT,
```

```
                    ZG_Serial_Control_CLUSTERID,
                    &devAddr,
                    ZG_Serial_Control_ENDPOINT,
                    0);
```

回调处理函数如下：

```
if (ZDO_ParseBindRsp(inMsg) == ZSuccess)          //绑定成功
 HalLedSet(HAL_LED_2, HAL_LED_MODE_OFF);
```

③ 手工管理绑定表

通过应用程序调用，诸如 bindAddEntry（函数在 BindingTable.h 文件中定义，具体实现被封包了）来实现手工绑定表管理，这种方式的自由度很高，也无须别的节点参与，但是应用程序要做的工作多一些，整个绑定表是由用户指定的。这种方式需要事先知道被绑定的节点信息，如短地址、端点号、incluster 和 outcluster 等，否则无法完成被调用函数的参数设置。

绑定表添加的绑定程序如下：

```
BindAddr.addrMode = Addr64Bit;
osal_cpyExtAddr(BindAddr.addr.extAddr, &Uart_buf[1]);
  bindAddEntry(ZG_Serial_Control_ENDPOINT,
          &BindAddr,
          ZG_Serial_Control_ENDPOINT,
          ZG_Serial_Control_MAX_CLUSTERS,
          ZG_Serial_Control_ClusterList);
```

绑定表删除绑定条目：

```
BindAddr.addrMode = Addr64Bit;
osal_cpyExtAddr(BindAddr.addr.extAddr, &Uart_buf[1]);
pBindingTable = bindFindExisting(ZG_Serial_Control_ENDPOINT,
                    &BindAddr,
                    ZG_Serial_Control_ENDPOINT);
bindRemoveEntry(pBindingTable);
```

4.3.4　Z-Stack 广播和单播通信实验

1．实验目的

（1）学习 ZigBee 无线数据收发广播和单播通信相关技术。
（2）学习如何修改 Z-Stack 协议栈程序，以实现广播和单播通信。

2．实验设备

硬件：计算机一台（操作系统为 Windows XP 或 Windows 7）；CVT-IOT-VSL 实验箱一台；CC Debugger 仿真器；USB 数据线一根。
软件：IAR Embedded Workbench for MCS-51 开发环境。

3．实验要求

（1）观察网关节点上的灯及两个终端设备上的灯闪烁；

（2）实现网络的单波通信，如在终端设备 1 发送消息时，只有网关才能接收到数据并通过串口显示出来，终端设备 2 不显示此消息。

4．基础知识

（1）基础回顾

在 ZigBee 网络中进行数据通信主要有三种类型：广播（Broadcast）、单播（Unicast）和组播（Multicast）。广播描述的是一个节点发送的数据包，网络中的所有节点都可以收到。单播描述的是网络中两个节点之间进行数据包的收发过程。组播描述的是一个节点发送的数据包，只有和该节点属于同一组的节点才能收到该数据包

在 Z-Stack 协议栈中，无线数据发送函数的原型如下：

```
    afStatus_t AF_DataRequest(afAddrType_t *dstAddr, endPointDesc_t *srcEP,
uint16 cID,
    uint16 len, uint8 *buf, uint8 *transID, uint8 options, uint8 radius);
```

参数：

dstAddr——目的地址。其中地址模式可以是：afAddrNotPresent 绑定模式地址、afAddrGroup 组播地址、afAddrBroadcast 广播地址、afAddr16Bit 直接传输（单播）地址。

srcEP——源端点。

cID——簇 ID 号（Cluster ID）。

len——buf 域的长度，发送数据的字节数。

buf——准备发送的数据。

transID——传输序列号。

options——0x10:AF_ACK_REQUEST、0x20:AF_DISCV_ROUTE、0x40:AF_EN_SECURITY、0x80:AF_SKIP_ROUTING。

radius——最大的跳数，默认值为 AF_DEFAULT_RADIUS。

返回值：

afStatus_t——状态。

在此不需要关心函数的实现方式，只要理解广播、单播和组播的使用及三种数据发送形式的方法即可。

跟踪 afAddrType_t 和 endPointDesc_t 结构体，它们在 AF.h 头文件中的声明如下：

```
typedef struct
{
  union
  {
  uint16      shortAddr;            //16 位短地址
  ZLongAddr_t extAddr;             //64 位 IEEE 地址
  } addr;
  afAddrMode_t addrMode;           //地址模式
  uint8 endPoint;                  //终端号
  uint16 panId;                    //used for the INTER_PAN feature
} afAddrType_t;
```

其中 addr 代表网络地址，addrMode 代表地址模式，afAddrMode_t 结构体如下：

```
typedef enum
{
  afAddrNotPresent = AddrNotPresent,
  afAddr16Bit      = Addr16Bit,
  afAddr64Bit      = Addr64Bit,
  afAddrGroup      = AddrGroup,
  afAddrBroadcast  = AddrBroadcast
} afAddrMode_t;
```

跟踪结构体中定义的值，在 zComDef.h 中定义了 5 类传输地址模式：

```
enum
{
  AddrNotPresent = 0,          //按照绑定表进行绑定传输
  AddrGroup = 1,               //组播传输
  Addr16Bit = 2,               //指定目标网络地址单播传输,16 位
  Addr64Bit = 3,               //使用 IEEE 地址单播传输,64 位
  AddrBroadcast = 15           //广播传输
};
```

在消息发送函数中，第 1 个参数为选择通信模式的参数，因此只需赋给该参数以上 5 个值中的 1 个，即可选定相应的通信方式。

（2）Z-Stack MT 层

这里补充一点 Z-Stack 串口使用的方法。之前的串口实验是在应用层，手动去调用 HAL 层的串口初始化函数并打开串口并且需要我们自己调试串口回调函数。这里使用 MT_UART( ) 串口功能，只需要在工程中打开 MT_TASK 功能，并在应用层注册 UART 事件就可以使用。这里需要注意的是，MT 层实现的串口功能与应用层操作的方式一样，都需要配置串口参数并调用初始化函数和打开函数，只不过这些功能都由 Z-Stack 协议栈替我们做好了。其代码在 MT_UART.C 文件中，其串口回调函数为 MT_UartProcessZToolData()。

在使用 MT_UART 串口功能时，串口必须按照协议栈规定的方式输入，这里以串口输入数据"hello"为例，其输入方式如下：

包头	包长	命令1	命令2	h	e	l	l	o	校验值
0Xfe	0x05	0x00	0x00	0x68	0x65	0x6c	0x6c	0x6f	0x67

在用户通过串口输入数据后，Z-Stack 协议栈会调用 MT 层注册的串口回调函数处理输入的内容。为了保障数据输入的正确性，协议栈剔除无效数据，在串口回调函数中对输入的内容进行检测。只有检测合格的数据才会加入系统消息队列中。

（3）程序说明

这里主要介绍广播和单播通信方式，广播通信方式如图 4-3-28 所示，单播通信方式如图 4-3-29 所示。

在网关中实现广播的功能，在网关节点上电后，每隔 5s 发送一次广播消息，网络内的其他终端设备都能收到并通过串口显示消息。

在终端设备中实验单播的功能，设备通过串口输入要单播发送的数据，这里将数据以单播的形式发送给网关，网关在收到数据后同样以单播的方式回复给终端设备。在终端 1

与网关的通信过程中，其他节点是无法收到他们之间通信的数据的，其串口也没有单播数据的显示。

图 4-3-28　广播通信方式

图 4-3-29　单播通信方式

（4）工程编码分析

这里只介绍与本实验相关的代码，其他部分不再赘述。

在 CommunicationApp 工程代码的应用层函数中注册 MT_UART 事件。

```
  void CommunicationApp_Init( byte task_id )
{
//halUARTCfg_t uartConfig;
// Register the endpoint description with the AF
  afRegister( &CommunicationApp_epDesc );
/*
  //配置串口并打开
  uartConfig.configured = TRUE;
  uartConfig.baudRate  = HAL_UART_BR_115200;
  uartConfig.flowControl = FALSE;
  uartConfig.callBackFunc = CommunicationApp_rxCB;
```

```
   HalUARTOpen(HAL_UART_PORT_0, &uartConfig);
   // Register for all key events - This app will handle all key events
   RegisterForKeys( CommunicationApp_TaskID );
*/
   MT_UartRegisterTaskID(CommunicationApp_TaskID);
}
```

在任务事件处理函数中，为网关节点实验广播发送功能。

```
UINT16 CommunicationApp_ProcessEvent( byte task_id, UINT16 events )
{
      case ZDO_STATE_CHANGE:
        CommunicationApp_NwkState = (devStates_t)(MSGpkt->hdr.status);
        if ( (CommunicationApp_NwkState == DEV_ZB_COORD)
          || (CommunicationApp_NwkState == DEV_ROUTER)
          || (CommunicationApp_NwkState == DEV_END_DEVICE) )
        {
          // 加入网络成功,点亮LED2
          HalLedSet( HAL_LED_2, HAL_LED_MODE_ON );
#if defined(ZDO_COORDINATOR)
          if (CommunicationApp_NwkState == DEV_ZB_COORD)
          {
            //若是终端设备,则启动定时器发送消息"Hello"
            osal_start_timerEx( CommunicationApp_TaskID,
                        CommunicationApp_SEND_MSG_EVT,
                        CommunicationApp_SEND_MSG_TIMEOUT );
          }
#endif
        }
        break;

      default:
        break;
    }
    // Release the memory
    osal_msg_deallocate( (uint8 *)MSGpkt );
    // Next
    MSGpkt = (afIncomingMSGPacket_t *)osal_msg_receive( CommunicationApp_
TaskID );
    }
  // return unprocessed events
  return (events ^ SYS_EVENT_MSG);
  }
  // Send a message out - This event is generated by a timer
  //  (setup in CommunicationApp_Init()).
```

```
    if ( events & CommunicationApp_SEND_MSG_EVT )
    {
#if defined(ZDO_COORDINATOR)
    //定时器到时,调用消息发送函数
    CommunicationApp_SendTheMessage();
#endif
    //重置定时器
    osal_start_timerEx( CommunicationApp_TaskID,
                    CommunicationApp_SEND_MSG_EVT,
                    CommunicationApp_SEND_MSG_TIMEOUT );
    // return unprocessed events
    return (events ^ CommunicationApp_SEND_MSG_EVT);
    }
    return 0;
}
```

网关定时广播实现函数如下：

```
void CommunicationApp_SendTheMessage( void )
{
  char theMessageData[] = "Coord Broadcast MSG!";
  afAddrType_t Broadcast_DstAddr;
  //广播方式发送消息
  Broadcast_DstAddr.addrMode = (afAddrMode_t)AddrBroadcast;  //消息发送方式,
广播
  Broadcast_DstAddr.endPoint = CommunicationApp_ENDPOINT;    //目标终端编号,确
定由哪个终端处理消息
  Broadcast_DstAddr.addr.shortAddr = NWK_BROADCAST_SHORTADDR;//默认的广播地
址,0XFFFF
  SendData( &Broadcast_DstAddr, &CommunicationApp_epDesc,
                CommunicationApp_CLUSTERID,
                (uint16)(osal_strlen( theMessageData ) + 1),
                (uint8*)&theMessageData[0],
                &CommunicationApp_TransID);
}
```

网关接收消息处理函数，并用单播通信方式回复终端发来的消息。

```
void CommunicationApp_MessageMSGCB(afIncomingMSGPacket_t *pkt)
{
  uint8 changline[2] = {0x0A,0x0D};   //换行符
  uint8 addrStr[4] ;                  //消息源短地址
  uint8 addrSrc[2];                   //消息源短地址
  addrSrc[0] = (uint8)(((pkt->srcAddr.addr.shortAddr) >> 8) & 0xFF); //获取
源短地址的高 8 位
  addrSrc[1] = (uint8)((pkt->srcAddr.addr.shortAddr) & 0xFF);        //获取
源短地址的低 8 位
```

```
        ChangeAddrFormat(addrStr ,addrSrc, 2);   //转换为ASCII字符
    #if defined(ZDO_COORDINATOR)
      char rcvMessageData[] = "Coord received!";
      afAddrType_t Unicast_DstAddr;
        //单播方式返回消息
      Unicast_DstAddr.addrMode = (afAddrMode_t)Addr16Bit;  //消息发送方式,单播
      Unicast_DstAddr.endPoint = CommunicationApp_ENDPOINT;   //目标终端编号,确定
由哪个终端处理消息
      Unicast_DstAddr.addr.shortAddr = pkt->srcAddr.addr.shortAddr;//目标端地址
    #endif
      switch(pkt->clusterId)
      {
        case CommunicationApp_CLUSTERID:
          // 接收成功后LED1闪烁
          HalLedBlink( HAL_LED_1, 1, 50, 250 );
          HalUARTWrite(HAL_UART_PORT_0, "0x", osal_strlen("0x") ); //短地址前缀
          HalUARTWrite(HAL_UART_PORT_0, addrStr, 4 );         //地址ASCII字符
          HalUARTWrite(HAL_UART_PORT_0, ":", osal_strlen(":") ); //前缀
          HalUARTWrite(HAL_UART_PORT_0,                    &(pkt->cmd.Data[0]),
pkt->cmd.DataLength ); //将收到的数据通过串口打印出来
          HalUARTWrite(HAL_UART_PORT_0, changline, 2 ); //换行
    #if defined(ZDO_COORDINATOR)
          SendData( &Unicast_DstAddr, &CommunicationApp_epDesc,
                    CommunicationApp_CLUSTERID,
                    (uint16)(osal_strlen( rcvMessageData ) + 1),
                    (uint8*)&rcvMessageData[0],
                    &CommunicationApp_TransID);        //网关返回消息
    #endif
          break;
      }
    }
```

这里通过宏定义的方式区分了代码的功能。只有网关才能回复消息,其他类型的节点都只是通过串口来打印节点短地址及消息内容的。

在终端设备中加入串口消息及相应的处理函数。

```
UINT16 CommunicationApp_ProcessEvent( byte task_id, UINT16 events )
{
  afIncomingMSGPacket_t *MSGpkt;
  afDataConfirm_t *afDataConfirm;
  // Data Confirmation message fields
  byte sentEP;
  ZStatus_t sentStatus;
  byte sentTransID;        // This should match the value sent
  (void)task_id;           // Intentionally unreferenced parameter
```

```
    if ( events & SYS_EVENT_MSG )
    {
      MSGpkt = (afIncomingMSGPacket_t *)osal_msg_receive( CommunicationApp_
TaskID );
      while ( MSGpkt )
      {
        switch ( MSGpkt->hdr.event )
        {
          case CMD_SERIAL_MSG:
#if !defined(ZDO_COORDINATOR)
            //终端设备处理串口数据
            CommunicationApp_SerialMSGCB((mtOSALSerialData_t *)MSGpkt);
            HalLedBlink( HAL_LED_1, 1, 50, 250 );
#endif
            break;
```

串口消息处理函数如下:

```
void CommunicationApp_SerialMSGCB(mtOSALSerialData_t *MSGpkt)
{
  uint8 *pMsg;
  pMsg = MSGpkt->msg;
  switch(MSGpkt->hdr.event)
  {
    case CMD_SERIAL_MSG:
      uint8 *pBuffer;
      uint8 dataLength;
      afAddrType_t Unicast_DstAddr;
      //单播方式发送消息
      Unicast_DstAddr.addrMode = (afAddrMode_t)Addr16Bit;  //消息发送方式,单播
      Unicast_DstAddr.endPoint = CommunicationApp_ENDPOINT;   //目标终端编号,
确定由哪个终端处理消息
      Unicast_DstAddr.addr.shortAddr = 0x0000;//目标端网关短地址
      dataLength = *pMsg; //消息的第一字节保存的是有效数据长度
      if(dataLength)
      {
        pBuffer = osal_mem_alloc(dataLength); //动态申请临时内存
        osal_memcpy(pBuffer,pMsg + MT_RPC_FRAME_HDR_SZ,dataLength);
        SendData( &Unicast_DstAddr, &CommunicationApp_epDesc,
                  CommunicationApp_CLUSTERID,
                  dataLength,
                  pBuffer,
                  &CommunicationApp_TransID);        //发送消息到网关
        HalUARTWrite(HAL_UART_PORT_0, "R:", osal_strlen("R:"));
        HalUARTWrite(HAL_UART_PORT_0, pBuffer, dataLength);
```

```
    //HalUARTWrite(HAL_UART_PORT_0, pMsg + MT_RPC_FRAME_HDR_SZ, pMsg[0]);
    HalUARTWrite(HAL_UART_PORT_0, "\n", osal_strlen("\n"));
    osal_mem_free(pBuffer); //释放内存
  }
  break;
default:
  break;
}
}
```

处理函数通过串口回显用户输入的数据内容，并以单播的方式发送给网关，网关在接收到消息后仍然以单播的方式回复应答。接收消息事件的处理在网关中已介绍，不再赘述。详细代码参考工程文件。

5. 实验步骤

（1）准备三块通用调试母板、CC2000 仿真器，供电并连接好。将三块通用调试母板通过 USB 串口和 PC 连接（如果一台 PC 不能显示三个串口，那么可将其中一个节点连接至另一台 PC）。跳线 J8 跳到 USB 串口端，J3 跳到 VBUS 端，J5 跳到 EXT3.3 端。

（2）打开 Z-Stack 协议栈中的 CommunicationApp 工程 CoordinatorEB，并进行编译。

（3）编译成功后，将产生的 CommunicationApp_Coord.hex 烧写到任一通用调试母板中，作为广播和单播通信实验的网关节点。

（4）打开 Z-Stack 协议栈中的 CommunicationApp 工程 EndDeviceEB，并进行编译。

（5）编译成功后，将产生的 CommunicationApp_ED.hex 烧写到另外两个通用调试母板中，作为单播和广播通信实验的终端设备。

（6）将网关节点板和终端设备板均上电，等待终端设备加入网络，终端设备上的二极管指示灯 D2 常亮，表示网络已连接。如长时间未连接，可按路由节点的复位按钮 S2 对路由节点进行复位。通用调试母板连接如图 4-3-30 所示。

图 4-3-30　通用调试母板连接

6．实验结果

（1）可以观察到网关节点上的 LED1 每隔 5s 闪烁一次，表示网关广播的数据发送成功；同时两个终端设备上的 LED1 也会闪烁，表示数据接收成功。网关节点和终端设备 1 消息图如图 4-3-31 所示。

图 4-3-31　网关节点和终端设备 1 消息图

（2）为每个节点打开一个串口调试助手，设置好对应的波特率及串口号。可以同时通过终端设备的串口看到网关发送来的广播消息。

（3）通过任一终端设备的串口调试助手以十六进制方式输入发送消息，消息格式如下：

包头	包长	命令 1	命令 2	h	e	l	l	o	校验值
0xfe	0x05	0x00	0x00	0x68	0x65	0x6c	0x6c	0x6f	0x67

这里以发送"hello"数据为例，串口输入如上内容。包头固定 0xfe，包长为"hello"数据的长度，命令 1 和命令 2 默认 0x00，数据的内容为"hello"，最后一个位为校验值。如果数据输入不正确，那么不会有信息发送和打印。

（4）在终端设备 1 发送消息时，只有网关才能收到数据并通过串口显示出来；因为是以单播的方式发送的，所以终端设备 2 是不会显示此消息的。并且网关在接收到消息后，也以单播的方式回应消息给发送消息的终端设备 1。

（5）可以使用 Packet_Sniffer 分析软件，观察两个节点之间的无线通信，可以看到应用程 APS 的数据内容为"48 65 6C 6C 6F"，即 Hello 字符的 ASCII 码。

4.4　蓝牙实验

4.4.1　光照传感器采集实验

1．实验目的

（1）掌握光照传感器的操作方法；
（2）掌握光照传感器采集程序的编程方法。

2．实验设备

硬件：计算机一台（操作系统为 Windows XP 或 Windows 7）；CVT-IOT-VSL 实验箱一台；CC Debugger 仿真器；USB 数据线一根。
软件：IAR Embedded Workbench for MCS-51 开发环境。

3．实验要求

通过串口调试助手显示光照传感器采集到的数据。

4．基础知识

（1）光敏电阻
本实验箱采用的光照传感器为光敏电阻，光敏电阻属于半导体光敏器件，在半导体光敏材料的两端装上电极引线，将其封装在带有透明窗的管壳里，就构成了光敏电阻，为了提高灵敏度，两电极常做成梳状。用于制造光敏电阻的材料主要是金属的硫化物、硒化物和碲化物等半导体。通常采用涂敷、喷涂、烧结等方法在绝缘衬底上制作很薄的光敏电阻体及梳状欧姆电极，接出引线，封装在具有透光镜的密封壳体内，以免受潮，影响其灵敏度。入射光消失后，由光子激发所产生的电子-空穴对将复合，光敏电阻的阻值也就恢复原值。在光敏电阻两端的金属电极加上电压，其中便有电流通过，当受到一定波长的光线照射时，电流就会随光强的增大而变大，从而实现光电转换。光敏电阻没有极性，纯粹是一个电阻器件，使用时既可加直流电压，又可加交流电压。半导体的导电能力取决于半导体导带内载流子的数目。因此，可以通过简单的电阻分压，将光敏电阻两端的电压值转换成相应的光照值。
（2）光照传感器接口电路
光照传感器接口电路如图 4-4-1 所示。
（3）实验说明
本实验直接采集光照传感器两端的电压值，并通过串口，在串口调试助手中显示出来，通过改变光照强度可观察到相应的光照值发生了明显变化。
光照传感器实验不需要组网，只需要一个子节点和光照传感器板，按照步骤操作即可完成实验。

图 4-4-1　光照传感器接口电路

5. 实验步骤

（1）使用 mini USB 将子节点板与 PC 相连。

（2）启动 IAR Embedded Workbench 开发环境，创建一个新文件，在文件中添加如下代码：

```
#ifndef HAL_LED_H
#define HAL_LED_H
#ifdef __cplusplus
extern "C"
{
#endif
#define uint8 unsigned char
#define uint16 unsigned int
/* LEDS - The LED number is the same as the bit position */
#define HAL_LED_1 0x01
/* Modes */
#define HAL_LED_MODE_OFF 0x00
#define HAL_LED_MODE_ON 0x01
#define HAL_LED_MODE_TOGGLE 0x08
extern void HalLedInit( void );
/*
* Set the LED ON/OFF/TOGGLE.
*/
extern void HalLedSet( uint8 led, uint8 mode );
#ifdef __cplusplus
```

```
}
#endif
#endif
```

将该文件保存为 Led.h。用同种方法创建 Led.c，如下：

```c
#include <ioCC2540.h>
#include "Led.h"
#define uint8 unsigned char
#define uint16 unsigned int
#define BV(n) (1<<(n))
#define LED1_DDR P0DIR
#define LED1_SEL P0SEL
#define LED1_BV BV(0)
#define LED1_SBIT P0_0
void HalLedInit (void)
{
  // Set LED GPIOs to general io port.
  LED1_DDR &= ~LED1_BV;
  // Set LED GPIOs to outputs.
  LED1_DDR |= LED1_BV;
  //LED1 OFF
  LED1_SBIT = 1;
}
void HalLedSet (uint8 leds, uint8 mode)
{
  switch (mode)
  {
    case HAL_LED_MODE_ON:
      LED1_SBIT = 0;
      break;
    case HAL_LED_MODE_OFF:
      LED1_SBIT = 1;
      break;
    case HAL_LED_MODE_TOGGLE:
      if (LED1_SBIT) { LED1_SBIT = 0; } else { LED1_SBIT = 1;}
      break;
    default:
      break;
  }
}
```

用同种方法创建 Uart.h：

```c
#ifndef HAL_UART_H
#define HAL_UART_H
#ifdef __cplusplus
```

```
extern "C"
{
#endif
#define uint8 unsigned char
#define uint16 unsigned int
extern void HalUartInit( void );
extern void HalUARTWrite(uint8 *buf, uint16 len);
#ifdef __cplusplus
}
#endif
#endif
```

用同种方法创建 Uart.c:

```
#include <ioCC2540.h>
#include "Uart.h"
#define uint8 unsigned char
#define uint16 unsigned int
void HalUartInit(void)
{
  CLKCONCMD &= ~(1<<6); //选择 32MHz 晶振
  while(!(SLEEPSTA & (1<<6))); //等待 XSOC 稳定
    CLKCONCMD &=~ ((1<<6) | (7<<0)) ;//TICHSPD 128 分频,CLKSPD 不分频
    PERCFG = 0x00;
    P0SEL |= (0x0f<<2) ; //P0 用作串口
    U0CSR |= (1<<7); //UART 方式
    U0GCR |= 11;
    U0BAUD |= 216; //波特率设为 115200
    UTX0IF = 0;
    U0CSR |= (1<<6);
    IEN0 |= 0x84; //开总中断,接收中断
    URX0IE = 1;
    EA = 1;
}
void HalUARTWrite(uint8 *buf, uint16 len)
{
  uint16 i;
  for(i=0;i<len;i++)
  {
    U0DBUF = *buf++;
    while(UTX0IF == 0);
    UTX0IF = 0;
  }
}
```

创建 main.c:

```
#include <ioCC2540.h>
#include "Uart.h"
#include "Led.h"
#include "hal_adc.h"
#include "stdio.h"
#define uint8 unsigned char
uint8 light_value = 0x00;
uint8 buf[5];
void delay(void)
{
    unsigned int i;
    unsigned int j;

    for(i=0;i<1500;i++)
    {
      for(j=0;j<1000;j++)
      {
              asm("NOP");
              asm("NOP");
          asm("NOP");
      }
    }
}



void main()
{

  HalLedInit();
  HalUartInit();
  HalAdcInit();
  while(1)
  {
    HalUARTWrite("light value:",13);
    light_value =(uint8) HalAdcRead(1,HAL_ADC_RESOLUTION_8);
    sprintf( (char*)buf, "%d" ,light_value);
    HalUARTWrite(buf,5);
    HalUARTWrite("\r\n",2);
    delay();
  }
}
```

（3）新建一个工程 LIGHT SENSOR，将上述 5 个文件添加至工程中，并修改 LIGHT

SENSOR 的工程设置，如图 4-4-2 所示。

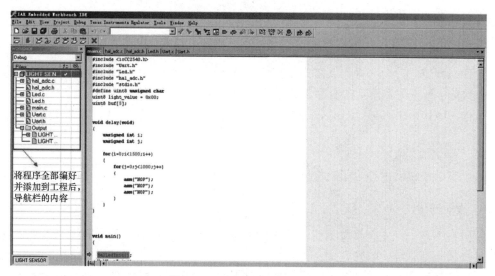

图 4-4-2　LIGHT SENSOR 工程

（4）编译 LIGHT SENSOR，编译成功后下载并运行，选择 miniUSB 的串口号，配置波特率，用串口调试助手观察结果。

6．实验结果

串口调试助手将显示此时的光照值结果，如图 4-4-3 所示。使用灯光照射光照传感器，能看到串口调试助手中的光照值发生了明显变化。

图 4-4-3　用串口调试助手显示光照传感器采集的数据

4.4.2　门磁传感器采集实验

1．实验目的

（1）掌握门磁传感器的操作方法；

（2）掌握门磁传感器采集程序的编程方法；

（3）掌握 CC2540 的编程方法。

2．实验设备

硬件：计算机一台（操作系统为 Windows XP 或 Windows 7）；CVT-IOT-VSL 实验箱一台；CC Debugger 仿真器；USB 数据线一根。

软件：IAR Embedded Workbench for MCS-51 开发环境。

3．实验要求

通过串口调试助手显示门磁传感器采集到的数据。

4．基础知识

门磁系统是一种安全报警系统，通常由永磁体和干簧管构成。干簧管也称为舌簧管或磁簧开关，是一种磁敏的特殊开关。

干簧管是干式舌簧管的简称，是一种有触点的无源电子开关元件，具有结构简单、体积小、便于控制等优点，它一般是一根密封的玻璃管，管中装有两个铁质的弹性簧片电板，其余部分充满了惰性气体，弹簧片电板与外界的接触部分通常镀有贵金属（如金、铑等）。平时，玻璃管中的两个由特殊材料制成的簧片是分开的。当有磁性物质靠近玻璃管时，在磁场磁力线的作用下，管内的两个簧片被磁化而互相吸引接触，簧片就会吸合在一起，使结点所接的电路连通。在外磁力消失后，两个簧片由于本身的弹性而分开，线路也就断开了。因此，作为一种利用磁场信号来控制的线路开关器件，干簧管可以作为传感器使用，用于计数、限位等（在安防系统中主要用于门磁、窗磁的制作），同时还被广泛使用于各种通信设备中。在实际运用中，通常用永久磁铁来控制这两根金属片的接通与否，所以又被称为"磁控管"。

干簧管具有以下几个特点：

① 干簧管结构紧凑、重量小，能够安装在极度有限的空间内，极其适用于微型化设备。

② 干簧管的开关元器件被气密式密封于惰性气体中，永远不会与外界环境接触，工作寿命长。

③ 干簧管没有采用滑动元件，所以不会出现与金属降级有关的金属疲劳现象，确保器件具有近乎无限长的机械使用寿命。

CVT-IOT-VSL 实验箱的门磁传感器采用的是 MKA 14103 干簧管，其参数如表 4-4-1 所示。

表 4-4-1　MKA 14103 干簧管的参数

最 大 功 率	最大开关电压	最小崩溃电压	最大开关电流	最大负载电流	最大接触电阻
10W	100V　DC	220V　DC	0.5A	1.0A	100mΩ
最小绝缘电阻	动作时间	弹跳时间	释放时间	响应频率	灵敏值
1010Ω	1.0ms	0.6ms	0.4ms	4000Hz	07-35 AT
最小复位数值	最大接触电容	测试线圈圈数	电阻		
5 AT	0.7pF	5000T	450Ω		

门磁传感器的操作比较简单，只需要采集相应 I/O 口的高低电平即可。本实验通过中

断的方式，捕获门磁传感器的动作并计数，模拟门开关的次数，并将数据通过串口打印到终端。

5．实验步骤

（1）使用 mini USB 将子节点板与 PC 相连。

（2）启动 IAR Embedded Workbench 开发环境，如 4.4.1 节实验，创建 Uart.h、Uart.c 及 main.c 文件。Uart.h 与 Uart.c 文件代码参照 4.4.1 节实验，main.c 代码如下：

```c
#include <ioCC2540.h>
#include "Uart.h"
#include "stdio.h"
char door_state=0;
char buf[5];
unsigned int DoorOpenCount=0;
void delay(void)
{
    unsigned int i;
    unsigned int j;

    for(i=0;i<1500;i++)
    {
      for(j=0;j<100;j++)
      {
            asm("NOP");
            asm("NOP");
            asm("NOP");
      }
    }
}

void Sensor_PIN_INT(void)
{
  P1SEL &= ~0x01;    //P10 GPIO
  P1DIR &= ~0x01;    //P10 INPUT
  P1IEN |= 0X01;     //P10 设置为中断方式
  PICTL |= 0X02;     //下降沿触发
  EA = 1;
  IEN2 |= 0x10;
  P1IFG = 0;
}

void main()
{
  HalUartInit();
```

```
Sensor_PIN_INT();
HalUARTWrite("Magnetic Door Test:\r\n",22);
while(1)
{
}
}


#pragma vector = P1INT_VECTOR
__interrupt void P1_ISR(void)
{
    if(P1IFG>0)
    {
      if(P1IFG == 0x01)
      {
        DoorOpenCount++;
        HalUARTWrite("Magnetic Door Count:",21);
        sprintf(buf, "%d" ,DoorOpenCount);
        HalUARTWrite((unsigned char*)buf,5);
        HalUARTWrite("\r\n",2);
      }
      P1IFG = 0;
    }
    P1IF = 0;
}
```

（3）新建一个工程 Magnetic Door，将上述 3 个文件添加至工程中，并修改 Magnetic Door 的工程设置，如图 4-4-4 所示。

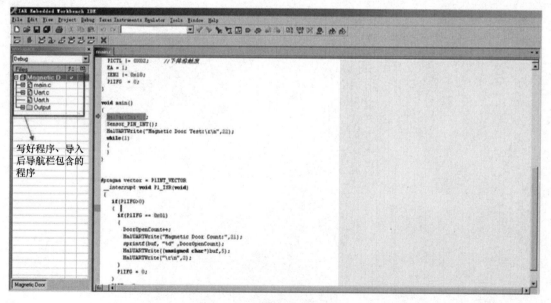

图 4-4-4　Magnetic Door 工程

（4）编译 Magnetic Door，编译成功后下载并运行，选择 mini USB 的串口号，配置波特率，通过超级终端观察门磁传感器的动作次数。

6. 实验结果

当磁铁靠近门磁传感器（由于磁铁的磁场较强，因此请勿将磁铁贴在干簧管上，以免对干簧管造成永久性损坏）时，传感器板上的 LED 指示灯亮，同时串口打印的数据加 1。

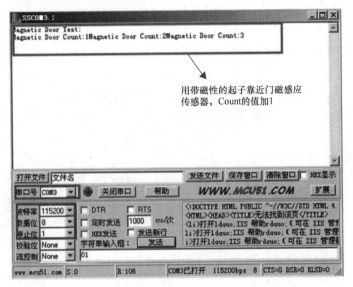

图 4-4-5　用串口调试助手显示门磁传感器采集的数据

4.4.3　蓝牙组网配置实验

1. 实验目的

（1）掌握蓝牙 4.0 通信的基本原理；
（2）了解 BLE 通信协议；
（3）组建蓝牙低功耗无线网络。

2. 实验设备

硬件：计算机一台（操作系统为 Windows XP 或 Windows 7）；CVT-IOT-VSL 实验箱一台；CC Debugger 仿真器；USB 数据线一根。
软件：IAR Embedded Workbench for MCS-51 开发环境。

3. 实验要求

实现蓝牙组网。

4. 基础知识

（1）基本原理
蓝牙子模块上电后自动发起加入网络请求，蓝牙主模块上电后初始化网络参数，扫描子节点，扫描子节点的过程持续约 16s，此后主模块对扫描到的子节点自动发起建立连接请求，若连接成功，则说明建立了蓝牙 4.0 网络。

TI 协议栈规定一个主模块最多只能连接 3 个从模块，而当同一个实验室的多台实验箱在同时工作时，可能会扫描到其他实验箱的节点。为了防止实验箱之间的干扰，程序中在应用层定义了实验箱号和节点号，比如实验箱 1 的 4 个蓝牙模块分别定义为实验箱 1 网关、实验箱 1 节点 1、实验箱 1 节点 2、实验箱 1 节点 3。

实验箱 N 只有在扫描到实验箱 N 的节点时，才会发起建立连接请求，这样避免了实验箱之间的干扰。

另外，子模块支持配套的各种传感器板，可以很方便地使用串口命令来配置传感器类型。

注意：配置的实验箱号、节点号和传感器类型都是存储在 Flash 中的，断电自动保存，实验箱在出厂时已经做好了相关配置，读者在做完实验后请按照实际环境复原，以免影响正常使用。

（2）配置协议

BLE 4.0 网关机和 ARM 服务器、BLE 4.0 网关机和 PC 服务器，以及 ARM 服务器和 PC 服务器之间，都采用 RS232 全双工、无流控的通信方式，三层结构是物理层、链路层、应用层。

物理层：RS232 通信方式，通信速率为 115 200bps。

链路层：采用全双工方式，每字符采用 1 比特起始、8 比特信息、无校验和 1 比特停止位。

应用层：采用成帧模式及累加和校验方式。

命令帧或应答帧的格式如表 4-4-2 所示。

表 4-4-2 命令帧或应答帧的格式

包头	包长度	模块类型	命令代码	端接点地址	数据或应答	校验
Header	Length	Module type	Cmd	EndDeviceAddr	DATA	FCS
1 字节	1 字节	2 字节	1 字节	2 字节	1 字节或 4 字节	1 字节

参数设置命令如下。

Byte0：0x02（帧头）。

Byte1：0A（包长度，Byte2 到 FCS 前的字节数）。

Byte2、3：0x44 0xBB 表示为 BLE 模块及其反码。

Byte4：02（命令代码，表示参数设置命令）。

Byte5、6：网关地址或端节点地址，在非连接状态下查询时，此两位可忽略，预留 0x0000。

Byte7：实验箱号高位 ASCII。

Byte8：实验箱号低位 ASCII。

Byte9：节点号 ASCII。

Byte10：传感器类型。

Byte11：FCS（Byte0～Byte10 字节累加和）。

例如,第 12 台实验箱的节点 3 配置为 CO 传感器,则数据位对应为 0x31 0x32 0x33 0x0B;在配置网关板时配置实验箱号即可,忽略 Byte9 和 Byte10。

参数设置应答命令如下,此命令在配置时应答。

Byte0:0x2(帧头)。

Byte1:07(包长度,Byte2 到 FCS 前的字节数)。

Byte2、3:0x44 0xBB 表示为 BLE 模块及其反码。

Byte4:0x82(命令代码,存在应答命令)。

Byte5、6:网关地址或端节点地址,在非连接状态下应答时,此两位可忽略,预留 0x0000。

Byte7:'O'(操作正确应答);'E'(操作错误应答)。

Byte8:FCS(Byte0~Byte7 字节累加和)。

传感器板类型号如下。

0x00:表示温湿度。

0x01:表示人体感应。

0x02:表示光照。

0x03:表示震动。

0x04:表示烟雾。

0x05:表示酒精。

0x06:表示超声波。

0x07:表示三轴加速度。

0x08:表示水流量。

0x09:表示雨滴。

0x0A:表示门磁。

0x0B:表示 CO。

0x0C:表示甲醛。

0x0D:表示 CO_2。

0x0E:表示压力。

0x0F:表示气压。

5. 实验步骤

(1)将 mini USB 的 mini 口接在蓝牙的主模块板上,给主模块板通电,将 CC Debugger 仿真器的 JTAG 口接在主模块的 JTAG 口上,准备烧写程序;

(2)使用 Flash Programmer 给蓝牙主模块烧录 Central.hex,给从模块烧录 slave.hex,如图 4-4-6 所示;

(3)给实验箱通电,使用 mini USB 连接计算机串口和节点底板 mini USB 口。

(4)启动配置工具"物联网参数配置工具",选择好实际的串口后,单击"连接"按钮,如果连接成功,那么"参数配置程序"的左下角会出现"连接成功!"提示。然后选择"匹配编号""节点编号""传感器类型号",单击"设置"按钮,有提示说明设置成功,如图 4-4-7 所示。

图 4-4-6　程序烧录

图 4-4-7　蓝牙组网实验配置

（5）配置从模块，将 mini USB 连接计算机进行配置。启动配置工具，按照实际情况选择匹配编号、节点编号、传感器类型号，如选择 1 号实验箱，节点 1 配置为光照传感器，节点 2 配置为温湿度传感器，节点 3 配置为声音传感器，如图 4-4-8 所示。

图 4-4-8　光照传感器节点配置

（6）将蓝牙模块插好，给实验箱通电，使用 mini USB 将主板与 PC 相连，打开串口调试助手，进行如下操作，可看到相应的传感器数据。

操作光照传感器，如用手遮住光照传感器的光线，可看到相应的数据变化，如图 4-4-9 所示。

(a)　　　　　　　　　　　　　　　　　　(b)

图 4-4-9　光照传感器节点数据

操作温湿度传感器，向温湿度传感器轻轻吹气，可看到相应的数据变化，如图 4-4-10 所示。

操作声音传感器，对准声音传感器的拾音麦克风说话，此时若声音超过一定分贝，则声音传感器上的 LED1 亮。实验结果如图 4-4-11 所示，图中，方框内的 01 表示有声音，00 表示无声音。

图 4-4-10　温湿度传感器节点数据

图 4-4-11　声音传感器节点数据

6. 实验结果

将蓝牙模块插好，实验箱通电后，首先看到主模块的连接指示灯 LED1 在闪烁（表示主模块在发起扫描），子模块的连接指示灯 LED1 在闪烁（表示其正在广播，请求加入网络），十几秒后主模块和子模块的 LED1 都长亮，表示主从模块连接成功。

4.5　本章小结

本章介绍了物联网实验的嵌入式硬件系统平台、集成开发环境和软件设计流程，以及各类实验。通过这些实验，可以加深读者对物联网基础理论的理解，增强动手能力，为如何实际应用所学的物联网知识提供参考，也为更深入地学习物联网知识打下坚实的基础。

第 5 章　物联网面向工程应用技术和实践

本章从物联网的工程应用的角度设计实践例程，首先介绍路由技术、节能机制、无线媒体接入、信息融合、网络抗毁等应用算法，然后介绍物联网经典应用案例的综合实验模拟及实现过程，实验内容涉及环境平均温度无线采集、区域异常温度无线监控、网络无线定位、车位资源无线监控等，最后介绍物联网在实际生活中的应用。在模拟实验中，本章综合运用处理器类片上系统基础实验和射频类网络与通信实验中的多方位技术来进行综合实验的应用功能设计，并重点运用 ZigBee、Bluetooth、WiFi、RFID、NB-IoT 芯片系统中处理器模块的内核系统和外设资源开发技术，以及射频模块的自组织网络和无线通信技术来模拟与实现物联网领域的经典工程案例。通过本章的算法介绍、综合实验及各种案例，读者可以在处理器类和射频类技术的基础上掌握各类物联网技术间关联应用与互补支撑的综合设计方法，并在一定程度上建立对物联网关键技术工程实践应用的基础认识。

5.1　物联网技术应用算法

5.1.1　路由技术

路由是由网络层向传输层提供的选择传输路径的服务，它是通过路由协议来实现的。路由协议包括两个方面的功能：寻找源节点和目的节点间的优化路径；将数据分组沿着优化路径正确转发。

1. 传感器网络路由协议特性

与传统网络相比，传感器网络的应用需求、寻址方式不同，这些特点都使传统路由协议无法应用于传感器网络，因此设计传感器网络路由协议需要紧密结合器自身的特点，主要有以下 4 点。

（1）能量有限。传感器网络中的节点能量有限，延长整个网络的生存期是传感器网络路由协议的重要目标，在选择路径时，需要考虑节点的能耗（如避免经过剩余能量少的节点），以便均衡使用网络能量。

（2）基于局部信息。传感器节点的存储和计算资源有限，节点无法存储大量的路由信息和进行太复杂的路由计算。此外，获取全局信息也需要耗费大量的能量，且由于链路状态不断变化，因此节点需要频繁更新这些信息，这对能量极其受限的传感器节点来说是难以接受的。因此，在只能获取局部拓扑信息的情况下，如何实现简单高效的路由机制是传感器网络的基本问题。

（3）以数据为中心。传感器网络中的大量节点随机部署，应用关注的是满足某种条件的感知数据（如测得的数据大于一定阈值），因此传感器网络需要以数据为中心形成消息的转发路径。

（4）应用相关。传感器网络的应用千差万别，没有一种路由机制适用于所有的应用。设计者需要针对每个具体应用的需求，设计与之适应的特定的路由机制。

传感器网络路由协议的这 4 个特性，使得用来衡量其优劣的特点也与传统路由协议不同。在根据具体应用设计路由机制时，主要从能耗、鲁棒性、快速收敛性、服务质量要求及可扩展性方面衡量传感器网络路由协议的优劣。

2. 传感器网络路由协议分类

传感器网络路由协议的选择与应用息息相关，为满足不同的应用需求，需要有多种多样的路由协议。在对路由协议的研究过程中，研究者们提出了许多传感器网络路由协议，但到目前为止，并没有一种统一的分类方法，本章按照网络拓扑结构，将路由协议分为平面网络路由协议及层次网络路由协议两大类，如图 5-1-1 所示。

图 5-1-1   传感器网络路由协议分类

在平面网络路由中，所有节点都具有相同的地位和功能，节点之间协同工作，共同完成感知任务。无线传感器节点密度大，信息冗余大，节点没有全局的唯一标志。平面网络路由简单，健壮性好，但是建立、维护路由的开销很大，数据传输跳数多，适合小规模网络。在层次网络路由中，网络节点按照不同的分簇方法可分为不同的簇，网络的逻辑结构是层次的。一般来说，簇的形成基于传感器节点的剩余能量和与簇首的接近程度，分层路由的主要目的是通过簇间节点的多跳通信方式和执行数据融合，来减少信息发送的次数，从而降低传感器节点的能源消耗。

3. 传感器网络路由协议介绍

（1）洪泛路由协议

洪泛（Flooding）策略是多跳网络中最简单的路由机制之一，每个节点在收到数据包后，通过广播的方式将数据转发给所有的邻居节点，直到数据传输到网络中的所有节点。洪泛策略会导致数据包以源节点为中心进行扩散，为了不造成大面积的扩散从而占用过多的网络资源，以及使扩散收敛，需要给每个数据包都设定一个合适的生存时间（TTL），保证数据包只经过有限跳路由；此外为了避免数据无休止地转发，规定节点只能转发它未接收过的数据。洪泛路由实现过程如图 5-1-2 所示，其中 S 为源节点，D 为目标节点。

图 5-1-2   洪泛路由实现过程

洪泛路由算法是一种简单和可靠的路由算法，在节点运动剧烈、进出网络频繁变化的场景下，全网洪泛是有效的方式，其具有极好的健壮性，可以用于军事领域，也可以作为衡量标准来评价其他路由算法。但洪泛具有以下两个缺点。

① 内爆。在局部区域内，洪泛无法限制多个节点广播相同的数据，导致重复的数据发送到同一个节点，如节点 A 与节点 B 之间有 N 个共同的邻居节点，那么节点 B 会收到 N 份节点 A 发送的数据。

② 交叠。如果两个节点有重叠的感知区域，那么这两个节点可能感知到相同的数据，导致邻居节点收到重复的信息。

总体而言，洪泛路由算法最大的问题是会产生大量的重复分组，占用网络资源，使路由器和链路的资源过于浪费，以致效率很低。

（2）SPIN 路由协议

SPIN（Sensor Protocol for Information via Negotiation）是为了避免洪泛协议带来的内爆和交叠问题而提出的一种路由协议。SPIN 路由协议是一种以数据为中心的自适应路由协议，数据在携带数据的节点与感兴趣的节点之间传递。SPIN 路由协议包含 ADV（advertise）广告消息、REQ（request）请求消息和 DATA 数据消息 3 种消息。SPIN 路由实现过程如图 5-1-3 所示。

图 5-1-3　SPIN 路由实现过程

步骤一：广告。节点采集到数据后向邻居节点发送 ADV 消息，ADV 消息包含数据的描述信息，描述信息一般远少于原始信息，因此广告耗费的能量较少，这样的设计能减小节点的能耗，延长传感器网络的寿命。

步骤二：请求。邻居节点收到 ADV 消息后，若感兴趣且未收到过 ADV 消息中描述信息所对应的数据，则返回 REQ 消息给发送 ADV 消息的节点。若不感兴趣或已接收过该数据，则丢弃 ADV 数据，不做处理。

步骤三：传输。当发送 ADV 消息的节点收到邻居节点传回的 REQ 消息时，将数据封装到 DATA 消息中并发送给邻居节点。

上述三个步骤不断执行，从而将数据扩散到网络中那些需要数据的节点。

（3）Directed Diffusion 路由协议

定向扩散（Directed Diffusion，DD）路由协议是另一种以数据为中心的路由协议，此外，它还是一种基于查询的路由协议。汇聚节点（sink）通过兴趣（interest）消息发出查询任务，采用洪泛方式传播兴趣消息给整个区域或部分区域的所有传感器节点。兴趣消息用来表示查询的任务，表达网络用户对检测地区感兴趣的信息，例如，检测区的温度、湿度和光照等环境信息。在兴趣消息传播的过程中，协议逐跳地在每个传感器节点上建立反向的从数据源到汇聚节点的数据传输梯度（gradient）。传感器节点将采集到的数据沿着梯度方向传输给汇聚节点。DD 路由机制如图 5-1-4 所示。

① 命名。在定向扩散协议中，采用以属性概念命名数据的方式来描述需要感知的任务。

这些属性值指定了一个兴趣，所以在该任务描述中称之为"兴趣"。源节点收集到"兴趣"后，也用一组与之相匹配的属性值来命名它生成的数据。假设一个传感器网络支持一系列任务，在定向扩散协议中，首要任务是选择一个恰当的命名机制来描述这些任务。一般而言，每个属性都有相关的数值范围。例如，跟踪观测动物任务可以描述如下：

类型 ＝ 四腿动物　//检测动物类型

间隔 ＝20ms　//每隔 20ms 发送一次事件

持续时间 ＝1min　//兴趣持续时间

坐标 ＝ [−100, −100; 200, 400]　//选定在此矩形区域内的节点

图 5-1-4　DD 路由机制

② 兴趣扩散。用命名机制描述的任务构成了一个兴趣，它首先由汇聚节点产生，然后周期性地向网络内的传感器节点洪泛广播兴趣消息。其中，兴趣消息数据包主要包括数据包类别、任务类型、发送节点号、兴趣、数据发送速率、数据包大小、时间戳等信息。节点接收到兴趣消息后转发给它的每个邻居节点，若节点收到其发送过的一个兴趣消息，则将其丢弃，以避免同一个消息在网络中形成消息循环，否则将其转发给它的下一跳节点，直到全网内的所有节点都收到此兴趣消息或该兴趣消息所设定的生命期限（TTL）变为零为止。每个节点内部都有一张兴趣列表，对于每个兴趣，兴趣列表中都为其保存着一个表项，记录这个消息的下一跳节点号、数据发送速率及时间戳，同一个兴趣可能对应着多个表项，因为有多个邻居节点会向其发送同一个兴趣消息。每个兴趣列表的表项都对应一个计时器，若表项在缓存中的时间超时，则删除该表项以节省存储空间。兴趣列表是在梯度建立阶段建立传输梯度的重要依据。

③ 梯度建立。数据传输梯度建立在兴趣扩散阶段所得兴趣列表的基础上，当网络中传感节点感知到与兴趣相匹配的兴趣的监测数据时，会检查本地的兴趣列表，若没有相匹配的"兴趣"，则丢弃该监测数据包，否则检查与该"兴趣"对应的数据缓冲区，以检查是否有与检测数据相匹配的副本；若有，则丢弃该监测数据，以减小网络中冗余信息的通信量，否则检查兴趣列表表项中的邻居节点信息；若发现邻居节点的数据发送速率大于或等于数据接收速率，则转发收到的监测数据包，否则按照比例转发收到的监测数据包。对于转发的任何数据包，都必须在缓冲区保留数据包副本并记录转发时间。这里需要指出的是，由于一个节点可能收到其多个邻居节点所发送的兴趣消息数据包，因此对应于同一个"兴趣"，从源节点到汇聚节

点的路径可能有多条。

④ 路径加强。兴趣扩散阶段建立了从源节点至汇聚节点的数据传输路径，源节点以较低的速率采集和发送数据，汇聚节点在收到从源节点发来的数据后，开始建立其到源节点的加强路径，以后的数据将沿着加强路径进行传输。那么如何建立加强路径呢？不同的应用对所选择的路径要求不同，如有些需要整条路径都以较高的传输速率对数据进行传输，那么在这种情况下应当对数据传输速率较高的路径进行加强。汇聚节点首先会选择第 1 个到达数据包的发送邻居节点作为加强路径的下一跳，向其发送路径加强消息。在路径加强消息中，提高了数据发送速率。当邻居节点接收到这个数据包时，在兴趣列表表项中发现仅提高了数据发送速率，因此判定这是一个路径加强消息包，则将下一跳作为路径加强路径的下一跳。这个邻居节点继续发送路径增强消息包，如此直至源节点。在加强路径上的节点若发现下一跳节点的数据发送速率明显减小或收到来自其他节点的新位置估计，则推断加强路径的下一跳节点失效，使用上述路径加强机制重新确定下一跳节点。

⑤ 数据传输。路径优化完成以后，数据沿着优化的路径传输。

总体而言，定向扩散路由具有能量有效性好、延迟小、可扩展性强及健壮性良好等优点，但与此同时，梯度建立阶段耗费大，无法很好地应用于连续数据传输的应用（环境监测等）中等问题也让定向路由协议的应用受到了限制。

（4）谣传路由协议

定向扩散需要经过查询信息的洪泛传播和路径增强机制才能确定一条优化的数据传输路径，如果需要进行的消息查询是少量的，那么定向扩散路由协议的路由建立开销太大，从而会造成资源浪费。为了解决这个问题，研究者们提出了谣传路由机制。谣传路由机制引入了查询消息的单播随机转发，解决了使用洪泛方式建立转发路径所带来的开销过大问题。

谣传路由的基本思想是事件区域中的传感器节点产生代理（agent）消息，代理消息沿随机路径向外扩散传播，同时汇聚节点发送的查询消息也沿随机路径在网络中传播。当代理消息和查询消息的传输路径交叉在一起时，就会形成一条从汇聚节点到事件区域的完整路径。其实现原理如图 5-1-5 所示。

图 5-1-5 谣传路由实现原理

谣传路由具体执行过程如下。

① 每个传感器节点维护一个邻居列表和一个事件列表。

② 当一个节点监测到一个事件发生时，就在事件列表中增加一个表项，设置事件名称，

并将距离设定为 0，同时根据一定的概率产生一个代理消息。

③ 代理消息是一个包含生命期（TTL）等时间相关的信息分组，用来将事件信息通告给它传输经过的每个节点。节点在收到代理消息后，先检查事件列表中是否有与该事件相关的表项，若有，则比较代理消息和表项中的跳数值，如果代理中的跳数值小，那么更新表项中的跳数值，否则更新代理消息中的跳数值。假使事件列表中没有与该事件相关的表项，就增加一个表项来记录代理消息携带的事件信息。而后，节点将代理消息中的 TTL 值减 1，并在网络中随机选择邻居节点来发送代理消息（在转发代理消息加强算法中，代理根据历史列表中的数据来选择下一跳），直到其 TTL 值减小为 0。

④ 网络中的任何节点都可能产生一个对特定事件的查询消息。如果节点拥有一个到事件的路由，那么它就可以沿着这条路径转发查询消息，否则，节点随机选择邻居节点来转发查询消息。查询消息经过的节点按照同样的方式转发，并记录该消息的相关信息。这个过程直到查询的 TTL 值为 0 或查询到达了所期待的事件为止。

⑤ 如果查询节点认为查询没有到达目的地，那么它可以选择重传、放弃或洪泛查询的方法。

与定向扩散路由相比，谣传路由可以有效地减小建立路由的开销。但是由于谣传路由使用随机方式生成路径，因此数据传输路径一般不是最优路径，并且可能存在路由环路问题。

（5）TTDD 路由协议

TTDD（Two-Tier Data Dissemination，双层数据传播）路由协议是针对多移动汇聚节点而提供的一种双层数据转发协议，它适用于传感器节点固定、多个 sink 自由移动的场景。TTDD 是基于以下假设提出的。

① 具有相同属性的传感器节点分布在一个区域内，传感器节点之间进行短距离无线通信，长距离节点通过中间节点采用多跳转发数据。

② 每个传感器节点都知道自己的位置信息，但是中心节点可能不知道自己的位置信息。

③一旦有事件发生，事件周围的传感器节点就会收集并处理信息，然后由其中一个作为源节点发送报告。

④ 中心节点通过查询网络收集数据，在无线网络中，中心节点的位置和数目是可变的。

TTDD 路由的基本原理是当多个传感器节点监测到事件发生时，选择一个节点作为发送数据的源节点。源节点建立网格（grid）结构，等待相邻转发节点的查询消息。当 sink 需要数据时，首先通过洪泛方式查询距离本地单元最近的转发节点，然后当转发节点收到查询命令时，按照单元边长搜索方法对其他单元的转发节点进行查询，直至查询到源节点。当源节点接收到查询消息时，沿着查询的来时路径反向发送数据，当数据到达汇聚节点所在单元的转发节点时，经转发节点传送到汇聚节点。TTDD 路由实现过程如图 5-1-6 所示。

（6）LEACH 路由协议

LEACH（Low Energy Adaptive Clustering Hierarchy，低功耗自适应集簇分层型）路由协议是一种基于集群的协议，可以最大限度地减小传感器网络中的能量消耗。LEACH 路由协议的基本思想是以循环的方式随机选择簇头节点，将整个网络的能量负载平均分配到每个传感器节点中，进而降低网络能源消耗，延长网络寿命。

LEACH 的操作分为多轮，每轮开始先进入建立阶段，选择合适的节点作为簇头，并由簇头和若干簇成员组成簇集。在稳定阶段，传输的信息被分成帧，每帧最多向簇头发送一次数据。簇成员发送感知信息至簇头，簇头将收到的数据融合后发送给汇聚节点。

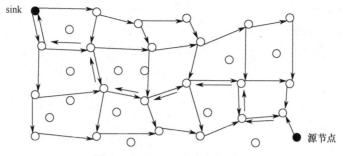

图 5-1-6　TTDD 路由实现过程

在建立阶段，每个传感器节点都试图根据概率模型选择自己作为簇头。对于选择簇头，每个传感器节点 i 生成 $r(i)$，即介于 0 和 1 之间的随机数。如果 $r(i)$ 小于阈值 $T(n)$，那么传感器选择自身作为当前轮的簇头。其阈值表达式如式（5-1-1）和式（5-1-2）所示。

$$T(n) = \begin{cases} \dfrac{P}{1 - P \times (r \bmod 1/P)}, & n \in G \\ 0, & \text{其他} \end{cases} \tag{5-1-1}$$

$$P_{CH}(i,r) = \begin{cases} 1, & R(i) < T(n) \\ 0, & \text{其他} \end{cases} \tag{5-1-2}$$

式中，P 是簇头的占比；r 是当前的轮数；G 是最近 $1/P$ 轮中没有当选簇头的一组传感器节点；$P_{CH}(i,r)$ 是传感器节点 i 在 r 轮中成为簇头的概率。

使用此阈值，每个传感器将在 $1/P$ 轮内的某一轮成为簇头。经历 $1/P$ 轮之后，所有传感器都有机会再次成为簇头。

在簇头选举完成后进行分簇，分簇流程如图 5-1-7 所示。在当前一轮被选为簇头的传感器会向网络中的其他传感器广播消息。所有非簇头传感器节点在收到此广播消息后，基于广播消息的接收信号强度，决定它们属于哪一个簇。当簇头接收到所有属于该簇的传感器的消息后，簇头会根据簇中传感器的数量创建一个 TDMA 调度表，为每个簇成员分配时隙，所有簇成员传感器节点在均收到 TDMA 调度表后进入稳定阶段，簇成员传感器所采集的信息在簇头分配的时隙内进行传输，在非时隙内休眠以便节省耗能，以免发生数据冲突。簇头传感器节点接收来自成员节点的信息后，通过数据融合算法进行信息融合，去除冗余信息并发送给汇聚节点，以减小能量消耗，提高能量利用率。

总体而言，LEACH 路由协议具有能量有效性、层次化的结构、良好的扩展性等优点，但依旧存在一些问题，如簇内结构没有优化，簇头选择制度复杂度高，长距离通信能耗大，不能保证簇内结构的质量，形成簇内节点能量损耗不均衡的状态，从而降低网络的整体性能。

（7）SEP 路由协议

SEP 路由协议于 2004 年被提出，是一种经典的异构传感器网络（Heterogeneous Wireless Sensor Networks，HWSN）路由协议。所谓异构传感器网络，就是指网络内存在各种类型不同的节点，从而导致感知、计算能力、通信能力及节点能量的异构，这种网络模型更加贴合现实网络，因此对其的研究更具有现实意义。SEP 路由协议的机制与 LEACH 路由协议基本一致，不同点在于，在分簇之前，由于网络内节点的初始能量不同，因此节点被分为普通节点和高级节点，设置不同阈值使得高级节点更频繁地被选为簇头。二级网络中高级节点、普通节点被选为簇头的概率如下：

$$P_{\mathrm{m}} = \frac{P}{1+\alpha u}(1+\alpha) \qquad (5\text{-}1\text{-}3)$$

$$P_{\mathrm{k}} = \frac{P}{1+\alpha u} \qquad (5\text{-}1\text{-}4)$$

图 5-1-7　分簇流程

式中，P_{m} 表示高级节点被选为簇头的概率，P_{k} 表示普通节点被选为簇头的概率，α 表示高级节点的初始能量是普通节点的 α 倍，u 表示高级节点在整个网络节点中的比例，P 为簇头的占比。与 LEACH 路由协议相似，在选择过程中，每个节点会生成一个 0～1 范围内的随机数，若阈值 $T(n)$ 大于随机数，则选择该节点为簇头，其他节点根据信号强度加入相应的簇，完成建簇。阈值的表达式如下

$$T(n_{\mathrm{m}}) = \begin{cases} \dfrac{P_{\mathrm{m}}}{1-P_{\mathrm{m}}\times(r\bmod 1/P_{\mathrm{m}})}, & n_{\mathrm{m}}\in G_1 \\ 0, \text{其他} \end{cases} \qquad (5\text{-}1\text{-}5)$$

$$T(n_{\mathrm{k}}) = \begin{cases} \dfrac{P_{\mathrm{k}}}{1-P_{\mathrm{k}}\times(r\bmod 1/P_{\mathrm{k}})}, & n_{\mathrm{k}}\in G_2 \\ 0, \text{其他} \end{cases} \qquad (5\text{-}1\text{-}6)$$

式中，r 表示轮数，G_1、G_2 分别表示在一个周期内未被选为簇头的节点集合。在三级网络中选出簇头后，簇内所有节点都会将收集到的数据传输给簇头，由簇头融合这些数据，然后在传输阶段发送给汇聚节点，这一阶段与 LEACH 路由协议相同。

（8）T-SEP 路由协议

T-SEP 路由协议是对 SEP 路由协议的一种改进，该协议为网络中的节点规定了一个硬阈值（Hard Threshold，HT）和一个软阈值（Soft Threshold，ST）。这两个阈值的作用是限定网络中节点的数据传输。首先，节点要传输数据，需要节点检测对象的数据值超过硬阈值，然后，连续观测的数据值想要传输，需要监测数据的波动超过软阈值。总体而言，T-SEP 路由协议在 SEP 路由协议的基础上减小了能耗，延长了网络寿命，但从其机制可以看出，当应用对监测数据有连续上报要求时，该协议无法满足，因此，该协议具有一定的局限性。

（9）DEEC 路由协议

DEEC 路由协议是对 LEACH 路由协议的一种改进，在网络同构时，各个节点的能量一致，此时 DEEC 路由协议与 LEACH 路由协议一致，而在网络异构时，DEEC 路由协议考虑了节点初始能量及每轮循环后每个节点的剩余能量不同这一状况，对簇头选举概率做出了调整。DEEC 路由协议给出了一种平均剩余能量的计算方法，根据该方法，每轮结束后都将得到一个平均剩余能量，根据节点的剩余能量及计算得到的平均剩余能量，修正每一轮成为簇头节点的数目，以及节点成为簇头的概率，剩余能量高的成为簇头的概率大，使簇头的选择能够适应能量的变化，从而平衡了网络中的能量损耗，达到延长网络稳定周期的目的，同时也增强了网络的扩展性。

（10）LEACH 路由协议、SEP 路由协议、T-SEP 路由协议及 DEEC 路由协议比较

网络寿命是路由协议的一个指标，因此此处用节点在异构网络中的寿命对 LEACH 路由协议、SEP 路由协议、T-SEP 路由协议及 DEEC 路由协议进行比较。图 5-1-8(a)为 SEP 路由协议与 LEACH 路由协议的比较，可以看出 LEACH 路由协议的首个节点及半数节点的死亡时间远早于 SEP 路由协议，这说明 SEP 路由协议的稳定期与半稳定期均长于 LEACH 路由协议；图 5-1-8(b)为 SEP 路由协议与 T-SEP 路由协议的比较（T-SEP 路由协议中的 HT 值为 0.2，ST 值为 0.1），从图中可以看出，两个协议的首个节点的死亡时间大致相同，T-SEP 路由协议的节点死亡明显慢于 SEP 路由协议，这与 T-SEP 路由协议的设计初衷相符。

(a) LEACH 路由协议与 SEP 路由协议的比较　　　(b) SEP 路由协议与 T-SEP 路由协议的比较

图 5-1-8　LEACH 路由协议、SEP 路由协议与 T-SEP 路由协议比较

（11）新型路由优化算法

前面介绍了 9 类典型的路由协议及算法，随着科技的发展，研究者们针对不同的应用需求，提出了许多性能更好、更适合一些特定应用的路由优化算法，如针对城市环境下车载自

组织网络（Vehicular ad hoc Network，VENET）中车辆信息传输性能不稳定的问题，提出了一种基于链路质量的蚁群路由算法实现信息的可靠稳定传输；为解决网络中能耗不均且 sink 节点周围的"热"节点会因负载重而过早死亡的问题，提出了一种改进蚁群的能量优化路由算法使网络中的能耗更加均衡；为对抗来自无线传感器网络内部节点的恶意攻击，提出一种基于分布式信任评价模型的能量优化安全路由协议（Energy-Optimized Secure Routing，EOSR）来识别和隔离恶意节点等。总体而言，路由算法正在飞速发展且变得越来越有针对性，能更好地适应各种现实应用。

5.1.2　节能机制

无线传感器网络研究的重要目的是在满足网络面向应用要求的前提下尽可能延长网络的生命周期，而能量资源约束是影响网络生命周期的根本因素。因此，针对节能机制的研究在无线传感器网络研究领域中处于核心地位。根据无线传感器网络能耗的主要来源，现有的节能机制主要从数据处理与数据传输的节能技术方面展开。

1．基于数据处理的节能机制研究

（1）针对处理器能耗研究

针对处理器的研究工作主要侧重于节省处理器的能量消耗，Trevor Pering 等学者提出了动态电压缩放（Dynamic Voltage Scaling，DVS）技术。这项技术的出发点是在大多数无线传感器节点上计算负载随时间的变化，因此不需要微处理器在任何时刻都保持峰值性能，可通过动态改变微处理器的工作电压和频率，使其刚好满足当时的运行需求，从而在性能和能耗间取得平衡。L.Benini 等学者则提出了动态电压管理（Dynamic Power Management，DPM）技术，该技术的基本思想是尽可能使系统各部分运行在节能模式下。最常用的管理策略是关闭空闲模块，在这种状态下，部分无线传感器节点将被关闭或处于低功耗状态，直到有感兴趣的事件发生，这项技术是无线传感器网络中节能 MAC 协议设计的基础。美国麻省理工学院的 A.Sinha 等学者则提出了能量可扩展 DSP 算法设计的概念，以进一步减小处理器能耗。基本思想是将传统 DSP 算法的执行操作按影响结果的显著程度进行排序，先执行影响结果大的操作，这样就可以在能耗与结果的精确程度之间寻求平衡。美国麻省理工学院的 J.T.Ludwig 等学者则将这一概念用于滤波算法的设计，发现大多数算法都可以转换为类似的能量可扩展 DSP 算法。

（2）针对数据管理的节能研究

数据管理指的是在应用层面上将整个网络视为一个虚拟的数据库系统，在其上构造查询处理系统，以方便获取数据库中的信息。数据管理问题涉及的技术包括数据存储技术、数据查询技术、数据分析技术、数据融合技术及数据挖掘技术。其中，数据查询技术的研究主要包括查询语言的研究、查询操作算法的研究、查询优化技术的研究、查询的分布式处理技术的研究；数据分析技术的研究主要包括联机分析处理（On Line Analytical Processing，OLAP）技术的研究、统计分析技术的研究及其他复杂分析技术的研究；数据挖掘技术的研究主要包括相关规则等传统类型知识的挖掘、与感知数据相关的新知识模型及其挖掘技术的研究、分布式挖掘技术的研究等。

2．基于数据传输的节能机制的研究

数据传输的能耗涉及网络通信的各个协议层，现有研究工作关注于节能无线传输技术、节能多址接入（MAC）技术及节能路由技术。其中，节能多址接入技术主要解决的问题是如何构造一个能量最优化的拓扑及如何调度各节点的睡眠以节能。而节能路由技术是在拓扑构造好后，解决如何根据采集参数确定最优数据传输路由的问题。节能无线传输技术则是在路由确定后，解决如何传输数据以最小化能耗的问题。根据对无线传感器网络能耗特点的分析，无线传输技术占据了能耗的主要部分，而无线传输技术又是其他技术的基础，因此其性能的优劣根本性地影响整网的能耗。

（1）节能无线传输技术

节点的主要能耗来源是数据无线传输，考虑节省无线传输时的能耗往往能获得很好的节能效果。而且，传感器网络中的各项网络通信技术都涉及数据的无线传输，使得无线传输技术成为各项技术的基础，也成为影响整网能耗的根本。因此，研究节能无线传输技术对无线传感器网络的实用化具有举足轻重的作用。

（2）节能路由技术

节能在无线传感器网络领域具有核心地位，而路由技术是传感器网络不可或缺的部分，因此，研究者们根据传感器网络节点数目众多、分布式操作、数据冗余等特点，提出了具有节能特点的路由技术。无线传感器网络的路由技术按其网络结构和工作方式可以分为平面式和层状式。现有的路由技术研究主要根据无线传感器网络的特点（如能量受限、数据为中心、节点密度高等），设计相关路由算法，能耗最小化是其中重要的考虑因素。

近年来，无线传感器网络在很多需要实时性、可靠性要求的领域内得到应用，路由算法作为数据传输的重要组成部分，也必须考虑端到端传输服务质量保证的问题。目前已有一些初步工作开始考虑无线传感器网络上的服务质量（Quality of Service，QoS）路由问题，如 Tian He 等人根据控制理论提出的 SPEED 路由协议就考虑了软实时性保证问题。另外，由于无线传感器网络与物理通信环境的耦合程度远高于其他网络，而无线传感器网络的物理通信环境较复杂，且动态性较强，因此为有效节省能量、保证传输的可靠性，无线传感器网络的路由协议设计应考虑物理通信环境的特点，如射频传播不规则性、多径衰落现象等。

（3）节能多址接入技术

节能多址接入技术是无线传感器网络可靠通信的保证，无线传感器网络的特点使得其上 MAC 协议设计与传统网络的 MAC 协议设计有很大不同，也给研究者带来了新的挑战，目前已有大量工作关注于无线传感器网络的 MAC 协议设计。对于无线传感器网络，能量浪费主要来源于以下几个方面：数据包冲突造成的能量浪费，比如多个节点向同一个节点传输数据造成数据包碰撞，重传造成能量浪费；不必要侦听造成的能量浪费；无线模块长期处于空闲状态造成的能量浪费；收发节点没有协调好造成的不必要数据发送，比如当发送端发送数据时，接收端处于睡眠状态，此时发送的数据会造成能量的浪费。根据无线传感器网络的能量有限、节点密度高、环境动态变化快等特点，节能多址接入协议应具备以下特点：节省能量消耗，延长网络生命周期；可扩展性，即协议的设计应具备分布式特点，以适合在大规模环境下使用；自适应能力，能适应网络规模、节点密度及拓扑等的动态变化，能有效处理节点死亡或新节点加入所带来的问题。

5.1.3　无线媒体接入

媒体接入控制层（Media Access Control Layer，MAC Layer）位于数据链路层，在无线传感器网络中，该层主要用于解决无线信道合理共享的问题。

1．MAC 协议的主要特性及面临的问题

在无线传感器网络中，MAC 协议主要用来控制节点的以下几个方面的性能。

（1）能量有限性。在 WSN 中节点的能量是受限的，一旦用尽，就无法得到补充。为了使得 WSN 能够长时间地运作、延长网络的寿命，需要 MAC 协议控制节点在进行信息采集和传输的过程中节省能量。

（2）可扩展性。无线传感器网络是时刻变化的，例如，汇播、组播能够瞬间增大信道内的流量。这就要求 MAC 协议控制节点能够适应拓扑或信道环境的动态变化。

（3）网络效率。是指网络的整体性能，需要设计新型 MAC 协议来提高网络的公平性，提高信道的吞吐量、带宽利用率、减小网络的延迟等。不同的应用所侧重的网络性能不同，因此新型的 MAC 协议需要满足各种应用的性能要求。

在设计 MAC 协议时，主要考虑以下几个方面的问题。

（1）空闲监听。因为节点不知道邻居节点的数据何时到来，所以必须保持自己的射频部分处于接收模式，形成空闲监听，这就造成了不必要的能量损耗。

（2）冲突（碰撞）。如果两个节点同时发送，并相互产生干扰，那么它们的传输都将失败，发送包被丢弃。此时，用于发送这些数据包所消耗的能量就将被浪费。

（3）控制开销。为了保证可靠传输，协议将使用一些控制分组，如 RTS/CTS，虽然没有数据在其中，但必须消耗一定的能量去发送它们。

（4）串扰（串音）。无线信道为共享介质，且每个节点都是以广播的形式发送消息的，这使得节点有时会收到发送到其他节点的数据包，此时也会造成能量的损耗。

2．MAC 协议的分类

根据分配信道资源策略的不同，MAC 协议可分为以下三类。

（1）固定分配 MAC 协议：TRAMA 协议、TDMA-W 协议、基于分簇网络的 MAC 协议。

（2）随机竞争 MAC 协议：S-MAC 协议、T-MAC 协议、B-MAC 协议、WiseMAC 协议。

（3）混合 MAC 协议：Z-MAC 协议。

3．MAC 协议介绍

（1）TRAMA（Traffic-Adaptive Medium Access，流量自适应介质访问）协议

固定的时槽分配的优点是在通信过程中不会产生碰撞冲突，不过其缺点也很明显：能量的消耗很大，并且空闲监听比例随着网络负载的变小而变小。为了减小能耗，将流量自适应技术加入 TDMA 协议，可动态调整占空比。

TRAMA 协议将每个物理信道分成多个时隙，通过对这些时隙进行复用，来为数据和控制信息提供信道。这些时隙分为随机接入和分配接入两部分，通过使用特定算法，给每个时隙分配发送节点和接收节点。在节点开始运行后，采用 NP 协议。根据 NP 协议，在随机

接入时隙内处于接收状态，同时，所有节点彼此交换控制信息，包括局部两跳内的邻居信息，将一段时间划分为连续时隙，由于采用分布式调度机制，因此每个时隙的发送方都不会发生冲突。同时，它采用了一些措施，比如避免给无流量的节点分配时隙，让非发送和接收节点处于睡眠状态，这样就可以降低功耗。TRAMA 协议包含三部分，分别是 NP 邻居协议、AEA 自适应时隙选择算法和 SEP 调度交换协议。NP 邻居协议能让所有节点获得一致的两跳内邻居信息，而 AEA 自适应时隙选择算法决定当前时隙的活动方案，而 SEP 调度交换协议建立和维护接收方与发送方的调度信息。图 5-1-9 所示为 TRAMA 传输时间安排分组格式。

域长度/bit	32	8	8	8	4	4	4
组成域	源节点地址	超时时间	宽度	时隙数	预留时隙	放弃时隙	保留位

图 5-1-9　TRAMA 传输时间安排分组格式

TRAMA 协议比较适用于周期性地进行数据采集和监测的网络应用。TRAMA 协议也有一些不能回避的缺点。

① 不容易实现，因为对存储和处理计算能力的要求严格；

② 使用的 AEA 算法，将两跳邻居信息保存在本地节点里面，加大了空闲监听的概率，导致功耗增大；

③ 开销大，因为对时间同步依赖大；

④ 端到端的时延较大，因为访问信道存在随机性和分配性。

（2）TDMA-W 协议

TDMA-W 协议使用固定时槽来收发数据，它是在对 TRAMA 协议改进后形成的。在分配初始时刻，先根据特定的分布式算法为所有节点划分时槽，再分配两个时槽给每一帧节点：唤醒槽（可以公用）用来唤醒睡眠状态的节点，发送槽用来发送数据。在使用信道的时刻，节点为自己的邻居存储计数器，这些计数器分别对应于输入链路和输出链路。数据每成功传输一次，接收方和发送方的计数器值相应增 1，在没有通信活动的情况下，计数器值递减。计数器的值用来确认节点是否应该发出唤醒信号，为 0 则发出。此算法能够保证在流量较小的情况下，节点有充分的睡眠时间，同时能够减少唤醒信号的发送次数。

TDMA-W 协议适用于基于事件的数据量不大的网络应用，它的主要缺点如下。

① 存储开销比较大，这是因为它需要保存所有两跳内邻居的调度信息；

② 时延大；

③ 发生冲突碰撞的概率大，不适合在网络拓扑复杂时使用。

（3）基于分簇网络的 MAC 协议

基于分簇网络的 MAC 协议将所有的节点分成一个一个簇群，每个小簇群都有一个簇头节点，各个簇头节点管理其所在的簇群网络。簇群里面的节点的时隙分配都是由簇头节点分配的，它们的数据也经由簇头节点转发给汇聚节点。群内节点与簇头的通信是单跳的，簇头节点负责数据的融合，节点分簇网络如图 5-1-10 所示。所有的节点都处于这 4 种状态之一，分别是感知、转发、感知并转发和非活动。处于感知状态的节点负责采集传感数据，并利用路由把数据发送给邻居节点；处于转发状态的节点负责将邻居节点转发过来的数据再次转发给它的下一跳邻居节点；处于感知并转发状态的节点完成前面两种功能；非活动状态指的是节点没有数据需要感知或发送时节点可以进入的状态。

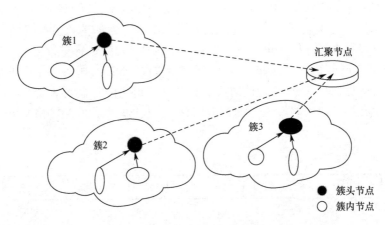

图 5-1-10　节点分簇网络

　　基于分簇网络的 MAC 协议的工作主要分为两个阶段进行。第一阶段为随机访问阶段，在这一阶段，簇内节点向簇头发送自己的信息数据包，这个信息数据包包括自己的网络任务流量信息大小 Info 和自己的节点编号 ID，当簇头节点收到这个包时，发送一个确认包，表示数据包已被接收，否则在一段时间内簇内节点会重传这个信息数据包。簇头接收到整个簇内节点的信息包后，建立一个调度访问表，这个调度访问表就是簇内所有节点的工作时隙。然后进入第二阶段——调度访问阶段，在这个阶段的第一时隙内，簇头节点向所有簇内节点广播包含这些信息的数据包，簇内节点在收到这个包后，将自己的调度周期设置为这个包内字段，然后立刻进入休眠状态，在未来的分配给自己的时隙段的时间间隔内醒来，开始进行工作，并在下一循环时刻开始重新进行上面的操作。

　　（4）S-MAC（Senor-MAC，传感器介质访问控制）协议

　　S-MAC 协议是由 Ye Wei 和 Estrin 在 2002 年提出来，它以 IEEE 802.11 协议为基础，降低了能耗，以适用于传感器网络。它的工作机制如图 5-1-11 所示，为了降低空闲监听，让节点周期性地休眠，唤醒后进入监听状态，并监听包括同步信息 SYNC、RTS 和 CTS 在内的消息，RTS/CTS 帧中带有目的地址和本次通信的持续时间，接收到该帧后，如果目的地址为本地地址，那么进行数据通信，如果目的地址不是本地地址，那么节点马上进入睡眠状态，并将此次通信的持续时间存储在本地的 NAV（Network Allocation Vector，网络分配矢量）中，NAV 会随着本地时钟的运行而递减，其在 NAV 值非零期间都会处于睡眠状态，这在很大程度上避免了串扰数据包的接收。它的冲突避免机制也与 IEEE 802.11 协议类似，同时，S-MAC 协议对 IEEE 802.11 消息传输机制进行了改良，解决了隐藏终端和开销过大的问题。

　　S-MAC 将周期性地进行睡眠调度的运用，展现了很多优点，如空闲监听的降低功耗、扩展性的延伸，正因如此，以后的很多 MAC 协议都会借鉴这一思路，将 S-MAC 协议当成范本对比。从另一个能量高效的方面来思考，S-MAC 协议的帧长度及占空比（duty cycle）是固定值，帧长度取决于缓存及对延迟的考虑，如果网络负载不大，那么显得空闲监听时间依然不短。节点周期睡眠使得通信时延叠加，降低了网络吞吐量。综上所述，S-MAC 协议不适合时间性要求严格的领域。

图 5-1-11　S-MAC 协议的工作机制

（5）T-MAC（Timeout-MAC，超时介质访问控制）协议

T-MAC 协议与 S-MAC 协议的实现机制大致相同，都采用了帧的概念，它们最大的不同在于 T-MAC 协议额外引入了动态任务比调节机制，以应对各种情况下可能产生的负载的变化。T-MAC 协议基本机制如图 5-1-12 所示。T-MAC 定义了周期帧定时器溢出、信道上收到了数据包、监测到通信活动、节点数据发送完毕及相邻节点发送完成这样 5 个激活事件，当活跃期（Time Active，TA）内没有激活事件发生时，就认为信道处于空闲期，转为睡眠状态。依据网络流量的变化即可适时改变每一帧的 TA，延长节点的睡眠时间，降低功耗。关于 TA，T-MAC 协议进行了如下规定：当邻居节点处于通信状态时，节点不应该进行睡眠，因为节点可能是接下来的信息接收方，节点发现串扰的 RTS 或 CTS 都能够触发一个新的监听间隔，为了确保节点能够发现邻居的串扰，TA 的取值必须保证该节点能够发现串扰的 CTS，因此 TA 的取值范围为

$$T_A > C + R + T \tag{5-1-7}$$

式中，C 为竞争信道的时间，R 为发送 RTS 所需要的时间，T 为 RTS 发送结束到开始发送 CTS 的时间。

图 5-1-12　T-MAC 协议基本机制

（6）B-MAC（Berkeley-MAC）协议

S-MAC 协议与 T-MAC 协议对时钟同步的依赖性很强，才能确保以精确的时序关系把握节点的唤醒/睡眠调度。而 B-MAC 协议、WiseMAC 协议引入了竞争协议中的"抢占"原则，降低了对时钟同步的要求，且使睡眠调度也更具主动性。

B-MAC 协议在信道的抢占上利用了空闲信道评估技术，并采用低功率监听（LPL）与扩展前导技术降低通信能量。在 B-MAC 协议中，每个节点周期性地被唤醒，使用空闲信道评估检查无线网络来判断当前信道是否有活动。如果信道是活动状态，那么节点保持活动状态以接收可能传入的数据包。数据包传输之前，发送方发送一个称为前导序列的"唤醒信号"，信号持续的时间略长于接收方的睡眠时间。该策略可以确保接收方在发送方发送前导码过程中至少唤醒一次，允许每个节点根据自己的时间表来选择唤醒或睡眠。周围邻居

节点醒来后收到前导序列，则保持活动状态直到前导序列结束，序列结束后，接收节点接收数据分组。

B-MAC 协议比 S-MAC 协议的吞吐量和时延大得多，因为 S-MAC 协议不用对调度信息共享，这样大大缩短了唤醒时间，但在功耗节能上并无多大改进，有时还会出现串音现象。

（7）WiseMAC 协议

为了改进 B-MAC 协议，WiseMAC 协议在前导长度上做了变化，接收节点在最近的 ACK 报文中捎带了下次的唤醒时间，使发送方了解每个下游节点的采样调度，从而缩短了前导长度。通过随机唤醒前导策略来降低前导冲突的可能性。但 WiseMAC 协议中的存储开销与网络密度成正比，且该协议使用非持续 CSMA 减少空闲监听，无法解决隐藏终端问题，因此，该协议宜用于网络负载较小的结构化网络中下行链路 MAC 协议。

（8）Z-MAC 协议

Z-MAC 协议是 CSMA 协议与 TDMA 协议的混合协议。CSMA 协议适用于流量低时，可提升信道利用率和降低时延；TDMA 适用于流量高时，降低冲突与串音的干扰。不同于 TDMA 协议中划分时槽的传输方式，Z-MAC 协议不论何时都可传输数据帧。当某个节点时槽空闲时，其余节点就以 CSMA 方式竞争信道；竞争激烈时，节点会发布明确竞争通告（ECN），若节点在最近 t_{ENC} 时间内收到某一两跳邻居发出的 ECN，则获胜为高竞争级（HCL）节点。此技术具备很强的竞争控制能力。

Z-MAC 协议与 B-MAC 协议相比，在网络流量越高时，其吞吐量也越高，同时功耗也越小，但流量低时，其性能不如 B-MAC 协议。正因为混合了 CSMA 协议与 TDMA 协议，所以它比 TDMA 协议具有更高的可靠性和容错力。Z-MAC 协议也存在不足：初始化时要同步全局时钟；只能在初始阶段为节点划分时槽，不可周期重运行；在 LCL 状态下无法解决隐藏终端问题；在 HCL 状态下，数据只能在有限的时槽传输，增大了传输时延，ECN 机制易产生内爆。

5.1.4　信息融合

1. 信息融合技术概述

物联网技术设备所采集的信息通常为多方面、多类型的不同信息，不便于信息的提取与选择应用，而多层次信息融合是解决以上问题的重要途径，信息融合算法的研究具有重要的理论意义和实践价值。通过信息融合，可以更好地获取设备所采集的重要信息，提高关联信息的利用率，体现信息价值。

信息融合技术是利用计算机技术对按时序获得的若干传感器的观测信息在一定准则下加以自动分析、综合处理，以完成所需的决策和估计任务而进行的信息处理过程。从其定义中可以看出，多传感器系统是信息融合的硬件基础，多源信息是信息融合的加工对象，协调优化和综合处理是信息融合的核心。信息融合过程如图 5-1-13 所示。

2. 信息融合技术的分类

按照层次进行分类，信息融合技术一般可分为数据级（像素级）融合、特征级融合及决策级融合三类。下面对这三类进行简单介绍。

图 5-1-13　信息融合过程

（1）数据级（像素级）融合

数据级融合过程如下。数据级融合是将原始数据利用经典的方法直接结合，以便得到特征级和决策级不具备的细微原始信息。数据级融合的优点是数据损失量较小、精度最高，缺点是实时性差、要求传感器是同类的、数据通信量大、抗干扰能力差及处理的数据量大。此类型的典型算法有卡尔曼滤波等。数据级融合过程如图 5-1-14 所示。

图 5-1-14　数据级融合过程

（2）特征级融合

特征级融合是对传感器采集到的原始数据进行特征提取，然后利用分类算法进行融合，特征级融合过程如图 5-1-15 所示。特征级融合可以在大大减小数据量的同时保持原始数据的重要信息，降低了数据传输中网络和带宽的压力。特征级融合的方法有神经网络、聚类等。

图 5-1-15　特征级融合过程

（3）决策级融合

决策级融合是指结合实体的位置信息、属性或身份信息得出最终的解决方案，决策级融合过程如图 5-1-16 所示。决策级融合的优点是需要处理的信息量较小、融合模式简单实用、容错性较强，且传感器是异类的。缺点主要是会损失大量的信息，尤其是细节性的信息，性能较之前两种融合模式较差。决策级融合的方法主要有贝叶斯推理、D-S 证据理论等。

图 5-1-16　决策级融合过程

三类信息融合层次的优缺点对比如表 5-1-1 所示。

表 5-1-1　三类信息融合层次的优缺点对比

	数据级融合	特征级融合	决策级融合
传感器类型	同类	同类/异类	异类
处理信息量	最大	中等	最小
信息量损失	最小	中等	最大
抗干扰性能	最差	中等	最好
容错性能	最差	中等	最好
算法难度	最难	中等	最易
融合性能	最好	中等	最差

3. 信息融合技术的典型算法

（1）基于贝叶斯推理的融合算法

假设有 m 个传感器用于感知特定的物理对象，设 $Q_1, Q_2, \cdots, Q_n$ 为关于特定物理对象的所有可能的 n 个目标，$D_1, D_2, \cdots, D_m$ 表示 m 个传感器各自对于特定物理对象属性的说明。$Q_1, Q_2, \cdots, Q_n$ 实际上构成了传感器感知对象的 n 个互不相容的穷举事例，则

$$\sum_{i=1}^{n} P(O_i) = 1 \qquad (5\text{-}1\text{-}8)$$

$$P(O_i / D_j) = \frac{P(D_j / O_i) P(O_i)}{\sum_{i=1}^{n} P(D_j / O_i) P(O_i)} \qquad i = 1, 2, \cdots, n; j = 1, 2, \cdots, m \qquad (5\text{-}1\text{-}9)$$

基于贝叶斯统计理论的信息融合框图如图 5-1-17 所示。

（2）基于证据理论的融合算法

Dempster-Shafer 证据理论为不确定信息的描述和组合提供了强有力的方法，主要用于决策级融合。基于 D-S 证据理论的信息融合框图如图 5-1-18 所示。

由图 5-1-18 可知，系统的数据融合过程如下。

① 通过每个传感器采集到感知对象的状态测量值，获得关于各个事件的观测证据；

② 依靠人的经验和感觉给出各个命题的基本概率分配；

③ 根据基本概率分配计算出对应的置信度和似然度，即可得到命题的证据区间；

④ 在所有证据的联合作用下，根据 D-S 证据组合规则计算基本概率分配值、置信度和似然度，最后根据给定的判断准则得出系统的最终融合结果。

图 5-1-17　基于贝叶斯统计理论的信息融合框图

图 5-1-18　基于 D-S 证据理论的信息融合框图

（3）基于人工神经网络的融合算法

人工神经元是一个多输入单输出的系统，其输入–输出关系如式（5-1-10）所示

$$y = g\left(\sum_{i=1}^{n} k_i \mu_i - \theta\right) \qquad (5\text{-}1\text{-}10)$$

将信息或数据输入到模拟的人脑神经系统中进行数据处理，系统的输出就是需要的结果。在将神经网络用于信息融合中时，其输入是多源传感器采集到的环境信息，将得到的输出结果进行转化处理，便可以得到结果的状态估计。基于人工神经网络的信息融合模型如图 5-1-19 所示。

图 5-1-19　基于人工神经网络的信息融合模型

5.1.5　网络抗毁

无线传感器网络作为由大量传感器节点所构成的分布式网络系统，能够有效采集与传递各种环境和目标信息，在诸多领域得到了实际的应用。但在实际应用中，由于受到规模巨大、网络异构、传递时延、有向传输等内在因素及外部环境干扰因素的共同作用，无线传感器网络难以长时间稳定、可靠地运行。抗毁性问题已经成为制约工业无线传感器网络规模化应用的主要技术瓶颈。网络抗毁性研究具有多种不同的角度与方法，导致对网络抗毁性的评估的差异也较大，对网络抗毁性没有统一定义。总体而言，网络抗毁性的研究主要集中于对网络结构的研究及网络遭受攻击后的恢复机制，本节将从这两个研究方向介绍一些提升网络抗毁性的方法。

1. 博弈论

博弈论，有时也称为对策论，或者赛局理论，是一门研究多个个体或团队之间在特定条件制约下的对局中利用相关方的策略，而实施对应策略的学科。博弈论将决策者之间的相互作用公式化，实现了使用者的利益最大化或风险最小化，其本质是一种最优化策略。

博弈论一般由以下几个要素构成。

（1）局中人。是指在一场竞赛或博弈中具有决策权的人。一场博弈需要两个或以上的局中人。

（2）策略。是指一局博弈中，每个局中人选择的实际可行的指导整个行动的方案。局中人的一个可行的自始至终全局筹划的行动方案称为这个局中人的一个策略。一般而言，局中人在一场博弈中会有许多可选策略，这些策略的集合称为该局中人的策略空间。局中人的策略可分为纯策略与混合策略，纯策略指局中人根据所获信息在自己的策略空间中选择自己认为最优的一种策略，而混合策略则是在此基础上，以某一分布概率在其策略空间中随机选择策略。

（3）得失。博弈结局时的结果称为得失。每个局中人在一局博弈结束时的得失，不仅与该局中人自身所选择的策略有关，而且与全体局中人所取定的一组策略有关。所以，一局博弈结束时，每个局中人的"得失"是全体局中人所取定的一组策略的函数，通常称为支付（payoff）函数。

（4）结果。对于博弈参与者来说，存在着一个博弈结果。

在博弈论中，假定决策主体是完全理性的，博弈的目的是最大化自己的利益，在策略选择中会按照自己的信念与预期去选择最优策略。

依据不同的标准，博弈模型具有多种不同的分类，主流分类有三种，如图 5-1-20 所示。

图 5-1-20　博弈模型分类

在无线传感器网络的网络抗毁性研究中，只有非合作博弈的应用，因此此处只对非合作博弈进行介绍。

非合作博弈是指在策略环境下，非合作的框架把所有人的行动都当成个别行动。它主要强调一个人进行自主的决策，而与这个策略环境中的其他人无关。但非合作并非指没有合作，而是指他们的决策均出于自身利益，参与者可以沟通，但任何协议、威胁或承诺均无效。这意味着博弈并非只包含冲突的元素，往往在很多情况下，既包含冲突元素，又包含合作元素，即冲突和合作是重叠的。

纳什在 1950 年提出了"均衡点的概念"，即纳什均衡。这个概念在博弈论中尤为重要，通俗地讲，它是非合作博弈过程中所达到的一种状态，因此也被称为非合作博弈均衡，此时，单个参与者的策略变动无法提高自己的利益。

随着无线传感器网络的发展，其网络的鲁棒性不强问题日益突出，而博弈论中的非合作博弈可以很好地应用于无线传感器网络的拓扑结构构建及网络损毁恢复，因此，研究博弈论与无线传感器网络的结合具有很强的现实意义。

2．人工神经网络

人工神经网络（Artificial Neural Networks，ANN）是一种模拟人脑的神经网络，以期能够实现类人工智能的机器学习技术。神经网络对于网络抗毁性能的提升主要在于通过对多个网络进行训练学习，然后得到最符合研究者要求的抗毁性指标权重，从而构建符合要求的网络。

（1）人工神经网络结构

首个基于数学和算法的计算 ANN 模型由 Warren McCulloch 和 Walter Pitts 于 1943 年提出，该模型称为 M-P 模型，其结构如图 5-1-21 所示。该模型通过模拟生物学上的神经细胞的原理和过程，描述了人工神经元的数学理论与网络结构，并证明了单个神经元可以实现逻辑功能，从而开启了 ANN 研究的时代。

一个最基本的 ANN 的结构由输入层、隐藏层及输出层组成，并且通常为全连接神经网络（Full Connected Neural Networks，FCNN）。全连接指当前层的每个神经元都与前一层的所有神经元相连，即前一层神经元的输出作为当前层神经元的输入，每个连接都有一个权值，位于同一层的神经元之间没有连接。FCNN 结构如图 5-1-22 所示。

图 5-1-21　M-P 模型结构

图 5-1-22　FCNN 结构

（2）人工神经网络分类

人工神经网络模型主要考虑网络连接的拓扑结构、神经元的特征、学习规则等。根据连接的拓扑结构，人工神经网络可分为前向网络和反馈网络。前向网络指前一级网络的输出为后一级网络的输入，网络中不存在反馈，这种网络的结构简单，易于实现，BP 神经网络、感知机、径向基网络（RBF）等属于前向网络；反馈网络则指网络内的神经元间存在反馈，Hopfield 神经网络、玻尔兹曼机等属于反馈网络。

学习是神经网络的另一项重要的研究内容，根据学习环境的不同，可以将神经网络的学习分为监督学习、非监督学习和强化学习。监督学习是指在神经网络的训练过程中有训练样本，神经网络通过对训练样本进行学习，来调整神经网络内的权值，最终达到所要求的性能，使用监督学习的有 BP 神经网络、感知机等；非监督学习则指神经网络的训练没有样本数据，直接将网络置于环境中，学习与工作一起进行；强化学习不需要预先给定任何数据，它的参数更新主要依托于环境对其动作的奖励（反馈），当其学习主体的某个行为得到了环境的正向奖励（强化信号）时，该主体产生这个行为的趋势便会变强，强化学习就是通过这种机制来认识环境、做出正确行为的。

人工神经网络在网络抗毁性中的应用主要在于确定一个网络中各个抗毁性指标的权重，图 5-1-23 所示为一个基于 BP 神经网络的防空反导指控网络抗毁性评估流程图，首先对防空反导指控网络进行抗毁性分析，得到研究者需要的网络抗毁性指标，然后将这些指标量化，并请防空反导指控专家对不同网络的这些指标进行打分，将这些量化了的指标作为样本对神经网络进行训练，得到最优的 BP 神经网络模型，最后另请 10 位专家对另一些网络进行评估，作为 BP 神经网络的测试集并进行仿真验证，得到最终的结果。

总体而言，人工神经网络在网络抗毁性中的应用研究还不十分深入，这是因为训练一个人工神经网络需要大量的训练样本，而网络抗毁性的指标往往不同，所以往往得不到足够多的训练集，但如果能获得足够的训练集，那么人工神经网络的作用将大大提升，因此，对其在网络抗毁性方面的研究依旧是很有意义的。

图 5-1-23　防空反导指控网络抗毁性评估流程图

3. 冗余技术

冗余技术又称为储备技术，是指当一台设备或某个部件出现故障时，另一台设备或部件能主动介入并承担其相应工作，以此来缩短系统的故障时间。在真实网络中，为了提升网络的可靠性，往往会在关键设备处使用冗余技术，减小关键数据流上任意一点失效所带来的损失。冗余技术一般可以分为链路层网络冗余技术和网络层网络冗余技术。

（1）链路层网络冗余技术

链路层网络冗余技术的主要方式有生成树协议、快速生成树协议、多生成树协议、环网冗余和主干冗余。

生成树协议主要采用了生成树算法，其基本思想是从一个图形结构中计算出一棵没有循环路径的树形结构，如图 5-1-24 所示，因此，在网络中，生成树协议主要用于防止在网络拓扑中形成二层环路，其机制为阻塞可能会导致环路的冗余路径，以确保网络中所有目的地之间只有一条逻辑路径，其余路径均作为备用路径。快速生成树协议在生成树协议的基础上，提升了收敛速度，解决了生成树协议主设备与备用设备切换慢的问题。多生成树协议则是在快速生成树协议的基础上，解决了阻塞路由不承载任何流量导致网络中数据流量的负载不均衡的问题。

图 5-1-24　图形结构转换为树形结构

环网冗余是一种应用于环形网络的技术，环形网络指网络中的设备由一个连续的环连接在一起，这种网络能保证一台设备上发送的信号可以被环上其他所有的设备接收，这些设备中有一个核心设备，所有的数据都发送到这个设备。环形冗余是指在这种网络中，当某一设备出现线缆连接中断的情况时，设备接收到此信息，激活其后备端口，恢复通信。例如，在由三个设备 A、B、C 构成的 A-B-C-A 的环形网络中，以 A 作为核心，则正常的数据传输方向为 B-A、C-A，当 A 与 B 之间的链路断开连接时，B 通过环网冗余机制快速倒换，形成 B-C-A 的数据发送链路。

主干冗余将不同设备的多个端口设置为主干端口，并建立连接，则这些设备之间可以形成一个高速的骨干链接，不但成倍地提高了骨干链接的网络带宽、增大了网络吞吐量，而且提供了另外一种功能，即冗余功能。如果网络中的骨干链接产生断线等问题，那么网络中的数据会通过剩下的链接进行传递，保证网络通信正常。

（2）网络层网络冗余技术

网络层的主要冗余技术有 VSS、VRRP、HSRP、GLBP 等。

虚拟交换系统（Virtual Switching System，VSS）是一种典型的网络虚拟化技术，它可以将多台交换机组合为单一虚拟交换机，从而大大加强了设备的转发能力、性能规格且增大了设备的可用端口数量。图 5-1-25 所示为 VSS 双机冗余架构，其中测试机 A 作为主用虚拟交换机，控制所有的控制功能，测试机 B 作为备用虚拟机，同样承担数据交换任务，当测试机 A 发生故障时，VSS 双机将自动实现控制层面、数据层面的快速切换，测试机 B 能瞬间承担全部路由、交换任务。

虚拟路由冗余协议（Virtual Router Redundancy Protocol，VRRP），其工作原理是将一组承担网关功能的路由设备加入 VRRP 备份组中，这些设备根据优先级选举出一个主设备，主设备通过发送 ARP 报文将自己的虚拟 MAC 地址通告给与它连接的设备或主机，然后开始周期性地发送 VRRP 报文，当主设备故障或链路阻断时，VPPR 备份组里的备用设备根据优先级重新选取主设备，重新发送 ARP 报文及 VRRP 报文。

图 5-1-25　VSS 双机冗余架构

热备份冗余协议（Hot Standby Router Protocol，HSRP）的工作原理是主设备和备用设备的双机系统通过高频率的发送及监听专用组播报文来检测对方设备的工作情况，当网络发生故障且在预设时间内无法监听到专用组播报文时，就会触发系统的故障切换。

网关负载均衡协议（Gateway Load Balancing Protocol，GLBP）是 HSRP 的扩展，主要用于解决 HSRP 在负载均衡方面的不足。在 HSRP 中，只有活动路由器可以转发数据包，而在 GLBP 中，每个路由器都可以进行数据转发。

冗余技术虽然会带来一定的资源浪费，但它所带来的网络可靠性的提升是巨大的，因此，冗余技术在网络抗毁性的研究中占据很重要的地位，如何在保证网络可靠性的前提下最小化冗余技术的资源浪费是学者们致力研究的内容。

5.2　物联网经典应用案例

5.2.1　环境平均温度无线采集实验

1. 实验目的

（1）学习设备启动及无线组网功能在环境监控应用中的实现过程；

（2）巩固 ADC 寄存器设置和 GPIO 端口配置的方法；

（3）巩固基于协议栈的应用任务建立及事件处理机制；

（4）掌握 Z-Stack 协议栈支撑的无线收发机制和串口通信机制的基本运作原理；

（5）熟悉模块网络参数配置和传输数据帧格式，巩固基于协议栈的无线发送和接收机制。

2. 实验设备

硬件：计算机一台（操作系统为 Windows XP 或 Windows 7）；ZT-EVB 开发平台三套；ZT- Debugger 仿真器；USB 数据线两根。

软件：IAR Embedded Workbench for MCS-51 开发环境；Z-Stack 协议栈；串口调试助手。

3．实验要求

（1）配置模块的 GPIO 端口为模拟输入及 GPIO 关联功能，利用 ZT-EVB 开发平台的热敏电阻分压电路验证模块的 A/D 采集功能。

（2）协调器设备启动并自主形成温度监控网络，温度采集终端发现网络并加入，完成设备绑定过程并实现数据无线收发功能。

（3）根据 Z-Stack 协议栈创建任务和编写事件处理函数，以实现温度采集操作和无线传输的远程控制。

（4）采用多点通信的汇聚方式，实现中心收集设备对传感器的温度无线采集和控制过程。温度监控区域内的 ZigBee 终端集合采集环境温度，并通过多点通信的汇聚方式发送至协调器并进行处理，协调器收到温度信息后，通过串口调试助手和计算机中的温度计软件实时查看监控区域内的环境平均温度。

4．基础知识

（1）本实验以多点通信的数据汇聚方式实现区域内环境平均温度的周期性采集。协调器作为网络温度采集系统的监控中心，需要监控和处理网内的数据，不能启用睡眠状态。环境温度无线采集流程如图 5-2-1 所示，协调器通过串口发送命令控制远程模块，实现温度采集和请求网络终端发送环境温度数据。

图 5-2-1　环境温度无线采集流程

（2）数据帧格式。协调器与终端之间的无线传输数据帧格式如表 5-2-1 所示。

表 5-2-1　无线传输数据帧格式

1B	2B	2B	1B	2B	1B	1B	0~255B	1B
帧起始	源设备	目标设备	源端点	目标端点	命令	数据包长	数据负荷	帧校验

帧起始：1 字节，当数据帧从计算机或用户 MCU 至模块时，为 0x5A，通信方式为下行

（downlink）；当数据帧从模块至计算机或用户 MCU 时，为 0xA5，通信方式为上行（uplink）。

源设备：2 字节，源设备的编号 0xFFFF 表示广播，0xFFFE 表示自身。把 ZigBee 地址与用户可指定的设备编号进行映射，若用户设置了设备的编号，则可以不关心 ZigBee 地址。

目标设备：2 字节，目标设备的编号，0xFFFF 表示广播，0xFFFE 表示自身。

源端点：1 字节，0x01 表示串行端口，0x02 表示设备的 GPIO 引脚，0x03 表示设备的参数。

目标端点：2 字节，定义同源端点。

命令：1 字节，01 代表采集一次数据并返回，02 代表不采集数据。

数据包长：1 字节，数据包的字节数，当为 0 时，该帧无数据包。数据包的长度不得超过 160 字节，否则视为无效帧。

数据负荷：0~255 字节，实际的数据包，其长度由数据包长字段决定。

帧校验：1 字节，该帧是除帧起始和帧校验外的所有字节的异或结果。

根据此帧格式创建一个结构体 struct packet( )，存放一帧数据。

（3）本实验设计中运用 Z-Stack 协议栈支撑的无线收发机制和串口通信机制的基本运作原理，掌握基于 ZigBee 协议的无线信号传输和控制过程，并熟悉 ADC 采集模块的使用方法。本实验所采用的模拟温度传感器与 ADC 的自身精度的高低和 ADC 采集数值的转换算法的精度高低是能否获取准确的远程环境温度值的前提。

（4）模拟温度传感器的算法介绍。

① 硬件接口原理图及实物图

ZT-EVB 开发平台提供 3 个模拟温度传感器 RT1、RT2、RT3，具体实物图如图 5-2-2 所示。

ADC 采集到的是电压值，首先需要将其转换为电阻值，图 5-2-3 所示的电路可通过电阻分压得到模拟温度传感器的电阻值，然后通过查表将电阻值转换为温度值，具体实现程序见函数 voltage_to_ resistance(float voltage, uchar ch)。

图 5-2-2　ZT-EVB 开发平台模拟温度传感器实物图　　图 5-2-3　ZT-EVB 开发平台模拟温度传感器接口电路

② 线程及温度值算法

根据 ZT-EVB 开发平台上的硬件资源，可以读取系统电源 VDD 的 ADC 值或热敏电阻两端的 ADC 值。

- 系统 VDD ADC 参数为 12b（位 0~位 11）

$$V_{REF}=1.15V \tag{5-2-1}$$

电压为

$$V_{dd}=(ADC/4095)\times1.15\times3V \tag{5-2-2}$$

- 热敏电阻两端的电压

$$V_{gpio}=(gpio/4095)\times V_{REF} \tag{5-2-3}$$

$$V_{gpio} = \left(\frac{gpio}{2^{12}-1}\right)\times V_{REF} \tag{5-2-4}$$

- 温度真值表

3 个热敏电阻的阻值 R0 分别为 4.7kΩ、47kΩ、270kΩ，依据分压原理，热敏电阻的阻值 $R=R0\times V_{gpio}/(V_{dd}-V_{gpio})$。计算出 R 后，通过查询表 5-2-2 所示的热敏电阻的温度转换真值表，可获得匹配的温度值。

表 5-2-2　热敏电阻的温度转换真值表

热敏电阻品名 NCP-XM472			
B 常数为 3500K			
温度/℃	电阻值/kΩ	温度/℃	电阻值/kΩ
−40	105.705	45	2.250
−35	79.126	50	1.895
−30	59.794	55	1.604
−25	45.630	60	1.363
−20	35.144	65	1.163
−15	27.303	70	0.996
−10	21.377	75	0.857
−5	16.869	80	0.740
0	13.411	85	0.641
5	10.735	90	0.558
10	8.653	95	0.487
15	7.018	100	0.426
20	5.726	105	0.375
25	4.700	110	0.330
30	3.879	115	0.292
35	3.219	120	0.259
40	2.685	125	0.230

- 温度转换计算方法

以上表格提供了"温度−电阻值"的对应转换关系，需要注意的是，将 ADC 采集到的电压值转换为电阻值后，该电阻值不可能刚好是电阻值数组 RT[i] 中的某个阻值，而大多数情况是落在区间 $(RT[i], RT[i+1])(i=1,2,\cdots)$ 中，并假设在该区间中温度与电阻值变量之间呈线性关系，通过线性变化获取相应的温度匹配值，该温度值是数组 RT[i] 偏移地址的转换值。

（5）上位机温度监控界面设计。在 VC++平台上设计温度显示应用程序，实现温度传感系统用户界面的控制和温度采集数据的处理及显示。利用 ZigBee 模块通信将终端设备通过 A/D 转换采集到的温度数据传输到协调器中，由于协调器与计算机相连，因此可以将采集到的数据正确地显示在计算机上，也可以将不同设备采集的温度同时显示在计算机的应用界面上。温度监控应用中的各设备构成了由一个协调器和多个终端设备组成的网络，无线温度监控系统设计流程及上位机界面图如图 5-2-4 所示。

(a)　　　　　　　　　　　　　　　　　(b)

图 5-2-4　无线温度监控系统设计流程及上位机界面图

5. 实验步骤

（1）实验硬件平台及设备功能说明。实验中，在 ZT-EVB 开发平台中设计了热敏电阻分压电路，射频模块通过 GPIO 端口可以采集热敏电阻两端的电压。终端设备采集到的电压数据通过 ZigBee 网络无线传输到中心协调器，收到数据的协调器可以通过串口在线报给计算机并进一步处理，利用串口调试助手和计算机温度计软件显示终端设备上报的温度值。如图 5-2-5 所示，左边的 A 板为协调器，右边的 B 板为路由器或终端设备。A 板的 USB 接口与计算机相连，用于供电和数据传输；B 板由 USB 或开发平台的 J13 接口供电。

（2）功能设备类型及 GPIO 端口配置。设置温度采集节点设备类型为终端（EndDevice）；设置轮询时间为采样热敏电阻两端电压的间隔时间，关联 0 选择 50ms，射频发射功率调整为 4dBm，确认 GPIO2、GPIO3、GPIO4 打开，且端口模式为"模拟"，端口方向为"输入"，采样间隔最小是 1s，最大是 255s。将中心协调器的设备编号设置成"0"，网络 ID 与终端设备的相同。在配置时要注意，不同模块间的设备编号和设备描述不能重复，如图 5-2-6 和图 5-2-7 所示。

（3）ZT-EVB 开发平台硬件接口配置。将开发平台的 DEBUGGER 口与计算机用 ZT-Debugger 相连；然后分别将 A 板和 B 板上的拨码开关 Power SW 的 3V3-VDD、A/D SW 的 AVNA 和 TRM0、I/O SW 的 IND0 和 IND1，以及 USB SW 的 4 个开关打开；并关闭 ZT-EVB

开发平台上本实验未使用的所有其他功能拨码开关组，完成符合本实验功能要求的拨码开关配置。

图 5-2-5　温度采集硬件平台

图 5-2-6　功能设备相关配置

图 5-2-7　GPIO 端口配置

（4）完成以上 ZT-EVB 开发平台的供电和接口配置后，参考图 5-2-8 所示的设备逻辑连接图，进行实验系统的硬件设备连接和软件功能程序设计。

（5）设计环境平均温度无线采集实验流程，如图 5-2-9 所示。

图 5-2-8　环境平均温度无线采集实验设备逻辑连接图

图 5-2-9　环境平均温度无线采集实验流程

（6）建立环境平均温度无线采集的实验工程。启动 IAR Embedded Workbench 开发环境，在当前工作空间 Workspace 中建立一个新工程（Create New Project in Current Workspace），设置工程名为"环境平均温度无线采集.eww"，在 IAR Workspace 下拉列表中选择合适的设备类型，并按照实验要求编写程序。实验工程的建立步骤如下。

① 修改协议栈中的 LED 控制代码，使 D10 和 D13 用于组网状态显示。

② 修改串口设置和格式。

③ 打开一个 Sample 工程，若正确安装了 TI 的 Z-Stack 协议栈，则路径为…Texas Instruments\ZStack-CC2530-2.4.0-1.4.0\Projects\zstack\Samples\SampleApp\CC2530DB，然后在该 Sample 工程中做相应的修改，使其实现该实验功能。

④ 在 SampleApp.h 文件中，添加一个簇 ID，如下：

```
#define SAMPLEAPP_MAX_CLUSTERS        10       //簇 ID 的总数
#define SAMPLEAPP_UART_ADC_CLUSTERID  8        //用于无线温度传输（模拟温度传感器）
#define SAMPLEAPP_ADC_UART_CLUSTERID  9
```

⑤ 在 SampleApp.c 文件中将新增的簇加入列表，如下：

```
const cId_t SampleApp_ClusterList[SAMPLEAPP_MAX_CLUSTERS] =
{
...
  SAMPLEAPP_UART_ADC_CLUSTERID,           //用于无线温度传输（模拟温度传感器）
  SAMPLEAPP_ADC_UART_CLUSTERID            //用于无线温度传输（模拟温度传感器）
};
```

⑥ 在 SampleApp.c 文件中添加 ADC 采集函数 getTemperature(uint ch)、电压转电阻值函数 voltage_to_resistance(float voltage, uchar ch)、电阻值转温度值函数 transform_temperature1 (float resistance)、计算程序 jisuan(float X, float x1,float x2,float y1,float y2)。具体函数如下：

```
#define Power 3.3    //传感器参考电压 Vana
/***************************
名称：voltage_to_resistance()
功能：将 ADC 电压值转换为电阻值
输入参数：voltage,为电压值;ch，为温度传感器的信道,只能为 0 2 3
输出参数：转换后温度值对应的电阻值
***************************/
float voltage_to_resistance(float voltage, uchar ch)
{
  float resistance;
  if(ch == 0)     //信道 0,检测温度传感器 RT0
  {
    resistance = (270.0*voltage/Power)/(1.0 - voltage/Power);//Power 为参考电
压 Vana
  }
  if(ch == 2)     //信道 2,检测温度传感器 RT2
  {
    resistance = (47.0*voltage/Power)/(1.0 - voltage/Power);//Power 为参考电压
Vana
```

```
    }
    if(ch == 3)      //信道 3,检测温度传感器 RT3
    {
      resistance = (4.7*voltage/Power)/(1.0 - voltage/Power);//Power 为参考电压
Vana
    }
    return resistance;
}
/*********************************
名称：jisuan()
功能：将电阻值转换为温度值
输入参数：X,电阻值；x1,每个区间电阻值的上限值;
                 x2,每个区间电阻值的下限值;
                 y1,每个区间温度值的上限值;
                 y2,每个区间温度值的下限值.
输出参数：转换后的温度值
*********************************/
float jisuan(float X, float x1,float x2,float y1,float y2)
{
return ((y1-y2)*X+x1*y2-x2*y1)/(x1-x2);
}
/**********^****************************************
名称：transform_temperature1()
功能：将电阻值转换为温度值,在每个小区间内采用线性转换
输入参数：L,电阻值
输出参数：转换后的温度值
*********************************************/
float transform_temperature1(float L)
{
  float answer;
  if(L<=105.705&&L>=79.126)
    answer=jisuan(L,105.705,79.126,-40,-35);
  else if(L<79.126&&L>=59.794)
    answer=jisuan(L,79.126,59.794,-35,-30);
    ...
  else if(L<0.292&&L>=0.259)
    answer=jisuan(L,0.292,0.259,115,120);
  else
    answer=jisuan(L,0.259,0.23,120,125);
  return answer;
}
```

⑦ 添加串口处理函数：
```
if ( events & SYS_EVENT_MSG )
```

```
    {
      MSGpkt=(afIncomingMSGPacket_t *)osal_msg_receive(SampleApp_TaskID);
    while ( MSGpkt )
    {
    switch ( MSGpkt->hdr.event )
    {
    ...
    //处理接收到的串口数据
    case CMD_SERIAL_MSG:
    SampleApp_UartData((mtOSALSerialData_t *)MSGpkt);
    break;
    ...
}
```

其中，函数 SampleApp_UartData( )是 A 板接收串口传来的数据，并将该数据发送给 B 板。其中，用于温度传输的簇为 SAMPLEAPP_UART_ADC_CLUSTERID。

```
/*********************************************************************
名称：SampleApp_UartData()
功能：处理接收到的串口数据
输入参数：串口接收到的数据
输出参数：无
*********************************************************************/
void SampleApp_UartData(mtOSALSerialData_t *MSGpkt)
{
  if ( AF_DataRequest( &SampleApp_DstAddr, &SampleApp_epDesc,
                       SAMPLEAPP_UART_ADC_CLUSTERID,    //该簇用于无线温度传输
                       MSGpkt->msg[0],
                       MSGpkt->msg+3,
&SampleApp_TransID,
                       AF_DISCV_ROUTE, AF_DEFAULT_RADIUS ) == afStatus_SUCCESS )
  {
    // 成功
  }
  else
  {
    // 错误
  }
}
```

⑧ B 板在接收到数据后调用 ADC 采集函数，计算相应的温度转换值，并无线发回给 A 板。

```
void SampleApp_MessageMSGCB( afIncomingMSGPacket_t *pkt )
{
  uint16 flashTime;
```

```
  switch ( pkt->clusterId )
  {
    case SAMPLEAPP_UART_ADC_CLUSTERID:    //用于无线温度传输（模拟温度传感器）
      SampleApp_controlADC(pkt);
      break;
  ...
  }
}


/******************************************************************
名称：SampleApp_controlADC()
功能：处理接收到的数据,接收到01,开始ADC采集,接收到02,停止ADC采集
输入参数：无线接收到的数据
输出参数：无
******************************************************************/
void SampleApp_controlADC(afIncomingMSGPacket_t *pkt)
{
  if(pkt->cmd.Data[0] == 1)
  {
    SampleApp_SendTheADCMessage();
  }
  if(pkt->cmd.Data[0] == 2)
  {
  }
}
/******************************************************************
名称：SampleApp_SendTheADCMessage ()
功能：采集ADC的值,并发送出去
输入参数：无
输出参数：无
******************************************************************/
void SampleApp_SendTheADCMessage (void)
{
    char ch = 0;   //选择ADC采集通道: 0为TRM0;2为TRM1;3为TRM2
    char i,j;
    char TempValue[8];
    float AvgVoltage;
    float AvgResistance;
    float AvgTemp;
    for(j=0 ; j<10 ; j++)
    {
      AvgTemp = 0;
```

```
    for(i = 0 ; i < 64 ; i++)
    {
      AvgVoltage += getTemperature(ch);
    }
    AvgVoltage =  AvgVoltage/64;
    AvgResistance = voltage_to_resistance(AvgVoltage, ch);
    AvgTemp = transform_temperature1(AvgResistance);
    /****温度转换成ASCII码发送****/
    TempValue[0] = (unsigned char)(AvgTemp)/10 + 48;              //十位
    TempValue[1] = (unsigned char)(AvgTemp)%10 + 48;              //个位
    TempValue[2] = '.';                                          //小数点
    TempValue[3] = (unsigned char)(AvgTemp*10)%10+48;            //十分位
    TempValue[4] = (unsigned char)(AvgTemp*100)%10+48;           //百分位
    TempValue[5] =' ';
    TempValue[6] =' ';
    TempValue[7] = '\0';                                        //字符串结束符
    if ( AF_DataRequest( &SampleApp_DstAddr1, &SampleApp_epDesc,
                        SAMPLEAPP_ADC_UART_CLUSTERID,
                        (byte)osal_strlen( TempValue ) + 1,
                        (byte *)&TempValue,
&SampleApp_TransID,
                        AF_DISCV_ROUTE, AF_DEFAULT_RADIUS ) == afStatus_SUCCESS )
    {
    // 成功
    }
    else
    {
    // 错误
    }
  }
}
```

注意以上发送函数中的发送簇为SAMPLEAPP_ADC_UART_CLUSTERID。
⑨ A板在接收到该数据后,调用簇SAMPLEAPP_ADC_UART_CLUSTERID的处理函数。

```
void SampleApp_MessageMSGCB( afIncomingMSGPacket_t *pkt )
{
  uint16 flashTime;

  switch ( pkt->clusterId )
  {
   case SAMPLEAPP_ADC_UART_CLUSTERID:     //用于无线温度传输（模拟温度传感器）
     HalUARTWrite(1,pkt->cmd.Data,8);
     break;
...
```

```
    }
}
```

（7）程序的编译、调试和下载。选择 Project→Rebuild All 命令，将以上实验程序编译成功后，将开发平台的 DEBUGGER 口与计算机用 ZT-Debugger 相连，选择 Project→Download and Debug 命令将程序下载到无线模块中，在线调试实验功能。程序代码下载步骤为：中心节点协调器 A 下载数据接收端程序，终端模块 B 下载数据发送端程序，其中，接收端程序代码内需要把应用层相关语句中的发送部分屏蔽掉。因为本实验应用要求采集环境温度信息，对应程序中需设置较高维度的存储数组，所以在 IAR 编译控制设置中，需要注意将 Data model 改为 Large，如图 5-2-10 所示，否则编译过程会报错。

（8）程序运行测试。单击 IAR 工具界面上的 按钮全速运行程序，或去除 ZT-Debugger 调试器，按下 ZT-EVB 开发平台上的"reset"键使模块复位，复位完成和程序正确运行之后，观测协调器组网及路由器和终端加入网络过程的 LED 状态指示。通过串口调试助手观测，协调器 A 接收并传回串口的环境温度值，验证基于多点通信的数据汇聚方式。

6．实验结果

（1）基于命令帧的温度查询。当作为温度监控中心的协调器主动查询环境温度时，标识 ZT-EVB 的 A 板无线发送一次命令帧"FE 01 34 56 01 00"，远程 B 板收到命令帧后，相应返回一次温度值；当 A 板发送一次命令帧"FE 01 34 56 02 00"时，远程 B 板不返回数据。命令帧格式中，"01"代表请求终端返回一次采样数据，"02"代表不要求采集数据。

（2）当 A、B 组网成功后，此时灯 D12（绿灯）亮，通过串口向 A 板写入 FE 01 34 56 01 00（帧头为 FE，长度为 01，自定义命令为 34 56，数据为 01），观察串口调试助手是否返回 B 板的温度值，如图 5-2-11 所示。

图 5-2-10　编译选项配置

图 5-2-11　向 A 板写入数据

（3）通过热源改变终端节点 A 温度传感器周围的环境温度，温度变化范围分别是 19～23℃和 21～28℃，实时观测协调器 B 接收到的无线监控值，如图 5-2-12 所示。

图 5-2-12　平均温度无线监控值

（4）上位机环境温度监控显示。配置好 ZT-EVB 中的 ZT100 模块，然后按下“reset”按键。ZT-EVB 开发平台上的 ZT100 模块成功加入网络（大约需要十几秒到一分钟的时间）之后，上位机温度监控界面就会显示加入温度采集节点的实时温度，如图 5-2-13 所示。

图 5-2-13　加入温度采集节点之后的上位机软件

7．扩展与思考

（1）按照图 5-2-14 和图 5-2-15 所示的参数设置要求，分别配置协调器和终端设备，编写并下载环境温度监控的程序。

（2）远程温度测试。各功能模块联网后，将终端设备开发板上的 A/D SWITCH 的 TRM0、AVNA、TRM1、TRM2、TRM3 开关打开，以采集 RT3、RT2、RT1 的两端电压。远程温度测试原理图如图 5-2-16 所示。

运行程序后，协调器所连接的串口工具接收区每隔 5s 会收到一个数据帧（以十六进制数显示），如图 5-2-17 所示。

图 5-2-14 协调器配置   图 5-2-15 终端设备配置

图 5-2-16 远程温度测试原理图

图 5-2-17 串口工具接收区收到的数据帧

得到的数据帧为 A5 03 00 FE FF 02 01 41 0C 30 00 CF 00 31 00 7B 04 32 00 FF OF 3D，其中 30 00 CF 00 是 A/D 采集到的 GPIO0 的数据，也就是热敏电阻 RT3 两端的电压，根据电压和原系统中的分压电路可以计算出此时热敏电阻的阻值，然后通过软件查表查出热敏电阻当前阻值所对应的温度，温度可以通过 Network Thermometer 工具进行显示。

使用 Network Thermometer 软件网络温度计可直接查看温度。首先应关闭串口调试助手的串口，否则串口会占用冲突，导致连接失败。打开温度计，找到正确的串口号并设置匹配波特率，单击"连接"按钮，在设置时缩短轮询时间，可以提高温度显示的实时性，温度监控结果如图 5-2-18 所示。

图 5-2-18　温度监控结果

（3）温度值存储。将每秒采集的温度数据创建一个文本文档，并将文档名称改为当前的时间点，这些数据存放在文本文档中，以便翻看和查询。文档格式如图 5-2-19(a)所示。

文档内部数据格式如图 5-2-19(b)所示。例如，"14.16：49：58　29"的含义是 14 日 16时 49 分 58 秒，此时温度是 29℃。

(a)　　　　　　　　　　　　　　(b)

图 5-2-19　文档格式和文档内部数据格式

5.2.2　区域异常温度无线监控实验

1. 实验目的

（1）掌握绑定机制的工作原理和运作流程，并运用于监测异常事件的数据收集过程中。

（2）通过绑定机制构成远端采样设备、监控控制台设备及应急处理移动设备间的自适应通信系统，实现终端异常事件触发、协调器针对性收集和移动设备实时处理的区域异常温度无线监控功能。

2. 实验设备

硬件：计算机一台（操作系统为 Windows XP 或 Windows 7）；ZT-EVB 开发平台 3 套；ZT-Debugger 仿真器；USB 数据线 3 根。

软件：IAR Embedded Workbench for MCS-51 开发环境；Z-Stack 协议栈开发包；串口调

试助手。

3．实验要求

（1）编写程序，要求实现如下功能：采用基于协议栈的绑定控制原理，远程终端节点集合在感知异常温度信息后，启动对协调器中心节点和移动终端的信息传输机制，形成区域异常温度监控报警和实时处理的闭环控制机制。

（2）验证绑定机制对实现数据采集目标对象特定性的作用。将绑定机制引入异常事件驱动的物联网数据收集应用中，减小网内冗余数据的传输量和传输数据包碰撞的概率，从而减小网络整体能耗、缩短数据传输时延。

4．基础知识

本实验模拟仓储环境监控和森林火灾预警的物联网工程应用场景，基于 ZT-EVB 开发平台实现区域异常温度无线监控和数据传输处理的物联网实验工程。

（1）室内仓储环境异常温度监控应用

在仓储环境区域温度的实际监控应用中，若整体监控区域的温度状况呈现弱变化的稳定态，则温度采样节点都会传输自身采样数据给协调器，会造成网络整体能耗的增大和数据收集生命周期的缩短。而在实际监控应用中，关注出现温度异常事件的区域更有实践意义，如在室内仓储智能管理中，当某区域发生火灾导致局域温度显著升高，表现为温度超过预设的异常温度阈值时，该区域内的终端节点才将数据发送给协调器；而温度正常区域的终端则无须周期性地发送数据给协调器，即协调器只需关注某些重点区域内的环境异常情况，而无须接收所有环境温度采集终端的数据，从而实现针对性地监控对象并减小网络整体的能耗、缩短数据传输时延。基于这个应用要求，本实验参考 4.3.3 节"绑定控制机制实验"中已介绍过的按键驱动修改和绑定的基本流程，实现协调器与特定终端设备之间的绑定，完成协调器（控制器）对特定终端（重点监控区域）的控制，同时修改簇 ID 列表，可实现单向或双向的控制，本实验通过这种绑定机制可实现区域异常温度监控的闭环控制系统。在实现过程中，每个终端将自身采样数据与预定阈值进行比较，来判断自身监控子区域内的温度是否异常，若异常，则建立与协调器的绑定，并将数据发送给协调器。在协调器上预设定不同的异常级别，从而判断请求绑定终端区域的温度异常程度，为进一步的解决措施提供评定依据。

图 5-2-20 所示为仓储环境异常温度报警及处理功能框架。

（2）模拟森林火灾预警监控应用

近年来，火灾自动报警系统得到了不同程度的发展，但是面对当前社会的迅猛发展及实际应用的多样性，火灾自动报警系统的通信协议不一致，技术仍比较滞后，通过对这些系统实际应用的考察可以发现，这些系统一般存在以下问题。

① 适用范围较小。我国的火灾自动报警系统与欧美发达国家有很大差距，我国在高层建筑及重点场馆的建设中使用较多，而家庭安装率较低，无法得到大范围的使用。

② 智慧化程度很低。由于软件平台设计的局限性，我国传感器类组件的数量不多，各种算法的严谨性不高，从而造成许多迟报、误报和漏报的情况。

③ 网络化程度低。我国应用的火灾自动报警系统主要以局部火灾报警系统、集中和控制中心相互结合的火灾自动报警系统为主，安装相对分散，各自为战，其可纵横扩展性相对较差。

④ 火灾探测报警技术的灵敏度很低。我国大部分火灾自动报警系统是当有火苗或大的烟雾时才发生反应，这使得对整个火情进行控制有一定难度，因此在智能化计算机飞速发展、信息高速公路及国际互联网开通全球一体化时代到来的全新科技环境下，火灾自动报警系统不再以孤立的身份存在，而是整个城市公共安全系统的一部分，这就需要未来的火灾预警系统的物联网软件平台及硬件平台建设有良好的可扩展性。物联网技术的出现给我国乃至全世界的火灾防控技术提供了新的发展思路。当前，我国大部分城市、乡村已经连通在无线通信网络之中，无线物联网技术的一种重要基础设施就是无线通信网络，可以把安装在设备、道路、矿山等上的各种传感器所采集到的各种异常信号，通过无线通信网络实时地传输给控制中心。

图 5-2-20　仓储环境异常温度报警及处理功能框架

火灾预警系统利用物联网技术把整个系统连成一个集中的网络，在控制屏幕上，按照危险等级实时监测火灾易发区域，管理人员根据监控结果及时做出相应的处理。在森林或楼宇建筑物中布置传感器网络，当监控区域中出现火灾现象或火灾隐患点时，相应的网络节点很快就会以无线的方式传输到控制中心，并给相应的控制灭火装置发送启动信号，实现火灾的实时预警和实时灭火操作。

ZigBee 模块功耗低、体积小，在实际应用中可以抛撒在森林等待测面积大的环境中，适用于构建森林防火预警系统。本实验使用 ZT-EVB 开发平台自组构建的异常温度监控网来模拟火灾检测系统，使用终端检测环境温度和湿度，并通过无线 ZigBee 网络传输给协调器，然后在与协调器连接的计算机上通过上位机监控界面来显示火灾发生区域的异常环境温度并实时记录。监控界面会根据当前环境的温度和湿度，用不同颜色显示节点所在位置的火灾报警等级，并记录一定时间内的温湿度变化曲线，从而实现对节点所处环境的火灾检测，如图 5-2-21 所示。

远端终端设备模拟分布在森林中的异常温度监测传感器节点，远端终端每隔一定时间采样一次环境中的温度值，然后与预定的异常阈值进行比较，如果发现采样温度值高于阈值，就向火灾监控中心（协调器）发出绑定请求，协调器接收到绑定请求后建立绑定，这时火灾监控中心就可以实时地接收远程终端设备通过路由中继方式发来的数据，并通过上位机的火灾监控界面直观地显示火灾发生的具体时间、区域地址（报警终端的设备号）和实时温度监测值。

图 5-2-21　森林火灾预警监控处理

5．实验步骤

（1）配置 ZT-EVB 开发平台的硬件接口。将开发平台的 DEBUGGER 口与计算机用 ZT-Debugger 相连；将 C 板的 USB 与计算机相连，用于供电和数据传输；A 板和 B 板的 USB 接电源，用于供电，也可以通过供电接口（开发平台上为 J13）连接；然后分别将 A、B、C 三块板上 Power SW 的 3V3-VDD、KEY SW 的 KEY7 和 KEY6、LED SW 的 LED1、I/O SW 的 IND0 和 IND1，以及 USB SW 的 4 个开关打开；并关闭 ZT-EVB 开发平台上本实验未使用 的所有其他功能拨码开关组，完成符合本实验功能要求的拨码开关配置。火灾预警监控界面 如图 5-2-22 所示。

图 5-2-22　火灾预警监控界面

（2）实验设备逻辑连接。完成以上 ZT-EVB 开发平台的供电和接口配置后，参考图 5-2-23 所示的设备逻辑连接图，进行实验系统的硬件设备连接和软件功能程序设计。

图 5-2-23　区域异常温度无线监控实验设备逻辑连接图

（3）设计基于绑定机制的区域异常温度无线监控实验流程，如图 5-2-24 所示。

图 5-2-24　基于绑定机制的区域异常温度无线监控实验流程

（4）建立区域异常温度无线监控机制的实验工程。启动 IAR Embedded Workbench 开发环境，在当前工作空间 Workspace 中建立一个新工程（Create New Project in Current Workspace），设置工程名为"区域异常温度无线监控机制.eww"，在 IAR Workspace 下拉列表中选择合适的设备类型，并按照实验要求编写程序，实验工程的建立步骤如下。

① 修改协议栈中的 3 个 LED、D10 和 D13，用于组网状态显示，LED1 可供用户使用；修改串口驱动、初始化并注册串口；修改协议栈按键驱动，修改按键处理函数 KEY6，用于绑定机制。

② 在绑定机制中修改终端绑定函数 ZDO_MatchEndDeviceBind( )，在该函数中添加 LED 的处理函数，用于温度异常状况报警。方框内为异常现象的 LED 状态指示。

```
void ZDO_MatchEndDeviceBind( ZDEndDeviceBind_t *bindReq )
{
  zAddrType_t dstAddr;
  uint8 sendRsp = FALSE;
  uint8 status;
  if ( matchED == NULL )          //接收到的是第一个绑定请求
  {
    HalLedSet ( HAL_LED_2, HAL_LED_MODE_ON );  //LED 亮,用于显示有一个设备提出绑定
    ...
  }
  else  //接收到的不是第一个绑定请求
  {
    ...
    //两个请求的终端设备,有相匹配的簇,并且保存成功
    if   (   (sendRsp   ==   FALSE)   &&   (matchED->ed1numMatched   ||
matchED->ed2numMatched) )
    {
      HalLedSet ( HAL_LED_2, HAL_LED_MODE_OFF );   //LED 灭,用于提示退出绑定
      //发送回应信息给两个设备
      ZDMatchSendState( ZDMATCH_REASON_START, ZDP_SUCCESS, 0 );
    }
    ...
  }
  if ( sendRsp )    //没有相匹配的或匹配不成功
  {
    HalLedSet ( HAL_LED_2, HAL_LED_MODE_OFF );  //LED 灭,用于提示退出绑定请求
    ...
}
```

③ 打开一个 Sample 工程，若正确安装了 TI 的 Z-Stack 协议栈，则路径为…Texas Instruments\ZStack-CC2530-2.4.0-1.4.0\Projects\zstack\Utilities\SerialApp\CC2530DB，接下来的工作就是在该 Serial 工程中做相应的修改，使其实现该实验功能。

④ 在 SerialApp.c 文件中添加温度采集初始化函数 initTempSensor( )和温度采集函数

getTemperature( )，并在应用层初始化函数 SerialApp_Init( )中调用温度采集初始化函数
initTempSensor( )。

```
/*****************************************************************
名称: initTempSensor()
功能: CC2530 内置温度传感器初始化
输入参数: 无
输出参数: 无
*****************************************************************/
void initTempSensor(void)
{
  TR0=0X01;              //set '1' to connectthe temperature sensorto the SOC_ADC.
  ATEST=0X01;            //Enablesthe temperature sensor
}
/*****************************************************************
名称: getTemperature()
功能: 读取温度传感器 AD 值函数
输入参数: 无
输出参数: 温度值
*****************************************************************/
float getTemperature(void)
{
  uint16  value;
  ADCCON3 = (0x3E);                //1.25V 参考电压;14 位分辨率;对片内温度传感器采样
  ADCCON1 |= 0x30;                 //选择 ADC 的启动模式为手动
  ADCCON1 |= 0x40;                 //启动 A/D 转换
  while(!(ADCCON1 & 0x80));         //等待 A/D 转换完成
  value =  ADCL >> 4;         //ADCL 寄存器低两位无效
  value |= (((UINT16)ADCH) << 4);
  return (value-1367.5)/4.5-5;
  //根据 AD 值计算实际的温度,芯片手册有错,温度系数应该是 4.5/℃
  //进行温度校正,这里减去 5℃ (不同芯片根据具体情况进行校正)
}
```

⑤ 添加两个定义。

```
#define my_event 0x0080
#define my_timeout 1000
float AvgTemp; //定义一个全局变量
```

在处理事件函数 SerialApp_ProcessEvent( )的设备状态改变事件 ZDO_STATE_CHANGE
中触发 my_event 事件，并且在 SerialApp_ProcessEvent ( )函数中处理该事件。

```
case ZDO_STATE_CHANGE:
        osal_start_timerEx( SampleApp_TaskID,my_event, my_timeout );
```

对应事件 my_event 的处理函数为:

```
if ( events & my_event )
  {
```

```
        if(getAvgTemperature() > threadTemperature)    //判断异常阈值
        {
    HalLedSet ( HAL_LED_2, HAL_LED_MODE_TOGGLE );    //LED 闪烁,用于提示采样值超过
阈值
            sendBindRequest(); //发出绑定请求
            SerialApp_SendTemp(); //发送绑定请求的同时发送数据,只是其中不带有自己的位
置信息
        }else
        HalLedSet ( HAL_LED_2, HAL_LED_MODE_OFF );    //LED 灭,用于提示采样值没有超
过阈值
        osal_start_timerEx( SampleApp_TaskID,
                 my_event, my_timeout );    //再次触发该事件
    return (events ^ my_event);
    }
/****************************************************************
名称: sendBindRequest()
功能: 发出绑定请求
输入参数: 无
输出参数: 无
****************************************************************/
void sendBindRequest(void)
{
dstAddr.addrMode = Addr16Bit;
    dstAddr.addr.shortAddr = 0x0000;    // Coordinator
    ZDP_EndDeviceBindReq( &dstAddr, NLME_GetShortAddr(),
            SerialApp_epDesc.endPoint,
            SERIALAPP_PROFID,
            SERIALAPP_MAX_INCLUSTERS,
            (cId_t *)SerialApp_INClusterList,
            SERIALAPP_MAX_OUTCLUSTERS,
            (cId_t *)SerialApp_OUTClusterList,
            FALSE );
}
/****************************************************************
名称: getAvgTemperature()
功能: 采样 64 次,求平均采样值
输入参数: 无
输出参数: 平均采样值
****************************************************************/
float getAvgTemperature()
{
    AvgTemp = 0;
    for(i = 0 ; i < 64 ; i++)
```

```
    {
        AvgTemp += getTemperature();
    }
    AvgTemp=AvgTemp/64;                        //累加后除 64
    return AvgTemp;
}
/************************************************************/
```

⑥ 发送采集的异常温度值:

```
/************************************************************
名称: SerialApp_SendTemp()
功能: 发送采集的温度值
输入参数: 无
输出参数: 无
*************************************************************/
void SerialApp_SendTemp(void)
{
  char i;
  uint8 TempValue[36] = "the temperature is   my ID is    ";
                            //数组长度增加10,用于 存放自身节点 ID
  float AvgTemp;
  AvgTemp = 0;
  for(i = 0 ; i < 64 ; i++)
  {
    AvgTemp += getTemperature();
  }
  AvgTemp=AvgTemp/64;                          //累加后除 64
  //温度转换成 ASCII 码发送
  TempValue[19 + 0] = (uint8)(AvgTemp)/10 + 48;     //十位
  TempValue[19 + 1] = (uint8)(AvgTemp)%10 + 48;     //个位
  TempValue[19 + 2] = '.';                          //小数点
  TempValue[19 + 3] = (uint8)(AvgTemp*10)%10+48;    //十分位
  TempValue[19 + 4] = (uint8)(AvgTemp*100)%10+48;   //百分位
  TempValue[32] = (uint8)(myID)/10 + 48;        //增加的自身节点 ID
  TempValue[33] = (uint8)(myID)%10 + 48;
  TempValue[34] = '\r';                         //字符串结束符
  TempValue[35] = '\n';
  while(AF_DataRequest(&SerialApp_DstAddr,          //绑定列表的地址
            (endPointDesc_t *)&SerialApp_epDesc,
            SERIALAPP_CLUSTERID3,                   //使用簇 ID3
            36, TempValue,
  &SerialApp_MsgID,0,AF_DEFAULT_RADIUS) != afStatus_SUCCESS );
}
```

将采集到的温度值发送给绑定设备，若还未完成绑定，则该发送函数发送的数据无效。

⑦ 从以上的发送函数可知，使用的簇 ID 是 SERIALAPP_CLUSTERID3，该簇将在接收数据的处理函数中使用，并通过串口写功能函数将接收到的数据显示在串口调试助手上。具体实现过程如下：

```
void SerialApp_ProcessMSGCmd( afIncomingMSGPacket_t *pkt )
{
...
    case SERIALAPP_CLUSTERID3:
        HalUARTWrite(1, pkt->cmd.Data ,36); //控制台设备串口显示
         while(AF_DataRequest(&SerialApp_DstAddr_GB,
                 (endPointDesc_t *)&SerialApp_epDesc,
                 SERIALAPP_CLUSTERID3,
                 36, pkt->cmd.Data,
                 &SerialApp_MsgID, 0, AF_DEFAULT_RADIUS) != afStatus_SUCCESS );
    break;              //协调器在收到终端数据的同时,向邻域广播

    default:
    break;
}
```

（5）程序的编译、调试和下载。选择 Project→Rebuild All 命令，将以上实验程序编译成功后，将开发平台的 DEBUGGER 口与计算机用 ZT-Debugger 相连，选择 Project→Download and Debug 命令将程序下载到无线模块中，在线调试实验功能。程序代码下载的步骤为：首先下载协调器 C 板的程序，然后下载路由器 B 板的程序，最后下载终端 A 板的程序。在程序下载时应注意，工作空间中设备类型的选择要对应开发平台的功能类型。在程序下载前，应修改输入簇和输出簇，如下：

```
const cId_t SerialApp_OUTClusterList[SERIALAPP_MAX_OUTCLUSTERS] =
{
  SERIALAPP_CLUSTERID1,
  SERIALAPP_CLUSTERID2,
//  SERIALAPP_CLUSTERID3,
//  SERIALAPP_CLUSTERID4
};
const cId_t SerialApp_INClusterList[SERIALAPP_MAX_INCLUSTERS] =
{
 //  SERIALAPP_CLUSTERID1,
 //  SERIALAPP_CLUSTERID2,
   SERIALAPP_CLUSTERID3,
   SERIALAPP_CLUSTERID4
};
```

将以上输入簇和输出簇修改后的程序下载到温度监测控制台（协调器）和移动终端设备中。再按如下程序修改输入簇和输出簇，并下载到传感器终端设备。

```
const cId_t SerialApp_OUTClusterList[SERIALAPP_MAX_OUTCLUSTERS] =
{
// SERIALAPP_CLUSTERID1,
//  SERIALAPP_CLUSTERID2,
  SERIALAPP_CLUSTERID3,
  SERIALAPP_CLUSTERID4
};
const cId_t SerialApp_INClusterList[SERIALAPP_MAX_INCLUSTERS] =
{
  SERIALAPP_CLUSTERID1,
  SERIALAPP_CLUSTERID2,
 // SERIALAPP_CLUSTERID3,
 // SERIALAPP_CLUSTERID4
};
```

（6）程序运行测试。单击 IAR 工具界面上的 按钮全速运行程序，或去除 ZT-Debugger 调试器，按下 ZT-EVB 开发平台上的"reset"按键使模块复位，复位完成后，依据表 5-2-3 所示的异常温度判断规则，进行点对点功能测试。程序正确运行之后，观测协调器组网及采样终端和移动终端加入网络过程的 LED 状态指示。温度异常区域终端通过阈值判断采样结果异常后，自动向控制台协调器发出绑定请求，并在建立绑定后将异常温度数据和自身设备号发送给控制台设备（协调器），并通过协调器串口转发给计算机上的串口调试助手和上位机监控界面实时显示信息。协调器在建立绑定的同时，点亮 LED 报警，并依据绑定表信息广播报警终端的设备号，广播区域内的移动终端感知报警信息后，通过按键方式与异常温度报警终端建立绑定关系，在接收其异常数据信息后，进行平滑和均值处理，并将均值处理结果 $\overline{T}_{均值}$ 输入"预定行为规则表"来判断异常事件的严重程度，进而采取相应的处理措施。

表 5-2-3　异常温度判断规则

预定行为规则表	
$\overline{T}_{均值} < T_{th(1)}$	无须采取措施
$T_{th(1)} \leqslant \overline{T}_{均值} < T_{th(2)}$	自行简单处理
$T_{th(2)} \leqslant \overline{T}_{均值} < T_{th(3)}$	报警处理
异常阈值根据具体应用要求设定，且满足 $T_{th(1)} < T_{th(2)} < T_{th(3)}$	

6. 实验结果

（1）LED 指示绑定机制实现过程

远程终端采集数据，如果发现采样值超出阈值，那么本设备的 LED1 闪烁，并且向控制台发送绑定请求，控制台收到绑定请求，LED1 报警灯亮，并广播采样终端的设备号，移动终端收到报警信号后，按下按键发送绑定请求，并与报警的远程终端绑定，这时控制台的 LED1 灭。

（2）串口调试助手实时显示远程异常温度值及报警终端的设备号

设定阈值为 $T_{th} = 20℃$，用热风源提高采集终端节点周围的环境温度，当其高于 T_{th} 时，触发采集终端与数据监控控制台（协调器）构建绑定状态和异常温度数据的传输操作，协调器将接收的异常温度值和报警终端设备号通过串口调试助手显示在计算机界面上，节点温度远程监控结果如图 5-2-25 所示；若采集终端周围的温度低于 T_{th}，则采集终端不执行数据传输操作，从而减小网络整体能耗、延长网络监控的生命周期。

图 5-2-25　节点温度远程监控结果

单击菜单上的"导出"按钮，可选择合适的存档路径保存当前监控信息，文件名默认为当前时间点，温度远程监控上位机界面如图 5-2-26 所示。

图 5-2-26　温度远程监控上位机界面

保存的数据格式如图 5-2-27(a)所示：左边是时间，中间是设备编号，右边是温度值。图 5-2-27(b)所示为当异常温度监控时串口实时收到的数据。

（3）模拟森林火灾监控预警的实验结果

用 ZT-EVB 开发平台自主构建监控网络，如图 5-2-28 所示。

实时监控的接口如图 5-2-29 和图 5-2-30 所示。

当协调器所连接的上位机监控界面接收到 ZigBee 网络传输的数据后，即可进行处理判断并进行显示，图 5-2-31 所示为本实验样例程序的测试结果。

组建网络监控数据库。将协调器与计算机相连，打开上位机监控数据库可以检测各节点的工作情况，如图 5-2-32 所示。

(a) (b)

图 5-2-27　上位机软件示意图

图 5-2-28　自主构建监控网络

图 5-2-29　实时监控的接口（1）

　　利用监控数据库可分析各终端监控子区域内的温度是否异常，并可依据协调器收到的终端设备号信息来构建各监控终端的拓扑结构图，如图 5-2-33 所示。当部分监控终端的地理位置等因素发生改变时，网络拓扑结构图可以自适应地动态变化，从而更直观地对异常温度区域监控预警，并可更好地延长整个传感器网络的数据收集生命周期。

图 5-2-30　实时监控的接口（2）

图 5-2-31　测试结果

图 5-2-32　检测各节点的工作情况

图 5-2-33　两种拓扑结构图

7. 扩展与思考

绑定提示方案一：一个设备可以与多个设备建立绑定关系。这里可以把 5 个传感器设备分别与中心收集设备建立绑定关系，并且传感器设备为输出，中心收集设备为输入。在中心收集设备的输入簇清单中添加 5 个簇 ID，这 5 个簇 ID 对应 5 个传感器设备。在传感器设备的输出簇清单中分别添加一个簇 ID，使其与中心收集设备的输入簇清单中的 5 个簇 ID 对应，不要重复。在 5 个传感器设备的发送函数 AF_DataRequest( )中，一定要注意簇 ID 的区分。在中心收集设备的接收数据处理函数 SerialApp_ProcessMSGCmd (MSGpkt)中，添加这 5 个簇 ID 的处理函数，即可实现该功能。这里主要是应用绑定实现 5 个传感器设备向中心收集设备发送数据，中心收集设备通过簇 ID 来区分这 5 个传感器设备。

理解绑定提示方案一，参考该方案并按如下要求自行设计方案二：假如有一个仓库，里面分散放着 5 个传感器（SampleSensor）设备，控制台有一个中心收集（SampleCollector）设备。如何将 5 个传感器设备采集到的温度数据发送给中心收集设备呢？而中心收集设备如何区分这 5 个传感器设备呢？

5.2.3　网络无线定位实验

1. 实验目的

（1）在对 Z-Stack 协议栈学习的基础上，巩固 ZigBee 无线通信技术和 Z-Stack 协议栈架构。

（2）掌握极大似然定位算法和三边定位算法，并将两类无线定位算法移植到 Z-Stack 协议栈中，实现对目标的精确定位。

（3）利用 CC2530 的双向无线通信协议 Basic.RF，结合应用层无线定位算法，构建 ZigBee 无线定位应用系统。

2. 实验设备

硬件：计算机兼容机一台（操作系统为 Windows XP 或 Windows 7）；ZT-EVB 开发平台 4 套；ZT-Debugger 仿真器；USB 数据线 4 根。

软件：IAR Embedded Workbench for MCS-51 开发环境；Z-Stack 协议栈；串口调试助手。

3. 实验要求

（1）巩固基于 Z-Stack 协议栈的自组网和无线收发功能的实现。

（2）掌握基于接收信号强度 RSSI 的测距方法，了解 RSSI 功率与无线距离的函数关系。

（3）基于三边定位算法和极大似然定位算法实现 ZigBee 无线定位功能。

4. 基础知识

（1）物联网无线定位技术概述

无线定位技术是物联网应用的重要支撑技术。在绝大多数物联网应用中，传感器节点位置信息是其应用有效性的关键。随着社会经济的迅速发展，人们对定位服务的需求日益增长，无线定位技术具有非常重要的理论意义和实际应用价值。

目前，在无线通信技术的研究基础上，定位研究的主要成果有移动网络、GPS、WiFi、UWB、ZigBee、RFID、红外等位置服务系统。其中，GPS 系统适用于室外应用场景，而在室内，由于卫星信号受到遮挡会衰减，因此难以满足室内场景高精度的位置服务要求。而基于 ZigBee 的短距离无线通信技术具有自主性和可扩展性等特点，适用于高精度室内定位，最终实现与室外位置服务系统的无缝对接，ZigBee 室内定位场景如图 5-2-34 所示。

图 5-2-34　ZigBee 室内定位场景

目前学术界有关无线网络定位的研究越来越多地选择在基于 ZigBee 技术的软硬件平台上实现。

基于 ZigBee 的无线定位技术主要分为基于测距（Range-based）和非测距（Range-free）的两类定位技术。其中，非测距算法主要有质心定位和 DV-Hop 定位算法等。与被物联网领域广泛采用的基于测距的定位技术相比较，基于非测距的技术的实现复杂度高、定位精度低，不适用于资源和计算能力受限的 ZigBee 网络。本书采用基于测距的定位技术来实现无线定位实验。

基于测距的无线定位主要分为两个阶段：测距和位置计算阶段。根据测量节点距离或方位的不同，主要有 4 种经典测距方法：基于接收信号强度 RSSI（Received Signal Strength Indicator）的测量方法、基于到达时间 TOA（Time of Arrival）的测量方法、基于到达时间差 TDOA（Time Difference of Arrival）的测量方法和基于到达角度 AOA（Angle of Arrival）的测量方法。根据利用上述测距方法得到的距离或方位测试结果，物联网工程领域中广泛采用三边定位算法、三角测量法和多边测量极大似然估计法等经典算法来实现定位应用。本定位实验的设计步骤为：首先通过 RSSI 测距方法得到定位锚节点与移动盲节点之间的距离，然后分别利用三边定位算法和多边测量极大似然估计法定位算法对移动盲节点进行位置估计。读者通过本实验练习，可掌握物联网应用领域中无线定位技术的具体实现过程，其原理框图如图 5-2-35 所示。

图 5-2-35　基于测距的无线定位原理框图

（2）经典测距方法

① 到达时间（TOA）测距法

TOA 测距法在已知信号的传播速度时，根据参考节点发送信号到定位节点之间的传播时间来计算节点间的距离。该方法的精度较高，但对发送节点到接收机的响应时间和处理时延要求较高，要求节点间保持精确的时间同步。发送节点到接收机之间的信号传输模型用图 5-2-36 所示的结构来计算发射信号 $s(t)$ 到达两个接收机 $r_1(t)$ 和 $r_2(t)$ 之间的时间差 τ（$\tau = \tau_1 - \tau_2$）。

② 到达时间差（TDOA）测距法

在 TDOA 测距法中，发射节点同时发射超声波和无线电波两种不同传播速率的无线信号，接收节点根据接收到两种信号的时间差及这两种信号的传播速度，计算出发射节点和接收节点之间的距离。该方法的测量精度可达到厘米级，但是受超声波传播距离的限制，在网络布置时的节点开销较大。

在一个平面中，设接收节点 i 和 k 的坐标分别为 x_i 和 x_k，则这两个节点与发射节点 1 的坐标 x_{tag} 之间的信号传输时间差的关系为

$$\tau_{ik} = \tau_i - \tau_k = (\| x_i - x_{tag} \| - \| x_k - x_{tag} \|) / c \qquad (5\text{-}2\text{-}5)$$

式中，c 为光速，$\|\cdot\|$ 表示求欧氏距离。该式定义了一条以两个接收节点为焦点的双曲线，当有 3 个接收节点（如图 5-2-37 中的节点 i、k、1）参与计算时，可得到两条双曲线，其交点即为待定位的发射节点位置。

图 5-2-37 中，α 为水平坐标，β 为垂直坐标。假定接收节点 i 和 k 的位置坐标 (α_i, β_i) 和 (α_k, β_k) 已知，发射节点 tag 的位置 (μ, η) 未知，可计算盲节点到锚节点 i 和 k 的到达时间差为

$$\tau_{ik} = \sqrt{(\alpha_i - \mu)^2 + (\beta_i - \eta)^2} - \sqrt{(\alpha_k - \mu)^2 + (\beta_k - \eta)^2} \qquad (5\text{-}2\text{-}6)$$

同样可得，目标节点到节点 i 和 1 的时间差为

$$\tau_{il} = \sqrt{(\alpha_i - \mu)^2 + (\beta_i - \eta)^2} - \sqrt{(\alpha_1 - \mu)^2 + (\beta_1 - \eta)^2} \qquad (5\text{-}2\text{-}7)$$

测得时间差 τ_{ik} 和 τ_{il} 后，根据式（5-2-6）和式（5-2-7）即可确定盲节点的位置坐标 (μ, η)。

图 5-2-36　发送节点到两个接收机的时间差

图 5-2-37　基于 TDOA 测距法的定位示意图

③ 接收信号强度测距法

（a）RSSI 测距原理

RSSI 测距法的基本原理是通过射频信号的强度来估计距离，在已知发射功率的情况下，

在接收端测量接收功率、计算传播损耗，根据理论或经验信号传播模型将传播损耗转换为距离信息。

考虑传播过程中存在的障碍物等对无线电信号的影响，无线信号传输中普遍采用 Shadowing 理论模型来建立信号衰减和传播距离的关系：

$$\overline{[P_r(d)]}_{\mathrm{dBm}} = [p_r(d_0)]_{\mathrm{dBm}} - 10n\lg(d/d_0) + [X_\sigma]_{\mathrm{dBm}} \tag{5-2-8}$$

式中，d 为接收端与发射端之间的距离（m）；d_0 为参考距离（m），一般取 1m；$P_r(d)$ 为接收端的接收信号功率（dBm）；$p_r(d_0)$ 为参考距离对应的接收信号功率（dBm）；X_σ 是均值为 0、方差为 σ 的高斯随机噪声变量，反映特定距离下接收信号功率的变化程度；n 为与环境相关的行为路径损耗指数，一般取值 2～4。

在物联网实际应用中，受调制方式和硬件特性的影响，不同芯片采用不同的信道模型，CC2530 芯片基于 IEEE 802.15.4 协议，在物理层采用 DSSS 扩频和 O-QPSK 调制技术，采用以下简化模型：

$$P_L(d) = P_L(d_0) - 10n\lg(d/d_0) \tag{5-2-9}$$

通常取 $d_0 = 1$m，令 $A = P_L(d_0)$ 为信号传输 1m 远处接收信号的功率（dBm），代入式（5-2-9），得出 RSSI 测距公式：

$$\mathrm{RSSI} = P_L(d) = A - 10n\lg d \tag{5-2-10}$$

可推导出

$$d = 10^{\frac{A-\mathrm{RSSI}}{10n}} \tag{5-2-11}$$

（b）RSSI 测距模型校正

以上 RSSI 测距模型的测距原理表明了 RSSI 信号和无线传输距离之间有确定的函数关系，并且 RSSI 的测量具有重复性和互换性。在应用环境下，RSSI 的适度变化有规律可循，但在物联网实际应用环境中，多径、绕射、障碍物等不稳定因素都会对无线信号的传输产生影响，所以在进行 RSSI 测距时，需要采取措施避免 RSSI 信息不稳定，使 RSSI 值能更精确地体现无线信号的传输距离。

目前，工程应用领域通常采用统计均值模型或高斯模型作为处理 RSSI 数据的校正模型。

统计均值模型是指未知节点采集一组（n 个采样值）RSSI 值，然后求这些数据的均值，如下

$$\overline{\mathrm{RSSI}} = \frac{1}{n}\sum_{i=1}^{n}\mathrm{RSSI}_i \tag{5-2-12}$$

统计均值模型可以通过调节规模值 n 来平衡 RSSI 信号测试的实时性与精确性。实践中通过增大 n 的数值，可解决定位数据的随机性问题，但该模型在处理大扰动时的效果欠佳。参数优化后的 RSSI 测距模型曲线如图 5-2-38 所示。

在计算未知节点与固定已知节点间的距离时，以固定已知节点对之间的距离和测量的

图 5-2-38　参数优化后的 RSSI 测距模型曲线

RSSI 值为参考，采用统计均值模型对被测 RSSI 值进行校正，从而提高测距精度。

高斯模型的数据处理原则为：一个位置未知的盲节点在同一位置可能收到 n 个 RSSI 值，其中必然存在小概率事件。基于高斯模型的 RSSI 信息校正的设计思想是：通过高斯模型选取高概率发生区的 RSSI 值，然后取其几何均值，从而减小小概率、大干扰事件对整体测量的影响，达到增强测距信息准确性的目的。

$$
\begin{cases}
\overline{\mathrm{RSSI}} = \dfrac{1}{n}\sum_{i=1}^{n}\mathrm{RSSI}_i \\[2mm]
\sigma^2 = \dfrac{1}{n-1}\sum_{i=1}^{n}(\mathrm{RSSI}_i - \overline{\mathrm{RSSI}})^2 \\[2mm]
\mathrm{RSSI}_{\mathrm{th}} < F(x) = \dfrac{1}{\sigma\sqrt{2\pi}}\mathrm{e}^{\frac{(x-\overline{\mathrm{RSSI}})^2}{2\sigma^2}} < 1 \quad (0 < \mathrm{RSSI}_{\mathrm{th}} < 1)
\end{cases}
\tag{5-2-13}
$$

式（5-2-13）所示的高斯模型可对同一地理位置处节点的 RSSI 测量结果进行处理：当高斯分布函数值 $F(x)$ 大于阈值时，对应的 RSSI_i 被视为有效测量结果。

程序设计中，将盲节点在同一位置时接收到的 RSSI 测量值记录在对应的 RSSI 值数组中，运用高斯分布函数处理这些 RSSI 值。

高斯模型解决了 RSSI 测距在实际测试中易受干扰、稳定性差等问题，提高了测距的精度。当无线信号的传输受到较大的环境干扰时，可以对接收节点处的接收信号功率 RSSI 采用高斯模型处理。高斯模型适用于消除小概率短暂的扰动，而对于室内定位墙壁等对 RSSI 的能量反射等长时间干扰问题，其效果将有所下降。

④ 测距方法的选择

TOA 与 TDOA 测距法虽然测距精度较高，但方法的实现过程对硬件的要求高，导致设备的尺寸、成本和功耗都大，不适用于大规模的 ZigBee 网络应用。相比之下，基于 RSSI 的测距法更适用于物联网的定位应用：一方面，RSSI 测距法的硬件开销小，功耗较低，适合低精度要求定位场合；另一方面，支持 ZigBee 协议的射频芯片大多具有 RSSI LQI（Link Quality Indicator，链路质量指标）等与定位有关的度量值的检测功能，从而有利于辅助定位功能的实现；并且 RSSI 测距模型揭示了信号强度和通信距离之间的函数关系，为下一步定位算法的实现奠定了基础。因此，以下无线定位算法的设计与实现都基于 RSSI 测距方法，在 RSSI 信号加强的校正模型选择方面，考虑 ZigBee 节点的资源和计算能力的有限性特征，从降低算法的计算复杂度的角度考虑，本实验采用统计均值模型作为 RSSI 信号的校正模型。

（3）经典定位算法

① 三边定位算法

基于 RSSI 测距法，已知发射节点的发射信号强度，通过测量接收节点的接收信号强度 RSSI，并根据信号传播模型将其转换为距离，在获得 3 个以上参考节点的距离后，即可利用三边定位算法来计算待定位盲节点的位置坐标。

当定位节点到至少 3 个参考节点之间的距离已知时，可以使用三边定位算法。它的基本原理是：假定 $A(x_1, y_1)$、$B(x_2, y_2)$、$C(x_3, y_3)$ 为 3 个参考节点，R 为移动节点。分别以 A、B、C 为圆心，以 R 与 A、B、C 之间的距离 d_1、d_2、d_3 为半径画圆，3 个圆的交点为定位节点的位置，如图 5-2-39 所示。

由此可以得出坐标(x,y)为

$$\begin{bmatrix} x \\ y \end{bmatrix} = \begin{bmatrix} 2(x_1-x_3) & 2(y_1-y_3) \\ 2(x_2-x_3) & 2(y_2-y_3) \end{bmatrix}^{-1} \begin{bmatrix} x_1^2-x_3^2+y_1^2-y_3^2+d_3^2-d_1^2 \\ x_2^2-x_3^2+y_2^2-y_3^2+d_3^2-d_2^2 \end{bmatrix}$$

假设位置已知的信标节点分别为$A(x_1,y_1)$、$B(x_2,y_2)$和$C(x_n,y_n)$，到待定位盲节点R的距离分别为$d_1,d_2,\cdots,d_n$，盲节点R的坐标为(x_R,y_R)。

设置任意信标节点R_i($i=1,2,\cdots,n$)，接收k个数据包，然后对提取的k个RSSI值进行信号质量加强的统计均值模型滤波处理，得到：

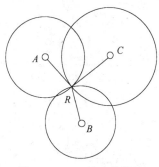

图 5-2-39　三边定位算法

$$\overline{\mathrm{RSSI}} = \frac{1}{k}\sum_{j=1}^{k}\mathrm{RSSI}_j \tag{5-2-14}$$

将$\overline{\mathrm{RSSI}}$值代入$\mathrm{RSSI}=-42-20\lg d_i$后，计算出$d_i$，进而将$(x_i,y_i,d_i)$（$i=1,2,\cdots,n$）代入以下方程组：

$$\begin{cases} (x-x_1)^2+(y-y_1)^2=d_1^2 \\ (x-x_2)^2+(y-y_2)^2=d_2^2 \\ (x-x_3)^2+(y-y_3)^2=d_3^2 \end{cases} \tag{5-2-15}$$

三边定位算法的 MATLAB 程序清单：

```
clear all
disp('三边定位算法')
x=[8 30 50]
y=[50 10 50]
plot(x,y,'o')
axis([-5 65 -5 65])
hold on
[x0,y0]=ginput(1)  %提供一个光标,并返回坐标值
plot(x0,y0,'g:o')
axis([-5 65 -5 65])
distance=[0 0 0]
for i=1:3
    distance(i)=sqrt((x(i)-x0)^2+(y(i)-y0)^2)  %测试点到 3 个点的距离
end
error=rand(1,3)-0.3    %生成 1 行 3 列的 0-1 随机数,减去 0.3
for j=1:7
        distance=distance-distance.*(error*j/7);  %加上误差后的距离,j 越大,误
差越大
    aa=inv(2*([x(1)-x(3) y(1)-y(3);x(2)-x(3) y(2)-y(3)]))  %inv 矩阵逆求
bb=[x(1)^2-x(3)^2+y(1)^2-y(3)^2+distance(3)^2-distance(1)^2;x(2)^2-x(3)
        ^2+y(2)^2-y(3)^2+distance(3)^2-distance(2)^2]
        cc(j,:)=(aa*bb)'  %计算并存放估算位置,cc 为（a*b）的转置
```

```
    plot(cc(j,1),cc(j,2),'+')
    axis([-20 80 -20 80])
    e(j)=sqrt((cc(j,1)-x0)^2+(cc(j,2)-y0)^2)  %求出误差
end
legend('信标节点','未知节点','误差节点',4)
s='三边定位算法'
title(s)
hold on
figure
rate=1:1:7              %取1~7,相隔1（用中间的1表示）
plot(rate,e,'k:*')
xlabel('x/误差率')      %x轴表示误差率
ylabel('y/误差')        %y轴表示误差
axis([0 7 -20 50])      %x轴范围0~7,y轴范围-20~50
```

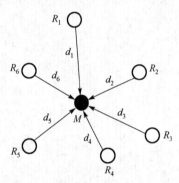

图 5-2-40　多边测量极大似然
估计法定位算法

② 多边测量极大似然估计法定位算法

三边定位算法存在一些缺陷，由于每个节点的硬件和能耗不同，在测距过程中的误差导致 3 个圆无法交于一点，因此利用上述方法计算出来的坐标值也存在误差，常常用极大似然估计法代替，提高精度。

多边测量极大似然估计法定位算法其实是三边定位算法的扩展，将参考节点个数扩大到大于 3 个，如图 5-2-40 所示。

假设参考节点的坐标分别为 $R_1(x_1, y_1)$，$R_2(x_2, y_2)$，$\cdots$，$R_n(x_n, y_n)$，到待定位节点的距离分别为 $d_1, d_2, \cdots, d_n$，待定位节点 M 的坐标为 (x, y)。

设置任意信标节点 $R_i (i=1,2,\cdots,n)$ 接收 k 个数据包，然后对提取的 k 个 RSSI 值进行信号质量加强的统计均值模型滤波处理，得到

$$\overline{\text{RSSI}} = \frac{1}{k}\sum_{j=1}^{k}\text{RSSI}_j \tag{5-2-16}$$

将 $\overline{\text{RSSI}}$ 值代入 $\text{RSSI} = -42 - 20\lg d_i$ 后，计算出 d_i，进而将 (x_i, y_i, d_i)（$i=1,\cdots,n$）代入下面的方程组：

$$\begin{cases} (x-x_1)^2 + (y-y_1)^2 = d_1^2 \\ (x-x_2)^2 + (y-y_2)^2 = d_2^2 \\ \quad\vdots \\ (x-x_n)^2 + (y-y_n)^2 = d_n^2 \end{cases} \tag{5-2-17}$$

将前 n_1 个方程依次减去第 n 个方程，得：

$$\begin{cases} x_1^2 - x_n^2 - 2(x_1-x_n)x + y_1^2 - y_n^2 - 2(y_1-y_n)y = d_1^2 - d_n^2 \\ x_2^2 - x_n^2 - 2(x_2-x_n)x + y_2^2 - y_n^2 - 2(y_2-y_n)y = d_2^2 - d_n^2 \\ \quad\vdots \\ x_{n-1}^2 - x_n^2 - 2(x_{n-1}-x_n)x + y_{n-1}^2 - y_n^2 - 2(y_{n-1}-y_n)y = d_{n-1}^2 - d_n^2 \end{cases} \tag{5-2-18}$$

方程变换：

$$\begin{cases} 2(x_1 - x_n)x + 2(y_1 - y_n)y = x_1^2 - x_n^2 + y_1^2 - y_n^2 - d_1^2 + d_n^2 \\ 2(x_2 - x_n)x + 2(y_2 - y_n)y = x_2^2 - x_n^2 + y_2^2 - y_n^2 - d_2^2 + d_n^2 \\ \qquad\qquad\qquad\vdots \\ 2(x_{n-1} - x_n)x + 2(y_{n-1} - y_n)y = x_{n-1}^2 - x_n^2 + y_{n-1}^2 - y_n^2 - d_{n-1}^2 + d_n^2 \end{cases} \tag{5-2-19}$$

根据信标位置坐标和各信标对应的距离构造矩阵

$$A = \begin{bmatrix} 2(x_1 - x_n) & 2(y_1 - y_n) \\ \vdots & \ddots & \vdots \\ 2(x_{n-1} - x_n) & 2(y_{n-1} - y_n) \end{bmatrix} \tag{5-2-20}$$

$$b = \begin{bmatrix} x_1^2 - x_n^2 + y_1^2 - y_n^2 + d_n^2 - d_1^2 \\ \vdots \\ x_{n-1}^2 - x_n^2 + y_{n-1}^2 - y_n^2 + d_n^2 - d_{n-1}^2 \end{bmatrix}$$

用线性方程 $AX = b$ 表示，可求得定位目标的坐标：

$$\hat{X} = (A^{T}A)^{-1}A^{T}b \tag{5-2-21}$$

求解，得到待定位节点 M 的坐标：

$$X = \begin{bmatrix} x \\ y \end{bmatrix} \tag{5-2-22}$$

采用以上极大似然估计法定位算法测距，可在允许一定距离误差的情况下得到较高的定位精度，但是此算法的计算量较大，耗能不可忽视。

极大似然估计法定位算法的程序清单：

```
clear all
close all
disp('极大似然估计法')
x=rand(1,10)*50
y=rand(1,10)*50
plot(x,y,'o')
axis([-5 65 -5 65])
hold on
[x0,y0]=ginput(1)     %提供一个光标,并返回坐标值
plot(x0,y0,'g:o')
axis([-5 65 -5 65])
distance=[0 0 0 0 0 0 0 0 0 ]
for i=1:10            %修改 3 为 10
    distance(i)=sqrt((x(i)-x0)^2+(y(i)-y0)^2) %测试点到 3 个点的距离
end
error=rand(1,10)-0.3  %生成 1 行 3 列的 0-1 随机数,减去 0.3
for j=1:7
    distance=distance-distance.*(error*j/7);  %加上误差后的距离,j 越大,误差越大
    a=2*([x(1)-x(10) y(1)-y(10);x(2)-x(10) y(2)-y(10);x(3)-x(10) y(3)-
    y(10);x(4)-x(10) y(4)-y(10);x(5)-x(10) y(5)-y(10);x(6)-x(10)
y(6)-y(10);...
```

```
                    x(7)-x(10) y(7)-y(10);x(8)-x(10) y(8)-y(10);x(9)-x(10) y(9)-
                y(10)])  %inv 矩阵求逆
        aa=pinv(a);
      bb=[x(1)^2-x(10)^2+y(1)^2-y(10)^2+distance(10)^2-distance(1)^2;x(2)
          ^2-x(10)^2+y(2)^2-y(10)^2+distance(10)^2-distance(2)^2;...
        x(3)^2-x(10)^2+y(3)^2-y(10)^2+distance(10)^2-distance(3)^2;x(4)^
        2-x(10)^2+y(4)^2-y(10)^2+distance(10)^2-distance(4)^2;...
        x(5)^2-x(10)^2+y(5)^2-y(10)^2+distance(10)^2-distance(5)^2;
x(6)^2-x
        (10)^2+y(6)^2-y(10)^2+distance(10)^2-distance(6)^2;...
        x(7)^2-x(10)^2+y(7)^2-y(10)^2+distance(10)^2-distance(7)^2;x(8)^2-
        x(10)^2+y(8)^2-y(10)^2+distance(10)^2-distance(8)^2;...
        x(9)^2-x(10)^2+y(9)^2-y(10)^2+distance(10)^2-distance(9)^2]
    %计算并存放估算位置,cc 为（a*b）的转置
    cc(j,:)=((aa*a)'*aa*bb)
    plot(cc(j,1),cc(j,2),'+')
    axis([-20 80 -20 80])
    e(j)=sqrt((cc(j,1)-x0)^2+(cc(j,2)-y0)^2)  %求出误差
  end
legend('信标节点','未知节点','误差节点',4)
s='极大似然估计法定位算法'
title(s)
hold on
figure
rate=1:1:7            %取 1～7,相隔 1（用中间的 1 表示）
plot(rate,e,'k:*')
xlabel('x/误差率')    %x 轴表示误差率
ylabel('y/误差')      %y 轴表示误差
axis([0 7 -20 50])    %x 轴范围 0～7,y 轴范围-20～50
hold on
```

以下是跨越物理层、MAC 层和应用层的完整定位算法实现流程。

（1）信标节点软件设计

信标节点发送自身 ID 和位置信息，为盲节点的自身定位提供参考，其流程如图 5-2-41 所示。整个数据发送过程主要是通过在物理层、MAC 层和应用层这三层软件结构之间进行函数调用来实现的。

根据 ZigBee 协议规定,定位算法所需的数据包经由应用层和 MAC 层至物理层逐层封装。具体过程为：物理层数据包的封装由 CC2530 芯片硬件实现，数据帧的无线发送和接收主要通过 FIFO 操作来实现。在数据的无线发送端和接收端都拥有 TX_FIFO 和 RX_FIFO 这两个 FIFO。CC2530 芯片的接收工作模式使用 RX_FIFO,发送工作模式使用 TX_FIFO。两个 FIFO 都可通过 8 位的射频寄存器 RFD 进行访问，即读或写 RFD 等同于读 RX_FIFO 或写 TX_FIFO。在发送端，将 MAC 帧数据从低字节开始逐字节地写入 RFD，然后硬件就会将 RFD 中的数据存入 TX_FIFO，并通过无线方式发送出去；在接收端，完整收到物理层数据帧的帧开始定界符字段后，由硬件执行 CRC 校验，若校验正确，则产生接收中断，通过在接收端设置中断

图 5-2-41　ZigBee 协议定位数据包封装与传输流程

服务程序（Interrupt Service Routine，ISR）来读取 RFD 中的数据，即读取 RX_FIFO 中缓存的无线接收数据，进而把接收到的该数据存入 MAC 层的数组 rxMpdu[]中，该数组按照 ZigBee 协议将 MAC 层数据帧格式进行相应的字段划分。CC2530 芯片在 MAC 层的数据成帧、冗余校验等方面完全兼容 IEEE 802.15.4 规范。从 CC2530 接收的 MAC 帧中读出的 RSSI 值是寄存器 RSSI_VAL 的值，需按照 P=RSSI_VAI−45dBm 的计算结果进行修正，将 RSSI 值转换为接收节点 RF 引脚的功率值。MAC 帧中的帧校验序列是由 CC2530 芯片实现的，其他字段由使用者根据协议的具体要求进行设定。然后，接收端的应用层使用结构体变量 rx_Packet 来存储从 MAC 层数据帧中提取的负荷数据 payload，在定位应用中，根据应用层数据格式，将应用层数据帧封装到 MAC 层数据帧的负荷字段中，根据 RSSI 测距定位算法，负荷由信标节点发送给盲节点，因此在本实验中，发送端的应用层负荷数据的内容为信标 ID 和位置坐标信息，设置应用层负荷数据包为 9 字节，信标 ID 占 1 字节，x 坐标、y 坐标为浮点数，各占 4 字节。

负荷数据包结构体变量定义如下：

```
typedef struct {
uint8 node_id;
float x_lable;
float y_lable;
} perTestPacket_t;
static perTestPacket_t txPacket;
```

（2）盲节点软件设计

盲节点接收信标节点数据包，执行以下函数调用和计算步骤，实现自身定位。

① 当一个新的数据包被完整地接收后，RF FIFO 中断将会产生，然后 macMcuRfisr 终端服务程序就会执行，即 basicRfRxFrmDoneisr( )函数会被调用。

② 接收到的帧的长度将从 CC2530 芯片的接收缓存中被读出，它是接收缓存中的第 1 字节，这时就要调用函数 halRfReadRxBuf( )。

③ 调用函数 halRfRecvFrame(rxMpdu,length)来从接收缓存中读出完整的数据包，接收的数据包将会存入内部数据缓冲区 rxMpdu。

④ CC2530 芯片在 AUTOACK 使能的情况下会自动发送应答，并且进来的数据帧会通过地址识别方式被接收，同时应答标识被置位。

⑤ 数据包的 FCS 字段和序号字段将被检查，若收到的与预期的一致，则 rxi.isReady 标识被置为 TRUE，表示收到了一个新的数据包。

⑥ 应用层软件将调用函数 basicRfPacketIsReady( )来循环检查 rxi.isReady 标志位的状态。

⑦ 当 basicRfPacketIsReady( )返回 TRUE 时，应用层软件将调用函数 basicRfReceive( )，从新收到的数据包中取出 payload 与 RSSI 值。

⑧ 函数 basicRfReceive( )将 payload 复制到变量列表中 pRxData 所分配的内存空间内，然后返回实际复制的字节数。以 dBm 为单位的 RSSI 值被复制到变量列表中 pRssi 所分配的内存空间内。

⑨ 设置每个信标节点接收 100 个数据包,然后对记录的 100 个 RSSI 值进行高斯滤波处理。

⑩ 将滤波处理后的 RSSI 值代入 $RSSI = -42 - 20\lg d$，解出距离 d。

⑪ 用信标位置坐标和各信标对应的距离 d 构造矩阵

$$A = \begin{bmatrix} 2(x_1 - x_n) & 2(y_1 - y_n) \\ \vdots & \ddots & \vdots \\ 2(x_{n-1} - x_n) & 2(y_{n-1} - y_n) \end{bmatrix}$$

$$b = \begin{bmatrix} x_1^2 - x_n^2 + y_1^2 - y_n^2 + d_n^2 - d_1^2 \\ \vdots \\ x_{n-1}^2 - x_n^2 + y_{n-1}^2 - y_n^2 + d_n^2 - d_{n-1}^2 \end{bmatrix}$$

⑫ 使用极大似然估计法定位算法的坐标估计公式 $X = (A^T A)^{-1} A^T b$，计算未知节点的坐标。这里主要通过调用一些矩阵运算函数来实现。

⑬ 将定位坐标在串口调试助手上显示。

5. 实验步骤

（1）将开发平台的 DEBUGGER 口与计算机用 ZT-Debugger 相连；用 USB 连接 ZT-EVB

开发平台与计算机，用于供电和数据传输，也可以通过供电接口（开发平台上为 J13）连接。将 Power SW 的 3V3-VDD、I/O SW 的 IND0 和 IND1，以及 USB SW 的 4 个开关打开。

（2）实验设备逻辑连接。完成以上 ZT-EVB 开发平台的供电和接口配置后，参考图 5-2-42 所示的设备逻辑连接图，进行实验系统的硬件设备连接和软件功能程序设计。

图 5-2-42　无线定位实验设备逻辑连接图

（3）打开一个 Sample 工程，若正确安装了 TI 的 Z-Stack 协议栈，则路径为……Texas Instruments\Z-Stack-CC2530-2.4.0-1.4.0\Projects\Z-Stack\Samples\SampleApp\CC2530DB，然后在该 Sample 工程中做相应的修改，使其实现该实验功能。这个实验利用 Sample 工程自带的周期信息来进行。

（4）建立无线定位应用的实验工程。本节的定位实验分别采用三边估计定位方式和极大似然估计定位方式模拟 ZigBee 的无线定位应用。

采用三边估计定位方式模拟 ZigBee 的无线定位应用如下。

实验中，定位方案一实现图 5-2-43 所示的经典三边估计定位算法，定位方案二实现图 5-2-44 所示的极大似然估计法定位算法。在空旷的户外环境用 4 个 ZT-EVB 开发平台分别充当锚节点和盲节点，准备 3 个位置固定的锚节点和 1 个位置未知的移动盲节点。在实验中，随机选取通信范围内的 4 个节点（A、B、C、D），其中 3 个为无线信号发射节点（A、B、C），D 为无线信号接收节点。发射、接收节点使用的都是鞭状全向天线，节点摆放在地面上。为了避免天线的非全向性带来测量误差，可使用图 5-2-45 所示的节点拓扑配置方法。

在三边定位算法的实验设计中，已知 A、B、C 这 3 个参考节点的坐标分别为(x_a, y_a)、(x_b, y_b)、(x_c, y_c)，各参考节点到移动节点 D 的距离分别为 d_a、d_b、d_c，假设节点 D 的坐标为(x, y)，则三边定位算法可表示为

$$\begin{cases} \sqrt{(x - x_a)^2 + (y - y_a)^2} = d_a \\ \sqrt{(x - x_b)^2 + (y - y_b)^2} = d_b \\ \sqrt{(x - x_c)^2 + (y - y_c)^2} = d_c \end{cases} \qquad (5\text{-}2\text{-}23)$$

图 5-2-43　基于三边估计的盲节点定位流程　　　　图 5-2-44　基于极大似然估计的盲节点定位流程

在理想情况下，3 个圆交于一点。此时，由方程（5-2-23）可以得到节点 D 的坐标为

$$\begin{bmatrix} x \\ y \end{bmatrix} = \begin{bmatrix} 2(x_a - x_c) & 2(y_a - y_c) \\ 2(x_b - x_c) & 2(y_b - y_c) \end{bmatrix}^{-1} \begin{bmatrix} x_a^2 - x_c^2 + y_a^2 - y_c^2 + d_c^2 - d_a^2 \\ x_b^2 - x_c^2 + y_b^2 - y_c^2 + d_c^2 - d_b^2 \end{bmatrix} \tag{5-2-24}$$

通过式（5-2-24）可算出待定位盲节点 D 的坐标。

在本实验中，A、B、C 这 3 个锚节点组成一个边长为 10m 的等边三角形。建立直角坐标系 xOy，如图 5-2-45 所示，3 点的坐标为 $A(-5, 0)$、$B(5, 0)$、$C(0, 5\sqrt{3})$。

根据该坐标，再通过式（5-2-24），可算出 x、y：

$$\begin{bmatrix} x \\ y \end{bmatrix} = \frac{1}{20} \begin{bmatrix} d_a^2 - d_b^2 \\ -\dfrac{\sqrt{3}}{3}(2d_c^2 - d_a^2 - d_b^2 - 100) \end{bmatrix} \tag{5-2-25}$$

图 5-2-45　三边法节点拓扑

三边定位算法的场景参数如表 5-2-4 所示。

表 5-2-4　三边定位算法的场景参数

初始场景尺寸	长[-5,65] 宽[-5,65]	初始参考节点坐标	(8,50)(30,10)(50,50)
假设参考节点数目	3 个	未知节点	随机放入
运算结果场景尺寸	长[20,80] 宽[20,80]	模拟误差数	7 个
模拟误差	$\frac{3}{70} \sim \frac{1}{10}$ 之间的一个随机数	误差显示场景尺寸	长[0,7] 宽[20,50]

如图 5-2-46 所示，深色的圆形为信标节点，浅色的圆形为未知节点，"+"代表误差节点。在此模拟中确定了模拟误差：取 $\frac{3}{70} \sim \frac{1}{10}$ 之间的一个随机数，乘以 7 个等级，观察误差计算结果，误差值如图 5-2-46(b)所示，当干扰误差越大时，节点定位的误差越大。

(a) 盲节点位置　　　　　　　　　　　(b) 误差值

图 5-2-46　三边定位测量算法仿真

（5）修改协议栈中的 3 个 LED、D10 和 D13 用于组网状态显示，LED1 可供用户自己使用；修改串口驱动，并初始化串口和注册串口。

（6）添加簇 ID。在 SampleApp.h 文件中添加 3 个簇 ID，如下：

```
#define SAMPLEAPP_PERIODIC_CLUSTERIDa        5
#define SAMPLEAPP_PERIODIC_CLUSTERIDb        6
#define SAMPLEAPP_PERIODIC_CLUSTERIDc        7
```

将簇 ID 的最大数修改为 7，如下：

```
#define SAMPLEAPP_MAX_CLUSTERS        7
```

在 SampleApp.h 文件中的簇 ID 列表中添加这 3 个簇 ID，如下：

```
const cId_t SampleApp_ClusterList[SAMPLEAPP_MAX_CLUSTERS] =
{
...
  SAMPLEAPP_PERIODIC_CLUSTERIDa,    //用于定位
  SAMPLEAPP_PERIODIC_CLUSTERIDb,
  SAMPLEAPP_PERIODIC_CLUSTERIDc
};
```

簇 ID 用来区分不同的功能设备，这 3 个簇 ID 分别对应 3 个固定节点 A、B、C。

（7）设备启动后，触发周期信息的发送函数发送周期信息：

```
case ZDO_STATE_CHANGE:
        SampleApp_NwkState = (devStates_t)(MSGpkt->hdr.status);
        if ( (SampleApp_NwkState == DEV_ZB_COORD)
           || (SampleApp_NwkState == DEV_ROUTER)
           || (SampleApp_NwkState == DEV_END_DEVICE) )
        {
          osal_start_timerEx( SampleApp_TaskID,
                             SAMPLEAPP_SEND_PERIODIC_MSG_EVT,
                      SAMPLEAPP_SEND_PERIODIC_MSG_TIMEOUT );
        }
```

对应事件 SAMPLEAPP_SEND_PERIODIC_MSG_EVT 的处理函数为：

```
if ( events & SAMPLEAPP_SEND_PERIODIC_MSG_EVT)
 {
    SampleApp_SendPeriodicMessage();
    osal_start_timerEx( SampleApp_TaskID,SAMPLEAPP_SEND_PERIODIC_MSG_EVT,
                  my_timeout );
  return (events ^ SAMPLEAPP_SEND_PERIODIC_MSG_EVT);
 }
```

该函数的功能是每隔 my_timeout 时间触发一次 SAMPLEAPP_SEND_MSG_EVT 事件，该事件会调用一个发送函数，发送一个数据，该数据本身是什么并不关键，关键是发送函数中的簇 ID，还有接收设备在接收到该数据后，会算出接收到数据的功率 RSSI，下面来看该周期信息发送函数。

```
void SampleApp_SendPeriodicMessage( void )
{
 if ( AF_DataRequest( &SampleApp_Periodic_DstAddr, &SampleApp_epDesc,
      SAMPLEAPP_PERIODIC_CLUSTERIDc,    //用于区分设备的簇 ID
```

```
          1,
          (uint8*)&SampleAppPeriodicCounter,
          &SampleApp_TransID,
          AF_DISCV_ROUTE,
          AF_DEFAULT_RADIUS ) == afStatus_SUCCESS )
   {
   }
   else
   {
   }
}
```

（8）以上是发送设备的程序修改，下面来看接收设备的程序修改。

首先是添加事件和定义变量：

```
#define my_event 0x00080
float da = 0;
float db = 0;
float dc = 0;
```

（9）在接收事件 AF_INCOMING_MSG_CMD 的处理函数中，修改该处理函数：

```
case AF_INCOMING_MSG_CMD:
    SampleApp_MessageMSGCB( MSGpkt );
    break;
```

在函数 SampleApp_MessageMSGCB()中添加簇 ID，如下：

```
void SampleApp_MessageMSGCB( afIncomingMSGPacket_t *pkt )
{
  switch ( pkt->clusterId )
  {
   ...
  case SAMPLEAPP_PERIODIC_CLUSTERIDa:        //设备 A 的簇 ID
    if(da == 0)
    {
      da = SampleApp_recievRSSIMessage(pkt , SAMPLEAPP_PERIODIC_CLUSTERIDa);
      osal_start_timerEx(SampleApp_TaskID,my_event,my_timeout);
    }
    break;

  case SAMPLEAPP_PERIODIC_CLUSTERIDb:        //设备 B 的簇 ID
    if(db == 0)
    {
      db = SampleApp_recievRSSIMessage(pkt , SAMPLEAPP_PERIODIC_CLUSTERIDb);
      osal_start_timerEx(SampleApp_TaskID,my_event,my_timeout);
    }
    break;
```

```
    case SAMPLEAPP_PERIODIC_CLUSTERIDc:            //设备 C 的簇 ID
      if(dc == 0)
      {
        dc = SampleApp_recievRSSIMessage(pkt , SAMPLEAPP_PERIODIC_CLUSTERIDc);
        osal_start_timerEx(SampleApp_TaskID,my_event,my_timeout);
      }
      break;
  }
}
```

（10）下面来看函数 SampleApp_recievRSSIMessage( )。

```
/******************************************************************
名称: SampleApp_recievRSSIMessage()
功能: 接收 RSSI 信息,并将其转换,通过串口发送给计算机
输入参数: pkt,接收到的信息
输出参数: 距离
******************************************************************/
float SampleApp_recievRSSIMessage(afIncomingMSGPacket_t *pkt , uint16 cuid)
{
  float dis;
  uint8 rssi[20] = "the RSSI is -  dBm\r\n";
  uint8 distance[27] = "the d  distance is    . m\r\n";
  int8 k;
  if(cuid == SAMPLEAPP_PERIODIC_CLUSTERIDa)
  {
  distance[5] = 'a';
  }else
  if(cuid == SAMPLEAPP_PERIODIC_CLUSTERIDb)
  {
  distance[5] = 'b';
  }else
  if(cuid == SAMPLEAPP_PERIODIC_CLUSTERIDc)
  {
  distance[5] = 'c';
  }

  k = pkt->rssi;
  k = 255 - k;                        //pkt->rssi 是 int 型的,用 255 减后才是 dB 值
  rssi[13]=k/10 + '0';                //将十六进制数转换成字符型
  rssi[14]=k%10 + '0';
  HalUARTWrite(1,rssi,20);

  dis = pow(10 , (((float)k - 40)/(10*4)));        // 这里是式（5-2-11）的实现
  distance[19] = (uint8)(dis)/100 + '0';
```

```
distance[20] = (uint8)(dis)%100/10 + '0';
distance[21] = (uint8)(dis)%100%10 + '0';
distance[23] = (uint8)(dis*10)%10 + '0';
HalUARTWrite(1,distance,27);
return (dis);
}
```

该函数的功能是：接收到数据后，通过簇 ID 识别是哪个设备发来的数据；获得 RSSI，通过式（5-2-11）计算两个设备的距离，最后通过串口将 RSSI 值和距离值发送给计算机；函数返回计算的距离值。

在以上程序中调用了函数 pow(a,b)，该函数的功能是返回 a 的 b 次幂的值。但是运用该函数需要调用头文件#include "math.h"。

（11）当接收到数据时，会触发事件 my_event，事件 my_event 的处理函数如下：

```
if ( events & my_event )
  {
  SampleApp_Coordinate();
  return (events ^ my_event);
  }
/**************************************************************
名称：SampleApp_Coordinate()
功能：通过 RSSI 测得 3 个长度距离,算出坐标,并通过串口发送给计算机,3 个锚节点构成等边三角
形,边长为 10m,则锚节点坐标 A(-5,0)、B(5,0)、C(0,5sqrt(3))
输入参数：无
输出参数：无
**************************************************************/
void SampleApp_Coordinate(void)
{
  float x;
  float y;
  float a = 3;
  float b;
  float c = 100;
  b=sqrt(a)/3;                        //需要调用头文件#include "math.h"
  uint8 x_coordinate[29] = "the x_coordinate is      . m\r\n";   //x 坐标
  uint8 y_coordinate[29] = "the y_coordinate is      . m\r\n";   //y 坐标
  if( da>0 & db>0 & dc>0 )            //等待 3 个设备的数据都接收完
  {
    x = 0.05*(da - db)*(da + db);    //这里用到式（5-2-25）
    y = 0.05*(-b)*((dc - da)*(dc + da) + (dc - db)*(dc + db) - c);

    if(x < 0)                         //判断算出的 x 值的正负
    {
      x_coordinate[20] = '-';
```

```
        x = 0 - x;                              //若为负,则取反
    }else x_coordinate[20] = '+';
     if(y < 0)
    {
      y_coordinate[20] = '-';
      y = 0 - y;
    }else y_coordinate[20] = '+';

    x_coordinate[21] = (uint8)(x)/100 + '0';
    x_coordinate[22] = (uint8)(x)%100/10 + '0';
    x_coordinate[23] = (uint8)(x)%100%10 + '0';
    x_coordinate[25] = (uint8)(x*10)%10 + '0';
    y_coordinate[21] = (uint8)(y)/100 + '0';
    y_coordinate[22] = (uint8)(y)%100/10 + '0';
    y_coordinate[23] = (uint8)(y)%100%10 + '0';
    y_coordinate[25] = (uint8)(y*10)%10 + '0';
    HalUARTWrite(1,x_coordinate,29);         //将 x 值发给计算机
    HalUARTWrite(1,y_coordinate,29);         //将 y 值发给计算机
    da = 0;
    db = 0;
    dc = 0;
  }
}
```

（12）信标节点程序的下载。在 SampleApp_SendPeriodicMessage()函数中修改发送函数的簇 ID：

```
SAMPLEAPP_PERIODIC_CLUSTERIDa、SAMPLEAPP_PERIODIC_CLUSTERIDb、SAMPLEAPP_
PERIODIC_CLUSTERIDc
```

这 3 个簇 ID 分别对应设备 A、B、C，而移动节点的程序下载不需要注意这个簇 ID，即无论用哪个簇 ID 或直接屏蔽掉该函数都可以。但是 4 个设备中必须要有一个是协调器，剩下的可以是路由器，也可以是终端设备，并将移动节点的串口接到计算机上，用于通信。

定位网络拓扑结构如图 5-2-50 所示（见后），假设 4 个参考节点 a、b、c、d 的坐标分别为(x_a, y_a)= (−5, 3)、(x_b, y_b) = (−5, −3)、(x_c, y_c)= (5, −3)、(x_d, y_d)= (5, 3)，它们到待定位盲节点 M 的欧拉距离分别为 da、db、dc、dd，盲节点 M 的坐标为(x, y)。该实验选取空旷室内测距场地，在两个 ZT-EVB 主板上插上 ZT100 射频模块作为发射机和接收机。在场地中央处选择一个固定位置放置发射机节点，支撑发射机使发射机的天线距离地面 1m。发射机的输出功率可通过程序设计设置，软件设置 8 个功率输出级，其中，0dBm 为芯片的默认输出功率。发射机固定好后，对接收机进行程序设计，以 20cm 为间隔，在距离发射机 20m 的范围内设置 10 个测量点，即设置在距离发射机 0.2m、0.4m、……、20m 等位置。CC2530 芯片支持 RSSI 监测功能，在接收到的每帧数据中都有相应的字段指示接收机收到该数据包的信号强度。对接收节点程序设计，设置一个 RSSI 值缓存区，在每个测试点接收 300 个数据包后，依据式（5-2-16）对 300 个 RSSI 值求平均值，然后以平均后的 $\overline{RSSI}$ 值作为接收节点

在该位置收到的信号强度。

实验选取 $n = 3.5$，$A=-35$dBm，选择基于 ZigBee 的硬件平台作为无线通信平台，使用 TI 公司的无线收发芯片 CC2530 完成固定节点和待定位节点间的通信及 RSSI 的采集。该芯片兼容 IEEE 802.15.4 规范，其输出功率可编程，可通过软件设置 8 个功率输出级，其中，0dBm 为芯片的默认输出功率。

采用极大似然估计定位方式的步骤（1）～（4）与采用三边估计定位方式相同，后续步骤如下。

（5）修改协议栈中的 3 个 LED、D10 和 D13 用于组网状态显示，LED1 可供用户自己使用；修改串口驱动，并初始化串口和注册串口。

（6）添加簇 ID。在 SampleApp.h 文件中添加 4 个簇 ID，如下：

```
#define SAMPLEAPP_PERIODIC_CLUSTERIDa    5
#define SAMPLEAPP_PERIODIC_CLUSTERIDb    6
#define SAMPLEAPP_PERIODIC_CLUSTERIDc    7
#define SAMPLEAPP_PERIODIC_CLUSTERIDd    8
```

将簇 ID 的最大数修改为 8，如下：

```
#define SAMPLEAPP_MAX_CLUSTERS    8
```

在 SampleApp.h 文件中的簇 ID 列表中添加这 4 个簇 ID，如下：

```
const cId_t SampleApp_ClusterList[SAMPLEAPP_MAX_CLUSTERS] =
{
...
  SAMPLEAPP_PERIODIC_CLUSTERIDa,
  SAMPLEAPP_PERIODIC_CLUSTERIDb,
  SAMPLEAPP_PERIODIC_CLUSTERIDc,
  SAMPLEAPP_PERIODIC_CLUSTERIDd
};
```

这 4 个簇 ID 分别对应 4 个固定节点 A、B、C、D。

（7）设备启动后，触发周期信息的发送函数发送周期信息：

```
case ZDO_STATE_CHANGE:
        SampleApp_NwkState = (devStates_t)(MSGpkt->hdr.status);
        if ( (SampleApp_NwkState == DEV_ZB_COORD)
                || (SampleApp_NwkState == DEV_ROUTER)
                || (SampleApp_NwkState == DEV_END_DEVICE) )
        {
          osal_start_timerEx( SampleApp_TaskID,
                              SAMPLEAPP_SEND_PERIODIC_MSG_EVT,
        SAMPLEAPP_SEND_PERIODIC_MSG_TIMEOUT );
        }
```

对应事件 SAMPLEAPP_SEND_PERIODIC_MSG_EVT 的处理函数为

```
if ( events & SAMPLEAPP_SEND_PERIODIC_MSG_EVT )
  {
    SampleApp_SendPeriodicMessage();
    osal_start_timerEx( SampleApp_TaskID,SAMPLEAPP_SEND_PERIODIC_MSG_EVT,
my_timeout );
```

```
    return (events ^ SAMPLEAPP_SEND_PERIODIC_MSG_EVT);
  }
```

该函数的功能是每隔 my_timeout 时间触发一次 SAMPLEAPP_SEND_PERIODIC_MSG_
EVT 事件,该事件会调用一个发送函数,发送一个数据,该数据本身是什么并不关键,关键
是发送函数中的簇 ID,还有接收设备在接收到该数据后,会算出接收到的数据的功率 RSSI,
下面来看该周期信息发送函数。

```
void SampleApp_SendPeriodicMessage( void )
{
  if ( AF_DataRequest( &SampleApp_Periodic_DstAddr, &SampleApp_epDesc,
      SAMPLEAPP_PERIODIC_CLUSTERIDc,    //簇 ID,用于区分设备
      1,
      (uint8*)&SampleAppPeriodicCounter,
&SampleApp_TransID,
      AF_DISCV_ROUTE,
      AF_DEFAULT_RADIUS ) == afStatus_SUCCESS )
  {
  }
  else
  {
  }
}
```

在以上函数中,根据不同的设备(固定节点 A、B、C、D)选择不同的簇 ID。

(8)以上是发送设备的程序修改,下面来看接收设备的程序修改。

首先是添加事件、定义变量:

```
#define my_event 0x00080
float da = 0;
float db = 0;
float dc = 0;
float dd = 0;
```

(9)在接收事件 AF_INCOMING_MSG_CMD 的处理函数中,修改该处理函数:

```
case AF_INCOMING_MSG_CMD:
        SampleApp_MessageMSGCB( MSGpkt );
        break;
```

在函数 SampleApp_MessageMSGCB()中添加簇 ID,如下:

```
void SampleApp_MessageMSGCB( afIncomingMSGPacket_t *pkt )
{
  switch ( pkt->clusterId )
  {
...
  case SAMPLEAPP_PERIODIC_CLUSTERIDa:        //用于定位设备 A 的簇 ID
    if(da == 0)
    {
```

```
        da = SampleApp_recievRSSIMessage(pkt , SAMPLEAPP_PERIODIC_CLUSTERIDa);
        osal_start_timerEx(SampleApp_TaskID,my_event,my_timeout);
      }
      break;

  case SAMPLEAPP_PERIODIC_CLUSTERIDb:          //用于定位设备 B 的簇 ID
    if(db == 0)
    {
      db = SampleApp_recievRSSIMessage(pkt , SAMPLEAPP_PERIODIC_CLUSTERIDb);
      osal_start_timerEx(SampleApp_TaskID,my_event,my_timeout);
    }
    break;

  case SAMPLEAPP_PERIODIC_CLUSTERIDc:          //用于定位设备 C 的簇 ID
    if(dc == 0)
    {
      dc = SampleApp_recievRSSIMessage(pkt , SAMPLEAPP_PERIODIC_CLUSTERIDc);
      osal_start_timerEx(SampleApp_TaskID,my_event,my_timeout);
    }
    break;

  case SAMPLEAPP_PERIODIC_CLUSTERIDd:          //用于定位设备 D 的簇 ID
    if(dd == 0)
    {
      dd = SampleApp_recievRSSIMessage(pkt , SAMPLEAPP_PERIODIC_CLUSTERIDd);
      osal_start_timerEx(SampleApp_TaskID,my_event,my_timeout);
    }
    break;
  }
}
```

（10）以下是解析函数 SampleApp_recievRSSIMessage( )。

```
/***********************************************************************
名称：SampleApp_recievRSSIMessage()
功能：接收 RSSI 信息,并将其转换,通过串口发送给计算机
输入参数：pkt,接送到的信息
输出参数：距离
***********************************************************************/
float SampleApp_recievRSSIMessage(afIncomingMSGPacket_t *pkt , uint16 cuid)
{
  float dis;
  uint8 rssi[20] = "the RSSI is -  dBm\r\n";
  uint8 distance[27] = "the d  distance is    . m\r\n";
  int8 k;
```

```
if(cuid == SAMPLEAPP_PERIODIC_CLUSTERIDa)
{
distance[5] = 'a';
}else
if(cuid == SAMPLEAPP_PERIODIC_CLUSTERIDb)
{
distance[5] = 'b';
}else
if(cuid == SAMPLEAPP_PERIODIC_CLUSTERIDc)
{
distance[5] = 'c';
}else
if(cuid == SAMPLEAPP_PERIODIC_CLUSTERIDd)
{
distance[5] = 'd';
}

k = pkt->rssi;
k = 255 - k;                              //pkt->rssi 是 int 型的,用 255 减后才是 dB 值
rssi[13]=k/10 + '0';                      //将十六进制数转换成字符型
rssi[14]=k%10 + '0';
HalUARTWrite(1,rssi,20);

dis = pow(10 , (((float)k - 40)/(10*4)));//这里是式（5-2-11）的实现
distance[19] = (uint8)(dis)/100 + '0';
distance[20] = (uint8)(dis)%100/10 + '0';
distance[21] = (uint8)(dis)%100%10 + '0';
distance[23] = (uint8)(dis*10)%10 + '0';
HalUARTWrite(1,distance,27);
return (dis);
}
```

　　该函数的功能是：在接收到数据后，通过簇 ID 识别是哪个设备发来的数据；获得 RSSI 后，通过式（5-2-11）解得两设备的距离，最后通过串口将 RSSI 值和距离值发送给计算机；函数返回计算的距离值。

　　在以上程序中调用了函数 pow(a,b)，该函数的功能是返回 a 的 b 次幂的值。运用该函数需要调用头文件#include "math.h"。

　　（11）当接收到数据时，会触发事件 my_event，相应的事件处理函数如下：

```
if ( events & my_event )
  {
   SampleApp_Coordinate();
   return (events ^ my_event);
  }
/*************************************************************
```

```
名称: SampleApp_Coordinate()
功能: 通过 RSSI 测得 4 个长度距离, 算出坐标, 并通过串口发送给计算机, 4 个锚节点构成矩形, 坐
标分别为(xa,ya)=(-5,3)、(xb,yb)=(-5,-3)、(xc,yc)=(5,-3)、(xd,yd)=(5,3)
输入参数: 无
输出参数: 无
***********************************************************************/
void SampleApp_Coordinate(void)
{
  float x;
  float y;
  float a = (float)1/60;
  float b = (float)1/36;
  uint8 x_coordinate[29] = "the x_coordinate is     . m\r\n";    //x 坐标
  uint8 y_coordinate[29] = "the y_coordinate is     . m\r\n";    //y 坐标
  if( da>0 & db>0 & dc>0 & dd>0 )          //等待 4 个设备的数据都接收完
  {
    //乘以 25 是因为实验测试时所选的场所是按 5 倍的比率缩小的
    x = (2.0*a*(da-dd)*(da+dd)+a*(db-dc)*(db+dc))*25.0;
    y = (-b*(da-db)*(da+db)+2.0*b*(dc-dd)*(dc+dd))*25.0;

    if(x < 0)                              //判断算出的 x 值的正负
    {
      x_coordinate[20] = '-';
      x = 0 - x;                           //若为负, 则取反
    }else x_coordinate[20] = '+';
    if(y < 0)
    {
      y_coordinate[20] = '-';
      y = 0 - y;
    }else y_coordinate[20] = '+';

    x_coordinate[21] = (uint8)(x)/100 + '0';
    x_coordinate[22] = (uint8)(x)%100/10 + '0';
    x_coordinate[23] = (uint8)(x)%100%10 + '0';
    x_coordinate[25] = (uint8)(x*10)%10 + '0';
    y_coordinate[21] = (uint8)(y)/100 + '0';
    y_coordinate[22] = (uint8)(y)%100/10 + '0';
    y_coordinate[23] = (uint8)(y)%100%10 + '0';
    y_coordinate[25] = (uint8)(y*10)%10 + '0';
    HalUARTWrite(1,x_coordinate,29);            //将 x 值发给计算机
    HalUARTWrite(1,y_coordinate,29);            //将 y 值发给计算机
    da = 0;
```

```
        db = 0;
        dc = 0;
        dd = 0;
    }
}
```

（12）程序的下载。固定节点设备的程序下载：在 SampleApp_SendPeriodicMessage( )函数中修改发送函数的簇 ID：

```
SAMPLEAPP_PERIODIC_CLUSTERIDa、SAMPLEAPP_PERIODIC_CLUSTERIDb、SAMPLEAPP_
PERIODIC_CLUSTERIDc、SAMPLEAPP_PERIODIC_CLUSTERIDd
```

这 4 个簇 ID 分别对应设备 *A*、*B*、*C*、*D*，而移动节点的程序下载不需要注意这个簇 ID，即任意选择簇 ID 或直接屏蔽掉该发送函数。但是 5 个设备中必须要有一个是协调器，其他的可以是路由器，也可以是终端设备，并将移动节点的串口接到计算机上，用于通信。

依据式（5-2-22）和图 5-2-50 所示的定位网络拓扑结构，程序中坐标 x、y 的计算过程如下：

```
x = (2.0*a*(da-dd)*(da+dd)+a*(db-dc)*(db+dc))*25.0;
y = (-b*(da-db)*(da+db)+2.0*b*(dc-dd)*(dc+dd))*25.0;
```

6. 实验结果

（1）定位坐标监控及误差分析。在串口调试助手中会显示每个固定节点的 RSSI 值，以及计算出的距离值和坐标 x、y 值。

如图 5-2-47 所示，串口接收到 4 个数据，分别为 da、db、dc、dd，这 4 个数据为测得的实际距离，将它们乘以 5（因为实验场所为原来的 1/5）后，程序按照 x、y 的计算公式计算出坐标 x、y 的值，并输出到串口。

如图 5-2-48 所示的方框部分，这些数据只能大致反映移动节点的位置，即在哪个象限及大致方位。综合分析实验结果可知，影响定位精度的主要因素是 RSSI 的距离测量精度，因此定位实验设计中要注重 RSSI 测距模型的校正。距离差测量值与极大似然估计法定位算法的误差情况如表 5-2-5 所示。

图 5-2-47　盲节点定位坐标测试

图 5-2-48　盲节点定位误差测试

表 5-2-5　距离差测量值与极大似然估计法定位算法的误差情况

实验次数	到达 A、B 的距离差	到达 A、C 的距离差	目标节点位置	位置误差
1	−4.18	−4.34	(0.5,−1.9)	0.57
2	−3.72	−4.35	(0.5,−1.8)	0.60
3	−4.09	−5.04	(−0.1,−2.2)	0.15
4	−2.76	−3.39	(0.2,−1.0)	1.08
5	−3.85	−4.95	(−0.1,−2.1)	0.06
6	−3.85	−4.70	(−0.1,−2.1)	0.06
7	−4.17	−5.12	(−0.1,−2.2)	0.15
8	−3.88	−4.73	(−0.1,−2.1)	0.06
9	−3.78	−4.70	(−0.1,−2.1)	0.06
10	−3.38	−4.26	(0.4,−1.7)	0.57
11	−4.06	−5.39	(−0.2,−2.3)	0.28
12	−3.91	−5.06	(−0.2,−2.2)	0.20
13	−4.23	−5.21	(−0.2,−2.3)	0.28
14	−3.46	−5.17	(−0.3,−2.1)	0.25
15	−5.03	−6.15	(−0.8,−2.8)	1.00
16	−3.64	−4.70	(−0.1,−2.0)	0.07
均　值			(−0.05,−2.05)	0.34

极大似然估计法的场景参数如表 5-2-6 所示。三边定位算法的节点误差率示意图如图 5-2-49 所示。

表 5-2-6　极大似然估计法的场景参数

初始场景尺寸	长[−5,65] 宽[−5,65]	初始参考节点坐标	[0,0]、[0,50]、[50,50]、[50,0] 所围成的区域
假设参考节点数目	10 个	未知节点	用鼠标随机放入
运算结果场景尺寸	长[−20,80] 宽[−20,80]	模拟误差数	7 个
模拟误差	$\frac{3}{70} \sim \frac{1}{10}$ 之间的一个随机数	误差显示场景尺寸	长[0,7] 宽[−20,50]

本次仿真给定的是 10 个随机参考点，运用极大似然估计法给未知节点进行定位。如图 5-2-51 所示，空心圆形为信标节点，实心圆形为未知节点，"+"为误差节点。模拟误差值也与前两节相同，节点误差率示意图如图 5-2-52 所示。

（2）两种定位方式的比较。极大似然估计法是对三边定位算法的扩展补充，当参考节点多于 3 个时，就变成了极大似然估计法。在同样的条件下，本实验将三边定位算法与极大似然估计法进行对比，如图 5-2-53 所示。

在图中，深色圆形代表三边定位算法的参考节点，三角形代表极大似然估计法的参考节点，浅色圆形代表未知节点，深色的"+"是极大似然估计法的定位节点，浅色的"+"是三边定位算法的定位节点。本次实验在两种实验的信标节点的外围取了一个点。由此证明，当盲节点在信标节点的外围时，定位误差较大，极大似然估计法在大多数情况下优于三边定位算法，当然也要考虑盲节点与信标节点相对位置的优劣性。

图 5-2-49　三边定位算法的节点误差率示意图

图 5-2-50　定位网络拓扑结构

图 5-2-51　极大似然估计法节点位置误差示意图

图 5-2-52　极大似然估计法的节点误差率示意图

(a)

(b)

图 5-2-53　极大似然估计法与三边定位算法的节点位置误差示意图

7．扩展与思考

（1）参考以下说明，分析基于 RSSI 测距技术的无线定位原理。

所谓 RSSI，是指对周围节点将传输的数据的电波强度进行测定所得的值。依据节点间的坐标和信号强度及相关公式可以计算出实际距离。公式 $RSSI=-(10n\lg d+A)$ 中，RSSI 值为在工作通道上开始接收数据包后，在 8 个符号周期（Symbol Period）中测得的信号能量平均值，它被转换为一个 8b 的二进制数，添加到数据包中向上层传输；d 为发射节点与接收节点之间的距离，单位为 m；n 反映了在具体的传播环境下，信号能量随收发器间距离的增大而衰减的速率，为了简化运算，实际写入定位引擎的 n 值是通过查表得到的整数索引值，具体可参考数据手册；A 为天线全向模式下距发射节点 1m 处接收信号的 RSSI 绝对值，与信号发射强度有关。A 和 n 是通过实验来确定的。

（2）因为 RSSI 的值会受环境等因素的变化而有所不同，所以在使用前应先进行定标，根据公式 $RSSI = A-10n\lg d$，修改其中的 A 和 n 值来完成定标，并相应修改程序完成该定标工作。

```
float SampleApp_recievRSSIMessage(afIncomingMSGPacket_t *pkt , uint16 cuid)
{
...
  dis = pow(10 , (((float)k - 40)/(10*4)));
...
}
```

以上程序中的 pow(10, (((float)k − 40)/(10*4)))，其中 40 为 A 的值，这个值是通过测试相距 1m 的两个设备之间的 RSSI 值而得到的，因此可以多次测试相距 1m 的两个设备之间的 RSSI 值，再求平均值，来确定该值；该函数中的 4 为 n 的值，n 是通道衰减指数，一般取 2～4，可以通过多次实验来取适当值。

（3）图 5-2-54 所示为两通信设备 A 与 B 之间的 $RSSI_{AB}$ 值，请依据 Shadowing 理论模型计算出 A 与 B 之间的距离 d_{AB}，并记录计算结果，填入表 5-2-7 中。

（4）测试定位误差，并填写表 5-2-7。

（5）按照图 5-2-55 所示的节点拓扑和参数配置，测试天线非全向性现象对 RSSI 测量精度的影响程度。其中，变量 d 为 3 个发射节点 A、B、C 到接收节点 D 的可调距离。设定距离测量范围为 0～40m，从距离 D 为 $d = 0.5m$ 处开始测量，每隔 0.5m 测量 100 组数据。在一次数据测量中，3 个发射节点 A、B、C 依次发送一个数据包给接收节点，接收节点提取接收到的 3 个数据包中相应的 RSSI 值并求平均值，自行制表并记录 RSSI 值的平均值；

```
接收/键盘发送缓冲区
the RSSI is -68dBm
the distance is 005.0m
the RSSI is -66dBm
the distance is 004.4m
the RSSI is -62dBm
the distance is 003.5m
the RSSI is -63dBm
the distance is 003.7m
the RSSI is -65dBm
the distance is 004.2m
the RSSI is -59dBm
the distance is 002.9m
the RSSI is -59dBm
the distance is 002.9m
the RSSI is -59dBm
the distance is 002.9m
the RSSI is -64dBm
the distance is 003.9m
the RSSI is -56dBm
the distance is 002.5m
```

图 5-2-54　两通信设备之间的 $RSSI_{AB}$ 值

进而，用 $A(D)$ 代表 A 与 D 点间的 RSSI 值，$B(D)$ 代表 B 与 D 点间的 RSSI 值，改变角度 $\theta=\angle ADB$，按照表 5-2-8 所示的格式记录实验数据。根据实验结果分析消除天线非全向性的测试方法。

表 5-2-7　定位误差测试

盲节点实际位置	算法定位结果	误　差
(5, 1)	(3.8, 1.2)	1.2
(10, 1)	(7.8, 1.5)	2.3

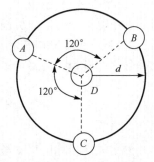

图 5-2-55　节点拓扑和参数配置

表 5-2-8　可变角度和距离的 RSSI 有效测量值

RSSI/dB	θ=15°		θ=30°		θ=45°		θ=60°	
	$A(D)$	$B(D)$	$A(D)$	$B(D)$	$A(D)$	$B(D)$	$A(D)$	$B(D)$
d=1.0m								
d=2.0m								
d=3.0m								
d=4.0m								
d=5.0m								
d=6.0m								
d=7.0m								
d=8.0m								
d=9.0m								
d=10.0m								

5.2.4　车位资源无线监控实验

1．实验目的

（1）巩固 ZigBee 组网功能及多点通信无线数据发送功能。

（2）熟悉 ZigBee 模块的参数配置方法，并验证模块的 GPIO 端口功能。

（3）掌握 Z-Stack 协议栈的事件产生和事件处理机制，熟悉按键的工作原理。

（4）模拟停车位资源占用状况的实时监控和判断。

2．实验设备

硬件：计算机一台（操作系统为 Windows XP 或 Windows 7）；ZT-EVB 开发平台两套；ZT-Debugger 仿真器；USB 数据线两条；压力（光感）传感器。

软件：IAR Embedded Workbench for MCS-51 开发环境；Z-Stack 协议栈；串口调试助手。

3．实验要求

（1）以 ZigBee 无线自组网方式基于 ZT-EVB 开发平台模拟停车位占用情况的无线监控与

判断，设备及外设功能如表 5-2-9 所示。

表 5-2-9 设备及外设功能

设备与外设	协 调 器	终 端	按 键	LED 灯组
在车位监控系统中的功能	监控 ZigBee 网络内所有终端所控制的车位小区	控制一个具有 8 个车位资源的小区	控制小区内具体车位上的压力传感器	显示小区内相应车位的占用状态

（2）用网络中每个 ZT-EVB 开发平台的终端上的 8 个按键模拟 8 个车位上的相应压力传感器，$k(k=1,2,\cdots)$ 个终端可提供 $8k$ 个车位的占用状况模拟。将每个终端上的"按键过程"映射为对应车位的压力感知和中断触发过程；具体"按键动作"定义为：按键一次，代表车停入车位；再按键一次，代表车驶出车位。按键信息以多点通信方式通知协调器监控中心。

（3）将终端设备模块的 GPIO 端口配置成数字输入查询方式，按键操作模拟对应车位压力传感器的触发或释放操作，终端设备的内核处理器（Micro Control Unit，MCU）检测到相应按键的 GPIO 查询信息后，通过点对点无线通信方式发送给协调器的中心监控节点。协调器接收到数据信息后，判断具体的终端设备号，并控制该终端上相应车位的 LED 进行指示，高亮状态代表相应车位被占用，熄灭状态代表该车位空闲。通过串口工具在显示接口上打印出相应的数据命令信息，依据数据命令帧的相应字节，判断终端设备中哪些车位的压力传感器被触发或释放，从而以无线通信方式实现小区停车位资源占用状况的实时判断。车位监控系统模拟操作说明及状态指示如表 5-2-10 所示。

表 5-2-10 车位监控系统模拟操作说明及状态指示

按 键 规 则		LED 状态	
模拟车位占用或空闲操作		指示相应车位的占用状态	
动作	含义	状态	含义
当前按键一次	车辆停入车位	常亮状态	车位被占用
再按键一次	车辆驶出车位	熄灭状态	车位空闲

4．基础知识

（1）车位无线监控的意义。随着国民经济的快速发展和人们生活水平的日益提高，私家车的数量急剧增大，不但导致了城市交通压力增大和车位资源匮乏，而且提高了对停车场管理智能化的要求。传统车辆停泊的人工引导或有线通信设备管理方式存在车辆调度劳动强度大、投资成本高、监控实时性差、路线规划不合理等缺点，导致车位资源的使用效率低，已经不能满足当前规模不断扩大的停车场需求，因此，提高传统停车场管理系统的自动化和无线化程度已成为车位智能监控管理的必然趋势。采用无线方式监控剩余的车位资源状况，可降低布线成本、提高监控实时性，对实现车位智能监控管理有重要的实践意义。ZigBee 技术相比于其他无线通信技术，具有高可靠性、低成本、低功耗、低时延、组网灵活等优点，适用于车位无线监控管理的物联网应用，并逐渐被智能停车场监控管理系统广泛采用。本实验从停车场管理的智能化目标出发，拟将 ZigBee 传感网技术应用到智能车位无线监控系统的设计中，实现停车方式的智能化和车位资源的自适应配置。

（2）在车位占用的判断方面，拟依据光强和压力传感的综合信息设计判定阈值，进而通过无线信号的树形汇聚路由，使得车位管理监控中心获取停车场的全局车位资源信息，如图 5-2-56 所示。

图 5-2-56　车位空闲或占用资源的阈值设计

熟悉 Z-Stack 协议栈的事件产生和事件处理机制，熟悉按键的工作原理和 LED 的硬件电路工作原理，如图 5-2-57 所示。

图 5-2-57　按键电路接口

5．实验步骤

（1）修改设备编号，对终端模块进行配置，然后配置设备的 GPIO：端口使能"打开"，端口模式为"数字"，端口方向为"输入"，上拉模式为"上拉"，轮询方式为"中断"。

修改协调器的编号为 0，对协调器进行配置，将其设备编号修改（也就是终端设备的告警地址），其他保持为默认值，如图 5-2-58 和图 5-2-59 所示。

图 5-2-58 对协调器进行配置（1）

图 5-2-59 对协调器进行配置（2）

配置 ZT-EVB 开发平台的硬件接口。将开发平台的 DEBUGGER 口与计算机用 ZT-Debugger 相连；A 板的 USB 与计算机相连，用于供电和数据传输；B 板的 USB 接口用于供电，也可通过开发平台上的 J13 接口供电；然后分别将 A 板、B 板 Power SW 的 3V3-VDD、I/O SW 的 IND0 和 IND1，以及 USB SW 的 4 个开关打开，将 A 板的 LED SW 的 8 个开关全部打开，将 KEYBOARD 的 8 个开关全部关掉，用作协调器按键控制台；将 B 板的 LED SW 的 8 个开关全部关掉，将 KEYBOARD 的 8 个开关全部打开，作为终端设备；关闭 ZT-EVB 开发平台上本实验未使用的所有其他功能拨码开关组，完成符合本实验功能要求的拨码开关配置。

（2）完成以上 ZT-EVB 开发平台的供电和接口配置后，参考图 5-2-60 所示的设备逻辑连接图，进行实验系统的硬件设备连接和软件功能程序设计。

图 5-2-60 车位资源无线监控实验设备逻辑连接图

（3）按照 4.3.2 节"设备启动组网实验"的方法修改协议栈中的 LED、D10 和 D13，用于组网显示状态。

（4）打开一个 Sample 工程，若正确安装了 TI 的 Z-Stack 协议栈，则路径为…Texas Instruments\ZStack-CC2530-2.4.0-1.4.0\Projects\zstack\Samples\SampleApp\CC2530DB，然后在该 Sample 工程中做相应的修改，使其实现该实验功能。

（5）设计车位资源无线监控实验流程图，如图 5-2-61 所示。

图 5-2-61　车位资源无线监控实验流程图

（6）在 SampleApp.h 中添加一个簇 ID，如下：

```
#define SAMPLEAPP_PARKING_CLUSTERID  10    //用于小区停车
```

在 SampleApp.c 文件中将新增的簇加入列表，如下

```
const cId_t SampleApp_ClusterList[SAMPLEAPP_MAX_CLUSTERS] =
{
...
  SAMPLEAPP_PARKING_CLUSTERID        //用于小区停车
}
```

（7）在设备启动任务中添加如下周期发送事件 SAMPLEAPP_SEND_MSG_EVT，注意在信息接收模块 A 板的内置程序编写中，要屏蔽按键检查函数：

```
case ZDO_STATE_CHANGE:
...
        osal_start_timerEx( SampleApp_TaskID,
                            SAMPLEAPP_SEND_MSG_EVT,
                            SAMPLEAPP_SEND_PERIODIC_MSG_TIMEOUT );
```

并每隔一段时间触发一次事件 SAMPLEAPP_SEND_MSG_EVT，过程如下：

```
if ( events & SAMPLEAPP_SEND_MSG_EVT )
  {
   keychange_process();//用于小区停车,若是接收端（协调器）,则要屏蔽这个按键检测
   osal_start_timerEx( SampleApp_TaskID,
                       SAMPLEAPP_SEND_MSG_EVT,20 );
  }
```

（8）在按键处理函数中，查询按下的键：

```
void keychange_process(void)
{
 keyinit() ;                         //初始化按键为中断方式,用于小区停车
 uint8 keys1;
 keys1 = keys;

 if (P0_1 == 0)                      //判断按键 key1 的状态变化
 {
  Delayms(10);
  while(P0_1 == 0);                  //等待按键松开
   if(key_1 == 1)                    //key_1 为标志位,全局变量
   {
     key_1 = 0;
   }else key_1 = 1;
   if(key_1 == 1)
   {
     keys1 |= SW_KEY1;               //key1 按下
   }else keys1 =keys1 ^ SW_KEY1;
 }
```

ZT-EVB 开发平台上的其余 7 个键使用相同的查询方法，此处省略。

```
if(keys == keys1)                 //若按键值没有改变,则不发送 keys 值
{
}else
{
 keys = keys1;
 SampleApp_SendParkingMessage();
}
```

（9）以上代码中调用了发送函数 SampleApp_SendParkingMessage( )，注意发送的数据为 keys，发送的簇为 SAMPLEAPP_PARKING_CLUSTERID，具体函数如下：

```
void SampleApp_SendParkingMessage(void)
{
 if ( AF_DataRequest( &SampleApp_DstAddr, &SampleApp_epDesc,
                       SAMPLEAPP_PARKING_CLUSTERID,
                       1,
```

```
                        (uint8*)&keys,
        &SampleApp_TransID,
                AF_DISCV_ROUTE,
                AF_DEFAULT_RADIUS ) == afStatus_SUCCESS )
  {
  }
  else
  {
  }
}
```

（10）接收模块接收到数据后会触发相应的事件，并在簇 SAMPLEAPP_PARKING_CLUSTERID 中得到处理：

```
void SampleApp_MessageMSGCB( afIncomingMSGPacket_t *pkt )
{
  uint16 flashTime;
  switch ( pkt->clusterId )
  {
...
    case SAMPLEAPP_PARKING_CLUSTERID:    //用于小区停车
      SampleApp_recievParkingMessage(pkt);
      break;
  }
}
```

其中，函数 SampleApp_recievParkingMessage( )读取按键信息（keys 值）并做相应处理：

```
void SampleApp_recievParkingMessage(afIncomingMSGPacket_t *pkt)
{
  uint8 keys_re;
  ledinit();
  keys_re = pkt->cmd.Data[0];
  if(keys_re & SW_KEY1)
  {
    P0_1 = 1;
  }else P0_1 = 0;
  //下面 7 个按键用同样的方法处理,这里省略
}
```

6. 实验结果

（1）将 8 个车位与一个 8 位字符数组进行一一映像，其数据结构为：当某个车位被占用时，相应的位置"1"；当车位空闲时，相应的位置"0"；ZT-EVB 开发平台上的 KEY0～KEY7 这 8 个按键分别对应智能车库中的压力传感器，当按键 KEY_i（$i=0,1,\cdots,7$）被按下时，表示相应的车位 i 被占用，当键 KEY_i 再次被按下时，表示相应的车位 i 上的汽车离开，该车位空闲。图 5-2-62 所示为车位占用的远程监控数据，例如，FE 表示车位 1～7 共 7 个车位都被占用，

00 表示所有 8 个车位都处于空闲状态。

用 ZT-EVB 开发平台上的按键压力操作来模拟实际车位地面上的压力传感器的感知车辆压力的过程。当汽车停在第 k 个车位时，车位下的压力传感器感受到超过特定阈值的压力量后，向远程车位管理监控中心发出第 k 个车位被占用的无线信号。实验中，当 B 板某个键被按下时，A 板的对应 LED 会亮（已有车停入），当 B 板该键被再次按下时，A 板的该 LED 会灭（此车位没车），如图 5-2-63 所示。

图 5-2-62　车位占用的远程监控数据

图 5-2-63　车位占用状态的 LED 灯组指示

将终端设备开发平台上的 KEYBOARD 开关 KEY0～KEY7（S5：1～8）都打开（向上为打开）。连接协调器设备的计算机串口调试助手，接收区以十六进制数显示，按下终端设备开发平台上的任意蓝色按键，串口工具上会打印出一段数据命令帧，每按键一次，协调器所连接的串口工具上会输出一段命令，例如，A5 03 00 FE FF 02 01 41 04 20 00 00 00 64 表示协调器收到与其联网的终端设备的 KEY0 键按下的信息，A5 03 00 FE FF 02 01 41 04 21 00 00 00 65 表示协调器收到与其联网的终端设备的 KEY1 键按下的信息。协调器监测结果如图 5-2-64 所示。

图 5-2-64　协调器监测结果

数据命令帧格式为：A5 为帧头，03 00 是终端设备的设备编号，FE FF 表示协调器本身，02 表示源端，01 表示目的端，41 是命令，04 是数据长度（以字节数表示），21 00 00 00 是数据，其中字节 21 的低位表示按键的编号，为 0～7，65 是帧校验，是除帧头外的所有字节的异或结果。根据数据帧的第 10 字节的低位可以判断哪个键被按下。

（2）查看模块组网信息。有两种方法判断模块是否已经组网。

① 根据打印数据判断

按命令格式修改程序，将下载了协调器程序的模块用串口线与计算机相连，打开串口调试助手，给模块发送十六进制数据帧：5afefffeff010244010147，其作用是打开协调器的打印开关。重启协调器模块，就会看到模块的启动信息。按下终端设备的"reset"按键，终端设备和协调器就会组网（即使不按终端设备的复位键，也已经组网了），如图 5-2-65 所示，当串口调试助手的接口上打印出"Device 3 says, My shortAdd 0x0x37c6(0:0:16): Device 0x37c6 request MT"时，说明终端模块已正确加入网络。查看完毕应再通过串口工具发送命令（5afefffeff010244010046），关闭模块的打印信息。

图 5-2-65　设备组网指示

② 观察组网指示灯

将两块开发平台上 I/O SWITCH 的 IND0 和 IND1 开关打开，对应 LED 用来显示设备的启动和组网信息。红灯闪烁时，说明模块已经正常启动，但未能正常组网，绿灯闪烁时，说明设备已经组入网络（灯闪烁的周期都是 6s）。

实验平台如图 5-2-66 所示，左边 A 板为协调器，右边 B 板为路由器或终端设备。

图 5-2-66　实验平台

基于以上按键信息的判断，本实验开发了上位机的车位管理监控界面系统，采用平台系统模拟的停车场停车位资源状况无线监控与判断的工作流程说明如下：模拟场景中，停车区域包含 8 个车位，每个车位上都安装了压力传感器，并设置压力强度阈值来排除人、动物等踩压传感器所产生的误判。车位上的压力传感器包含在 ZigBee 终端设备中，通过无线方式与远程协调器通信，协调器与上位机通过串口连接，管理人员可通过上位机的计算机接口实时监控智能停车场内的车位占用状况。本应用实践模拟了停车场内 8 个车位的占用状况，上位机监控中心的车位实时监控接口信号传输原理如图 5-2-67 所示。压力信息指示图和车位资源占用状况如图 5-2-68 和图 5-2-69 所示。

图 5-2-67　车位实时监控接口信号传输原理

图 5-2-68　压力信息指示图

图 5-2-69　车位资源占用状况

7．扩展与思考

（1）参考实验结果，要求编程修改终端设备的设备编号，查看协调器所接收的数据帧中的终端设备的设备编号是否发生相应改变。

修改终端设备的端点号为 5，如图 5-2-70 所示。监测结果如图 5-2-71 所示，在接收的数据中，终端设备的编号已变为 05。

（2）抗干扰车位监控系统的健壮性措施设计。停车场的多样性建筑结构和众多干扰源构成了无线信号传输的复杂环境，对 ZigBee 自组网和信息路由存在不利影响，请通过图 5-2-72 所示的无线信号强度（RSSI）指示的增益抗干扰技术来提高信号传输的健壮性。

实践中可尝试使用其他类型的传感器实现不同的功能，如使用红外光感传感器，通过光线是否被阻隔来判断车位的占用情况。

图 5-2-70 修改终端设备

图 5-2-71 监测结果

图 5-2-72 增益抗干扰技术

（3）传统按键抢答功能的实现使用的是有线布线的方式，使得现场布线成本高及布线方式的可扩展性低。参考以上"车位资源无线监控"中的按键中断模式设计思路，实现无线按键抢答的顺序判断应用功能。具体设计要求如下。

①　将终端设备模块的 GPIO 端口配置成数字输入中断方式，当有键被按下时，设备的 MCU 会检测到连接相应按键的 GPIO 的中断信息，然后终端设备会通过 ZigBee 无线网络将按键信息发送给与其联网的协调器。协调器接收到数据信息后通过串口输出，在串口工具的接口上打印出数据命令的信息。根据数据命令帧的相应字节判断终端设备的哪个键被按下，从而以无线通信方式实现抢答顺序的判断。

②　将终端设备开发平台上的 KEYBOARD 开关 KEY0～KEY7（S5：1～8）都打开（向上为打开）。连接协调器设备的计算机串口调试助手，接收区以十六进制数显示，按下终端设备开发平台上的任意蓝色按键，串口工具上会打印出一段数据命令帧，每按键一次，协调器所连接的串口工具上都会输出一段命令，例如，A5 03 00 FE FF 02 01 41 04 20 00 00 00 00 64 表示协调器收到与其联网的终端设备的 KEY0 键被按下的信息，A5 03 00 FE FF 02 01 41 04 21 00 00 00 00 65 表示协调器收到与其联网的终端设备的 KEY1 键被按下的信息。

数据命令帧格式为：A5 是帧头，03 00 是终端设备的设备编号，FE FF 是协调器本身，02 是源地址，01 是目的地址，41 是命令，04 是数据长度（以字节数表示），21 00 00 00 是数据，其中字节 21 的低位表示按键的编号，为 0～7，65 是帧校验，是除帧头外的所有字节的异或结果。根据数据帧的第 10 字节的低位可以判断哪个键被按下，如图 5-2-73 所示。

③　修改终端设备的设备编号，看接收到的数据帧中的终端设备的设备编号是否改变。要求编写程序修改终端设备的设备编号为 5，如图 5-2-74 所示，分别在终端和协调器处实现图 5-2-75 所示的终端设备监控结果。

如图 5-2-75 所示，在协调器接收到的数据中，产生按键终端申请的终端设备的编号已变为 05。

智能按键抢答功能的上位机监控管理可视化界面如图 5-2-76 所示。

图 5-2-73　功能设备编号监测

图 5-2-74　终端设备配置

图 5-2-75　终端设备监控结果

图 5-2-76　按键抢答状态无线监控界面

5.3　现代物联网应用

随着科技的进步，各种新兴技术不断出现，这些新兴技术的出现打破了物联网技术的许多瓶颈，如云计算、雾计算的出现解决了物联网自身计算能力不足的问题，人工智能技术的发展使物联网技术更加智能化等，这些技术上的突破使得物联网的应用不再局限于 5.2 节所介绍的经典应用案例的领域，本节就与物联网技术相结合的新技术及物联网在交通、安防、医疗、家居、农业、物流几个领域中的应用进行介绍。

5.3.1　智能交通

近年来，随着人们生活水平的提高，私家车的数量呈几何倍数式的增长，随之而来的是交通问题的日益突出，主要表现在以下几个方面。

（1）基础设施短缺且利用率不高。我国基础设施还不够完善，许多道路存在宽度不合理、破损较严重等问题，且传统的交通系统难以满足现代化的交通体系的需求。

（2）车辆的增长速度远高于基础设施的建设速度。近十几年来，我国经济一直处于蓬勃发展的状态，人们的生活水平提高，车渐渐成为每家每户必备的物品，因此，即使在国家大力兴建基础设施的情况下，依旧难以赶上车辆增长的步伐。

（3）交通拥堵。交通拥堵问题在十多年前就已经初步成型，虽然在这十多年间我国通过出台限号、限行等政策及大力发展公共交通去限制私家车出行，提倡公共交通出行，但交通拥堵问题依旧日益严重。

（4）交通安全形势严峻。车辆增多会不可避免地带来更大的交通风险，近些年来，交通事故频发造成了重大的经济损失，因此国家对交通安全的重视程度也越来越高。

（5）环境污染。随着车辆的增多，机动车尾气排放已成为城市大气污染的主要来源，机动车尾气正在严重地危害着人们的身体健康。

为了解决这些交通问题，智能交通应运而生。智能交通系统（Intelligent Traffic System，ITS）是物联网的一种重要体现形式，利用信息技术将人、车和路紧密地结合起来，改善交通运输环境、保障交通安全及提高资源利用率。运用物联网技术的具体应用领域包括智能公交车、共享单车、车联网、充电桩监测、智能红绿灯及智慧停车等领域。其中，车联网是近些年来各大厂商及互联网企业竞相进入的领域。

智能交通系统应用最为广泛的是日本，其次是美国、欧洲等国家或地区，我国的智能交通系统起步较晚，但也已开始普及，这大大缓解了交通压力，促进了可持续发展。

1. 智能交通系统的体系结构

从技术层面上来看，智能交通系统的体系结构分为感知层、网络层和应用层，如图 5-3-1 所示。

该系统首先通过感知层获得车辆、道路和行人等需要了解的信息，然后通过网络层的各种通信技术，将感知层采集的信息传输到服务端，服务端根据不同的应用和业务需求对这些数据进行分析、处理、融合，实现重要信息的存储管理及其相关信息（如公交知识信息、交通诱导信息等）的及时发布。

图 5-3-1　智能交通系统的体系结构

2. 物联网在智能交通系统中的应用

物联网在智能交通系统中主要有以下几个方面的应用。

（1）设计合理的交通结构

一种合理的交通结构能大大缓解交通压力，提升交通车流量的上限。在设计交通结构时，引入物联网技术具有以下两个优势：首先，物联网技术为交通系统引入了信息技术，从而为城市智能交通结构的合理设计提供必要的网络支持与技术支持，并促进城市智能交通结构的合理运行；然后，物联网技术可以对城市轨道交通与公交车系统进行合理的规划和设计，从而保证城市道路交通系统的有效运行。总体而言，在交通领域中运用物联网技术，可以实现对城市交通的智能调控与道路资源的实时规划和合理规划，从而提升交通系统的效率。

（2）在交通信息管理系统中的应用

交通信息管理系统是整个交通系统中最重要的部分之一，该系统负责整个智能交通运行过程中信息的收集与传输，并为交通指令的下达提供必要的信息参考，起着统筹全局的作用。物联网本身作为一种实时数据收集处理的技术，很好地符合交通信息管理系统的需求。

（3）车辆定位及警员定位

定位技术是物联网中一种重要的技术，对于交通系统而言，实时准确的车辆定位可以让公安机关迅速发现违规车辆或出现交通事故的位置，而警员定位则可以使公安机关合理地分配出警人员，从而大大提升处理交通事故的效率。

3．智能交通系统的关键技术

除物联网技术、云计算技术、雾计算技术、人工智能技术及大数据技术外，建模仿真技术及地理信息系统技术在智能交通中也起到了至关重要的作用。

（1）建模仿真技术

建模仿真技术是以控制论、相似原理和信息技术为基础，以计算机系统和物理效应设备及仿真器等专用设备为工具，根据研究目标建立并运行模型，对研究对象进行动态试验、运行、分析、评估认识与改造的一门综合性、交叉性技术。仿真流程一般为建立研究对象模型，建立并运行仿真系统，分析与评估仿真结构。在城市智能化建设中，该技术主要用于对城市各功能领域和运营活动进行建模仿真研究、试验、分析和论证，为智能化城市体系的构建和各类业务项目的实施运行提供决策依据与不可或缺的关键技术支撑。

（2）地理信息系统技术

地理信息系统（Geographic Information System，GIS）是一门结合了地理学、地图学、遥感和计算机科学的综合性学科，是一种用于输入、存储、查询、分析和现实地理数据的计算机系统，是一种特定的十分重要的空间信息系统。该系统是处理网络空间数据和属性数据的最有效的工具之一，以其为理论基础设计的软件开发平台可以实现交通网络数据库设计、数据输入预处理、空间查询与分析、网络图形和数据之间的转换、专题地图可视化输出等多项功能，因此被广泛应用于交通规划。地理信息系统的组成如图 5-3-2 所示。

图 5-3-2　地理信息系统的组成

4．智能交通系统的构成

智能交通系统一般由以下 5 个子系统组成，针对具体的应用，会在这些系统的基础上进行扩展或删减。

（1）交通管理系统

传统道路建设往往趋于简单，但随着社会的发展，城市道路呈现出前所未有的复杂性，各种环路、十字路口、交叉路口层出不穷。在许多交通情况复杂的地段，需要大量的交通标识来指引司机有效地开车，因此，构建一个统一的交通管理系统显得尤为必要。交通管理系统主要负责对一片区域内的交通进行监管，对交通情况进行良好的引导，尤其是要在道路的交叉口设立有效的交通管理和信号控制设备，从而有效地控制交通道路情况。这一系统的建立可以有效地避免由司机对路况不熟悉而带来的交通风险，提升交通系统的安全性。

在交通管理系统中，最重要的子系统是交通信号控制系统及交通诱导发布系统。

在城市交通中，信号灯无疑是加强交通管理、减少事故发生的最重要的手段。交通信号控制系统就是控制城市交通信号灯的系统，其主要功能是自动协调交通信号灯的配时方案，均衡路网交通流，使停车次数、延误时间及环境污染减至最小，有效提高道路服务水平和机动车辆通行效率。交通信号控制系统功能的实现主要依赖于物联网所采集的实时交通流量信息，通过物联网采集的数据，系统对控制区域内的所有路口进行有效的实时自适应优化控制，例如，系统通过调整交通信号配时方案、改变周期、绿信比和相位差等基本参数，协调路口间的交通信号控制，满足不断变化的交通需求，起到交通信号配时优化、交通疏导和交通组织与规划的作用。

交通诱导发布系统主要是交通管理部门用来实现交通流优化、避免交通阻塞、为市民出行提供可靠与快捷的交通路况信息服务、有效管理现代交通的有力手段。系统通过室外 LED 交通诱导屏、交通电视、交通电台、网络和集群短信，对实时路况、停车泊位、交通管制、道路施工和特殊事件等信息进行发布，为公众出行提供交通信息服务，方便驾驶员选择最优路径，提高城市道路的通行能力。

（2）公共交通系统

在城市交通中，公共交通是重要的组成部分，而在传统的公共交通中，人们难以预知下一辆公交车到来的时间，且无法知道公交车的一些调整，如在疫情期间必须佩戴口罩上车，否则不能乘坐公交车，这些未知情况会在很大程度上影响乘车人的心情与安排。而在智能交通中，公共交通系统首先建立了电子站牌代替传统站牌，以智能化的方式告知候车的乘客有关车辆的信息；构建了监控系统，使乘客可以得到等待车辆及路面的相关信息；建立了面向市民的公共信息查询系统，只要能使用网络，市民就可以了解到所需要搭乘车辆的信息，提前计算好时间，从而有计划地出行。智能化的公共交通系统能改善人们通过公共交通方式出行的体验，增加乘坐公共交通出行的人数，减少乘私家车出行的人数，缓解交通压力。

（3）交通信息采集系统

传统的车辆信息主要是用固定的设备采集的，即通过安装相应的设备，如地磁检测器、环形线图、微波检测器、视频检测器等，从正面或侧面对道路断面的机动车所获得的信息进行检测，但是在天气状况较差时，视频检测会受到影响而不能满足实际的要求，而另外固定的检测技术无法具体感知车辆的具体信息。因此，为了实现交通信息的全天候实时采集，应在原有系统的基础上建立交通信息采集系统，充分利用多种信息采集技术进行多传感器的信息采集，在后台对多源数据进行数据融合、结构化描述等数据预处理。使用这些处理后的数据，该系统不仅可以准确地感知城市道路的实时交通运行状况，获得道路的拥堵情况、平均速度、车流量、占有率、平均旅行时间和特定交通事件等信息，为交通组织决策提供及时准确的分析数据，为公众出行提供有价值的参考信息，交通流量采集系统结构如图 5-3-3 所示。

图 5-3-3　交通流量采集系统结构

（4）公路管理系统

公路管理系统主要负责对公路进行管理，尤其是高速公路的管理，在高速公路中，车辆前进时不可避免地会碰到收费站，在收费站进行缴费，很容易遇到堵塞问题，为了实现车辆不停车缴费，以此来缩短车辆在公路上的停滞时间，在智能交通中设计了智能公路管理系统，采用电子不停车收费（Electronic Toll Collection，ETC）系统，大大减小了收费站车辆停滞堵车的概率。除此之外，在限速、限重区域，会设置专门的传感器或视频监控对过往车辆是否超速、超重进行检测，确保公路安全。

（5）警用车辆及单兵系统

在出现交通事故时，公安机关对人员及车辆的调动速度对事故区域会有较大的影响，因此，为了提高公安机关的出警速度，在智能交通中建立了警用车辆及单兵系统。通过物联网定位技术，为每辆警车及每个警员配备定位设备，确保公安机关能了解所有警车及人员的实时位置。在接到群众报案、监测到有交通事故发生或有违规车辆时，接案人员通过电子地图确定与出险地点最近的执勤车，并接通车载电话，将出险地点和出险情况告知车辆上的警务人员，警务人员可以第一时间赶至现场，大大缩短出警时间，保障安全，降低损失。在处理交通事件时，警务人员可以通过单兵系统所提供的无线通信设备及摄像设备，将事件情况实时传输回公安机关，从而实现单兵的远程指挥调度。

5. 智能交通应用实例

(1) 中兴智能公安交通解决方案

中兴智能公安交通解决方案是智能交通的一个实际应用例子，为公安交通管理部门提供的智能化交通管理系统包括信号控制系统、流量采集系统、交通诱导发布系统、视频监控系统、非现场执法系统、高清卡口系统、球机违法抓拍系统、交通事件检测系统、警用车辆管理系统及警用单兵系统，在提高现有道路通行能力、协调处置突发性事件、缓解交通拥堵、破获交通肇事逃逸案等方面发挥重要作用，能迅速提高整个城市的交通管理水平、改变城市的交通面貌、提升城市品位。其系统结构如图 5-3-4 所示。

图 5-3-4　中兴智能公安交通系统结构

该解决方案主要是帮助公安机关实现交通管理的基础功能。交通管理的基础功能是指：实现多渠道、大范围的交通信息的采集、处理和发布；有效地组织、调度交通流；监测管辖区内的交通行为；提高道路服务水平等。

(2) 基于 RFID 的高速公路路径监控解决方案

基于 RFID 的高速公路路径监控解决方案是智能交通中针对高速公路收费问题而提出的一种解决方案。目前国内高速多为封闭式联网高速公路系统，车辆由某一入口进入高速公路后，可根据其目的地从相应的出口驶出高速公路网络。该车辆所应交付的高速公路费用根据其所经过的出入口进行核算。然而，驾驶员在进入高速公路后，为了少缴纳高速公路费，会进行中途换卡、汽车变道等不规范行为，从而隐瞒车辆的真实行驶路径。这种情况已给道路管理部门造成了巨大的经济损失，通过技术手段来实现对某车辆在高速公路系统中的真实行驶路径的跟踪记录是非常有必要的。为此提出了基于 RFID 的高速公路路径监控解决方案，该解决方案在不改变现有高速公路收费方式的基础上，对行驶在高速公路上的车辆的实际行驶路径进行"取点式"跟踪监控，从而实现高速公路车辆行驶路径的"可视化管理"，有效控制和杜绝车辆的"欠逃费"事件发生。

选择取点式监控方式，而并非全程式监控方式是因为全程式监控在技术和成本上较难实现，而且对高速路径监测这一项目而言，全程式监控方式并无必要，而取点式监控技术成熟，成本相对较低，很容易达到对车辆行驶路径的监控目的。该方案原理如下：采用"取点式"路径监控，即以车辆经过的高速公路进出口为起始点，按需设立不连续的监控点来采集数据，最后将从车辆在高速公路行驶所经过的起始点（进出口）和中间设立的监控点中所采集的数据统一综合，从而判断出该车辆所走过的真实路线。模拟路线图如图 5-3-5 所示，假设城市 A 和城市 B 可经过如图 5-3-5 所示的道路到达城市 C，我们可在道路沿线取"关键点"，并在关键点设立车辆信息采集终端，以采集经过关键点的车辆信息。当车辆从城市 C 出口出去时，可综合检查该车辆所经过的关键点，然后得出其真实行驶路线。例如，如果采集到 A1、A2、ABC、C2、C1 关键点，那么可判断其从城市 A 来；如果采集到 B1、B2、ABC、C2、C1 关键点，那么可判断其从城市 B 来。

图 5-3-5　模拟路线图

（3）智慧停车场

停车场也是交通领域的重要组成部分，近些年来，私家车数量的爆炸式增长、传统停车场系统停车耗时长、标识不足、难以合理引导车辆停车的问题日益突出，为了解决这些问题，人们提出了智慧停车场。智慧停车场是以物联网技术为基础，融合了智能科学技术后生成的现代化停车系统，它采用车位统一管理、车辆统一调度的设计思想，能全流程实现无人值守的车辆引导、车辆停泊、自助缴费等功能。智慧停车场系统结构如图 5-3-6 所示，主要由物联网终端接口、统一车辆引导系统、综合管理云平台、出入闸口车辆识别系统、查询客户端 5 部分组成。

① 物联网终端接口。每个停车位上都部署了物联网终端接口，这些物联网终端接口的主要功能是感知车位是否空闲，以及获得有车辆停放时车辆的车牌号、驶入时间戳、驶离时间戳等必要计费信息，这是整个停车场信息采集的起始点。

② 统一车辆引导系统。该系统用于统计车辆的引导停车标志，统计该引导系统内的空闲车位的数量、方位信息，便于车主寻找停车位，同时，对于较大型的停车场，该系统还能协助车主、停车场管理员快速定位车辆。

③ 综合管理云平台。该平台是智慧停车场的综合管理系统，接收物联网接口信息，经过统计分析后将引导信息发送到统一车辆引导系统，对外通过互联网为车主提供服务，此外，还包括车辆缴费处理等功能模块。

④ 出入闸口车辆识别系统。该系统的主要功能是记录车辆的车牌信息、驶入时间戳、驶离时间戳，并将这些信息发送到综合管理云平台，用于统计缴费信息，同时，该系统也负责督促与指引用户在缴费后 15min 内驶离停车场。

⑤ 查询客户端。一般通过智能手机、平板电脑等为车主提供剩余车位查询、停车费缴纳等功能，支持统一的开放接口，可以通过 XML 数据连接到微信公众号等信息发布平台。

图 5-3-6 智慧停车场系统结构

一个系统的设计与开发离不开合理的业务工作逻辑流程，无人值守智慧停车场以事件流为驱动，形成一套完备的车辆引导进入、缴费统计和车辆驶离等全过程的业务模式，下面对无人值守智慧停车场的工作流程进行简单介绍。

对于进入闸口的车辆，由出入闸口车辆识别系统首先判断停车场是否有空闲车位，如果没有空闲车位，那么就引导车辆合理地驶离停车场，如果有空闲车位，那么启动车辆计费周期，并引导车辆行驶至空闲车位。当车辆要驶离车场时，再次由出入闸口车辆识别系统通过计费周期计算出车辆的缴费情况，需要说明的是，智慧停车场会在多个出入口部署出入闸口车辆识别系统，这些部署在出入口的系统通过网络与管理平台互通，实现对任一出入口进出的车辆的管理。出入闸口车辆识别系统采用计数的形式来判断停车场内是否还有位置，有车辆进入时，整个停车场的空闲车位的计数器减 1，车辆驶离时，计数器加 1，当计数器为 0 时，表示停车场已满，计数器的初始值为停车场所有车位的数量。物联网终端部署在每个停车位上，终端上有采集模块，用于采集每个停车位的实时状态信息，然后将这些状态信息以统一的标准格式化，通过内部网络发送到综合管理云平台。综合管理云平台根据各物联网终端接口的信息，分析统计停车场的各空闲车位和已被使用车位的信息。在整个信息系统中，车牌号是识别汽车的唯一 ID 号，通过 ID 号查询出停车费信息，车主可以通过电子支付等方式完成支付。整个系统的工作流程如图 5-3-7 所示。

（4）驾驶员疲劳监测系统

驾驶员的驾驶状态对于交通安全有很大的影响，许多时候驾驶员自己难以对自己的驾驶状态有较为全面的了解。传统的交通系统受限于技术与认知，对交通安全的加强往往都在发生事故时如何将事故损失降到最低，如安全气囊、安全带等，但在现代交通中，动辄几百上千人乘坐的交通工具，如地铁、火车等，很难有效地在事故发生时顾及每个人的生命安全，且预防事故往往比降低事故更容易，损失也更小。在现代化的公共交通中，连续重复的枯燥驾驶基本是每个驾驶员都要面对的问题，在驾驶地铁、火车时有时还需要倒班驾驶，因此，驾驶员极易出现疲劳驾驶的状况。为解决驾驶员疲劳驾驶这一问题，智能交通系统中加入了驾驶员疲劳监测系统，该系统根据各类指标对驾驶员进行监测，能有效避免因驾驶员驾驶状态不佳却强行驾驶造成的交通事故，大大提高城市交通系统的可靠性与安全性。

图 5-3-7 智慧停车场的工作流程

驾驶员疲劳监测系统结构如图 5-3-8 所示，主要由终端监测层、云端处理层及远程控制层组成。终端监测层主要由各类传感器、视频监控设备及终端 PC 组成，负责关键信息的采集；云端处理层主要负责数据处理；远程控制层通过各类设备远程获取云端处理层的结果。

图 5-3-8 驾驶员疲劳监测系统结构

整个系统的工作流程如图 5-3-9 所示。终端监测层通过心电传感器收集驾驶员的心电信息，根据视频监控设备收集驾驶员瞳孔大小、眨眼频率等信息，再由各类环境传感器收集驾驶员附近的环境信息，如光照、温度等，这些信息上传到终端 PC 上，由该终端 PC 将这些信息传输到云端处理层。云端处理层中的数据库预先设定了各类疲劳模型，将上传信息与模型进行比较，判断驾驶员是否疲劳，判断结束后将判断结果上传到远程控制层；若判断结果为疲劳，则远程控制层会自动通过手机、PAD、计算机等设备提醒驾驶员。

图 5-3-9 驾驶员疲劳监测系统的工作流程

5.3.2 智能安防

安防是物联网的一大应用市场，因为安全永远都是人们的基本需求。传统安防对人员的依赖性比较高，非常耗费人力，而智能安防通过物联网技术与机器学习、深度学习技术的结合，实现了利用设备进行智能判断。目前，智能安防最核心的部分是智能安防系统，该系统对拍摄的图像进行传输与存储，并对其进行分析与处理。一个完整的智能安防系统主要包括三大部分：门禁、报警和监控，行业中主要以视频监控为主。

1. 智能安防系统的总体结构

智能安防系统主要由环境感知系统、多态通信系统、智能分析系统和云平台组成，其系统的总体结构如图 5-3-10 所示，主要由环境感知、多态通信、云平台及智能分析组成，对应物联网系统的感知层、网络层与应用层。

图 5-3-10 智能安防系统的总体结构

环境感知系统包括各种传感器，主要负责安防区域内环境信息和系统运行信息数据的采集。通过该系统可以实现对安防区域内环境的全面感知，包括人员和动物的非法入侵、安防区域内的温湿度变化及设备的运行状况。

多态通信系统主要用于实现信息的可靠传输，该系统融合了有线通信和无线通信等通信模式，建立了全覆盖的多态通信系统，确保了信息的可靠、快速传输。该系统还包括以 WiFi、3G、4G 等移动通信技术为支撑的远程报警系统。

智能分析系统主要通过建立各种模型，如感知数据模型、智能分析数据模型、智能决策模型等，对安防区域内的环境感知数据和系统运行数据进行智能分析。当智能分析系统认为系统状况和环境数据异常时，会触发报警系统。

云平台主要用于处理安防区域内所收集的数据，对格式化数据和非格式化数据进行处理，开展规范化、规格化清洗，剔除垃圾数据。

2. 物联网在智能安防系统中的应用

（1）在视频监控中的应用

视频监控是智能安防系统中最重要的一环，传统的视频监控技术只具有拍摄功能，且难以做到全方位监控。智能安防系统中的视频监控系统通过物联网中的智能识别技术，在对关键区域进行监测时，会对目标人物或物体进行智能分析来确定该人或物是否违反规定，若违反规定，则触发报警系统，大大提高了视频监控系统的可靠性。

（2）拓宽了智能安防系统的监测手段

传统的安防系统的监测手段单一，功能有限，智能安防系统融入了物联网的传感技术，克服了传统安防系统的这一缺点，通过物联网中的各类传感器，如红外传感器、超声波传感器、温湿度传感器等，大大提高了安防区域的安全性。

（3）提供了定位功能

对于安防系统而言，预防入侵很重要，而被入侵后能第一时间做出反应也很重要，物联网为智能安防系统提供了实时定位功能，确保在非法行为（如火灾、非法入侵等事件）发生时可以立刻查询事件发生的位置，最大程度地减小非法行为事件所带来的损失。

3. 智能安防系统的主要功能

（1）智能视频监控

传统的视频监控只能单纯地进行视频的录制，而没有处理能力，这使得在恶劣天气及复杂环境中，视频监控很难达到预期的目标，这对于安防系统来说是致命的缺陷。随着人工智能技术的发展，传统的视频监控渐渐被智能化的监控所代替。相较于传统视频监控，智能视频监控利用智能分析技术开展视频流智能化处理，通过定义要素、制定规则和建立智能模型，实现对视频流的析出、分解和评估，对整个安防区域环境进行实时监控。一旦有事件违反了设定规则，系统就会建立智能模型进行判断，并及时发出告警。一般而言，智能视频监控系统主要监测的有运动物体、火苗、烟雾、温湿度等各种因素，在达到触发条件时，智能视频系统会自动报警。

（2）周界安防

传统的周界安防系统存在红外围栏误报率高、电子围栏无法提前对入侵进行预警且定位精度差、视频监控信息密度过低等问题。随着无线传感器网络、红外和超声波技术及深度学习技术的发展，周界安防系统的各方面性能都大大提升。首先，系统将电子围栏技术与深度卷积神经网络的目标检测与识别技术相结合，达到一定的智能化目的；然后，利用卷积神经网络强大的识别能力及计算机的计算能力，增强了系统的检测场景适用性，提高了整体检测精度，提高了检测速度且保证了实时性；最后，新技术的融入还提高了对入侵技术的检测和防御能力，降低了漏报率和误报率。图 5-3-11 所示为三层防御的周界安防的入侵检测系统的总体框图。

（3）联动报警

入侵报警系统（Intruder Alarm System，IAS）的主要功能是通过传感器技术、通信技术、计算技术等评估进入安防区域内的事件的性质，对违反规定的行为进行识别与告警。传统的报警系统的图像监控、声光报警等安防技术相对独立，防火、防盗检测手段较为单一，功能不足且缺乏智能决策报警机制。在智能安防系统中，除传统的传感器感知外，还加入了红外、超声波、数据分析等技术，确保危险事件（如火灾、非法入侵等）能在第一时间被告警。智能安防系统的报警方式也不再如传统入侵报警系统一般只有单一的报警方式，而是呈现多样化的，主要包括手机应用报警、短信报警、警铃报警等方式。除检测技术与报警手段外，智能安防系统还加入了定位功能，确保事件发生时能准确定位发生的位置。

图 5-3-11　三层防御的周界安防的入侵检测系统的总体框图

（4）门禁系统

门禁系统，顾名思义就是对出入口通道进行管制的系统。门禁系统由传统门锁发展而来，传统门锁无论多么坚固，都有打开的方法。为此，人们设计了密码锁与电子磁卡锁，这就是早期的门禁系统，但这两种锁依旧存在很大的缺陷。而后随着科技的发展，门禁系统得到了飞跃式的发展，进入了成熟期，最主流的门禁系统包括感应卡式门禁系统、指纹门禁系统、虹膜门禁系统、面部识别门禁系统等。在智能安防系统中，该系统主要实现实时监控、防盗报警、远程控制及状态记录等功能。

4．智能安防应用实例

（1）看守所解决方案

看守所是对罪犯和重大犯罪嫌疑分子进行临时羁押的场所，是羁押依法被逮捕、刑事拘留的犯罪嫌疑人的机关。经过多年的不懈努力，看守所的信息化建设取得了一定的成果，但依旧存在纵横向割裂、难以沟通、难以融合、难以共享和缺乏对一线业务及管理决策层业务的支持等问题。随着智能安防系统的提出与其技术的日益成熟，看守所的安防系统所存在的问题也渐渐得到了解决，图 5-3-12 所示为看守所的安防系统模型。

图 5-3-12　看守所的安防系统模型

该系统通过业务平台管理并控制各种安防设备及附属设备，对各种类型的信息做到统一格式管理、统一格式存储，整个系统由视频监控子系统、报警控制子系统、门禁及巡更子系统、大门管理控制子系统、在押人员控制子系统、智能分析子系统及三维电子地图子系统组成，各子系统间可无缝互联，且各子系统提供的预留接口可进行标准化、规范化的扩展。模块与功能界面独立展现，信息与资源设备集中管控，确保系统解决方案充分发挥现有安防设备的价值，除此之外，还具有较强的兼容能力与扩展性。

（2）儿童智能安防系统

我国对儿童安全问题的重视程度较低，整体意识处于较差水平，当家中只有儿童在时，很容易发生意外。为了防止这种情况的发生，人们在智能安防系统中加入了专门防止儿童在家庭受到意外伤害的功能，设计了儿童智能安防系统。系统的硬件结构如图 5-3-13 所示，整个系统由控制处理器、触摸屏、电源模块、摄像头模块、舵机模块、烟雾传感器模块、温湿度传感器模块、SIM868 模块、WiFi 模块组成，通过两块树莓派 3B+ 来控制。

系统的总体设计如图 5-3-14 所示，用户首先通过 LCD 人机交互屏对报警阈值及功能开关进行设置。系统开启后，通过控制三轴舵机，保证在舵机上的具备自动聚焦功能的摄像头能跟随儿童，且同时开启各类传感器，如烟雾传感器、温湿度传感器等。在树莓派中提前输入了具有危险性的动作与物品模型，因此，树莓派能通过将摄像头获取的图像与模型进行对比，预测出儿童是否靠近了危险物品或做出了危险动作。当树莓派预测儿童做出了危险动作、靠近了危险物品或传感器测量数据超过阈值时，就会触发蜂鸣器报警并通过 WiFi 将报警信息通知给儿童的监护人。当儿童走到室外时，系统会通过安放在儿童身上的小型 GPS 定位装置锁定儿童位置，并判断儿童是否超出设定范围，一旦儿童超出设定范围，系统就会通过 GSM 模块通知监护人。通过以上的各种功能，监护人能确保儿童单独在家中时一直处于监护状态，能最大限度地避免儿童出现危险，更好地保护儿童，防止悲剧发生。

图 5-3-13　儿童智能安防系统的硬件结构

图 5-3-14　儿童智能安防系统的总体设计

（3）海上风电场船舶电子围栏系统

随着社会的不断发展，人们对资源的消耗日益增加，传统的煤炭、天然气、石油等资源逐渐短缺，且带来了很大的环境污染问题。为了解决这些问题，人们将目光投向了新能源开发，如风力资源的开发。风力资源的开发与利用主要有陆地风能和海上风能两种形式：陆地风电厂受地理环境的影响较大，且占用土地资源多，但开发技术与成本较低；海上风电厂不占用土地资源，且不受地形的影响，风速更高，但开发技术与成本高。虽然海上风电场开发技术的成本高，但它所能带来的风力资源也很可观，且由于我国土地资源严重受限，因此，我国非常重视对海上风电场的开发。

海上风电场通过在海底建造电缆的方式将风力资源所形成的电力与各种通信信息传输到陆地，因此，海底电缆对于海上风电场的正常运作起着至关重要的作用。海底环境恶劣且具有不确定性，因此不仅要求海底电缆具有防水、耐腐蚀、抗外力等特殊性能，还要求有电气绝缘性与很高的安全可靠性，且在铺设电缆时也具有很大的难度。可以看出，每条海底电缆都需要耗费巨大的精力与成本。在海上，除自然损坏外，路过的船舶也很容易对海底电缆造成伤害，为解决这一问题，人们提出了海上风电场船舶电子围栏系统。

海上风电场船舶电子围栏系统主要由数据采集转发模块、服务器端模块和客户端模块三部分组成。数据采集转发模块主要负责数据采集、各类指令的执行；服务器端模块主要负责对数据采集转发模块采集的数据进行分析；客户端模块实现人机交互的功能，用户可以通过该模块设定电子区域范围并查询监控区域内的实时数据。整个系统的工作流程如图 5-3-15 所示。

图 5-3-15　海上风电场船舶电子围栏系统的工作流程

数据采集转发模块通过物联网感知技术对过往船舶的各类数据进行收集，然后上传到服务器，服务器通过预先设置的模型与算法判断船舶是否进入电子围栏区域，若没有进入，则标记为普通船舶，若进入了，则继续判断船舶速度是否低于阈值，若高于阈值，则标记为普通船舶，若低于阈值，则标记为危险船只，客户端模块自动向服务器告警，服务器模块再向数据采集转发模块发出告警指令，数据采集转发模块收到该指令后向目标船舶发送告警信息。

由于海上环境较为复杂，因此，判断船舶是否进入电子围栏区域内的方法较为复杂，一般采用如下算法：通过可视化电子海图将电子围栏区域映射为一个多边形，当有船舶进入信息采集区域（警戒区）时，对其所在点进行标记，假设标记为 (X_i, Y_i)。当点 (X_i, Y_i) 在多边形的边或顶点上时，判定船舶在警戒区内；若不在，则从点 (X_i, Y_i) 开始向右作 1 条射线，记这条射线与多边形的交点个数为 C，取 C 对 2 的余数进行判断，若余数为 0，则判定船舶在警戒区外，若余数为 1，则判定在警戒区内。如图 5-3-16 所示，有 (X_1, Y_1)、(X_2, Y_2)、(X_3, Y_3)、(X_4, Y_4) 这 4 个点，(X_1, Y_1) 在多边形的边上，在警戒区内；从 (X_2, Y_2) 点向右作 1 条射线，与多边形有 2 个交点，在警戒区外；从 (X_3, Y_3) 点向右作 1 条射线，与多边形有 3 个交点，在警戒区内；从 (X_4, Y_4) 点向右作 1 条射线，与多边形有 4 个交点，在警戒区外。

图 5-3-16　船舶位置模拟图

5.3.3　智能医疗

在智能医疗领域，新技术的应用必须以人为中心。而应用物联网技术是数据获取的主要途径，能有效地帮助医院实现对人的智能化管理和对物的智能化管理。对人的智能化管理指的是通过传感器对人的生理状态（如心跳频率、体力消耗、血压等）进行监测，主要指的是医疗可穿戴设备将获取的数据记录在电子健康文件中，方便个人或医生查阅。除此之外，通过 RFID 技术还能对医疗设备、物品进行监控与管理，实现医疗设备、用品可视化，主要表现为数字化医院。

1. 智能医疗系统的体系结构

与智能交通系统的体系结构相似，智能医疗系统的体系结构分为感知层、网络层及应用层，如图 5-3-17 所示。

图 5-3-17　智能医疗系统的体系结构

感知层指的是为医疗监测提供的专用传感器终端，不同于传统的感知层的各类传感器，如温湿度传感器、压力传感器等，该层的传感器主要由心电监测传感器、呼吸传感器、血压传感器、血糖传感器等医疗专用传感器构成。除传感器外，该层还包括定位模块和视频监控模块；网络层与智能交通系统的网络层一样，包含各类通信方式，用于信息传输；智能医疗中的应用层主要包括 7 个系统：业务管理系统、电子病历系统、临床应用系统、慢性疾病管理系统、区域医疗信息交换系统、临床支持决策系统及公共健康卫生系统。

2．物联网在智能医疗中的应用

（1）在人员管理中的应用

通过物联网的定位与视频监控技术，可以实时、准确地得到医生、护士及需要监护的病患的位置，以及各个重要区域的人员出入情况，在出现紧急情况或有非法人员闯入时可以更快速地进行合理的人员调动。如在婴儿室，通过物联网技术对母亲及看护人员的身份进行确认，确保误抱、偷抱婴儿的状况不会发生。

（2）在医疗过程中的应用

依靠物联网技术通信和应用平台，医院可以提供挂号、诊疗、查验、住院、手术、护理、出院、结算等多种智能服务。

（3）在供应链管理中的应用

物联网的 RFID 技术保证了医院供应链的效率，确保了每件医疗设备、每份药品的各种信息均可查询，且为医疗设备与药品都建立了独一无二的编码，大大方便了医院对医疗设备与药品供应的管理。

（4）在健康管理中的应用

通过物联网的各类感知设备及各类通信技术，可以使医院远程监控患者在医院或在其他区域时的身体状况，大大缓解了医生资源短缺、资源分配不均的窘境，降低了公众医疗成本。

3．智能医疗应用实例

（1）实时人体健康监测

随着现代医疗技术、传感器技术、无线互联网络技术和智能分析技术的发展与融合，新一代基于物联网的实时人体健康监测技术已经具备了实际应用的条件。与传统人体健康监测技术相比，以现代医疗传感、数字化传输、存储、智能信息处理和无线互联为核心技术的多传感实时人体健康监测体系在医疗传感，海量数据传输、存储和访问，高度智能化的海量信息分析挖掘等方面，都实现了质的飞跃。在新的体系中，能够精准、可靠地自动监测人体健康的重要参数，有效地分析病人的个体状况与群体病人病情规律挖掘的全局状况，会大幅度地提升急性或慢性心、肺疾病病人治疗的反应速度，帮助医生提前获得病人状况，及时提供治疗方案，极大地提升治疗效率，并进而减小医疗费用。

实时人体健康监测系统由智能终端信息采集、云计算框架下的海量信息智能分析、信息交互与在线医疗三部分组成，系统的总体框架如图 5-3-18 所示。

智能终端信息采集模块完成对病人或疑似病人的人体健康关键参数的采集，包括气道、呼吸气流等信息，并具有一定的智能分析与处理功能，在线实现病情分析，并能通过无线网络与海量信息处理平台相关联，从而完成局部范围内的信息感知，采集的器件包括移动呼吸气体流量传感器、人体生理传感器、语音采集仪、智能手机终端等。

图 5-3-18　实时人体健康监测系统的总体框架

云计算框架下的海量信息智能分析模块在智能终端监测和采集获得的数据的基础上，通过智能分析的手段，完成分布式智能终端信息的融合与存储，从海量行为数据中提取病人病情的病生理特征，建立相应的病生理与推理模型，挖掘潜在的病人。

信息交互与在线医疗模块采用可视化技术，将处理结果输出至大屏幕或客户端，通过人机交互技术对病人信息进行维护，对病生理改变完成人工确认，并通过在线声光报警与短信报警等方式实时通知医护人员，并可实现统计分析等辅助功能。与此同时，本模块可以与其他相关数据（如医保单位数据、病理存储数据）相关联，以提供更多的病例与病人信息。

（2）数字化医院智能系统

随着人们生活水平的提高及医疗知识的普及，越来越多的人开始意识到身体健康的重要性，这使得医院的人流量越来越大，也对医院的就医环境提出了越来越高的要求，为此，建设数字化医院智能系统显得尤为必要。数字化医院智能系统除可以提高医院的服务质量和工作效率、降低运营成本外，还能创造一个安全、舒适、便捷的医院环境。数字化医院智能系统主要由网络通信系统、安全防护系统、多媒体音频系统、医院专用系统及楼宇自控系统构成，其结构如图 5-3-19 所示。

① 网络通信系统

网络通信系统是医院数字化的核心系统，该系统负责提供可靠的通信传输通道和网络平台。该系统主要由综合布线子系统、计算机网络子系统及无线网络覆盖子系统组成。

图 5-3-19　数字化医院智能系统的结构

综合布线子系统主要包括从网络机房到各工作区末端各信息插座之间的管线敷设及设备安装。为了方便医院在大楼投入使用后对整个综合布线子系统进行管理工作，在管理间设置了电子配线架。该系统可以满足各类计算机、通信设备、建筑物自动化设备传输弱电信号的要求，为数据传输提供基础。

计算机网络子系统主要由服务器、核心交换机、路由器、防火墙及机房组成，是数字化办公的核心。该系统设置了内外网及智能专网，内网为满足医院信息管理系统（HIS）、临床信息系统（CIS）、医学影像系统（PACS）、放射信息系统（RIS）、远程医疗系统等医院信息系统的服务要求，应具备高宽带、大容量和高速率，并具备将来扩容和宽带升级的条件；外网为工作人员提供接入网络服务；智能专网为医院的各智能化系统提供接入平台。该系统的设计应首先确保系统的稳定性、实用性和安全性。

无线网络覆盖子系统的功能是针对医院的不同建筑，设置无线网络设备，确保在医院内实现无线网络无死角覆盖，且满足接入需求及对网络带宽的需求。

② 安全防护系统

近年来医患关系愈发紧张，医闹事件层出不穷，且医院人流密集，为了保护医院及患者的人身、财产和信息安全，设立一个稳定、可靠的安全防护系统尤为重要。安全防护系统主要由视频监控子系统、入侵防盗报警子系统、门禁子系统、巡更子系统及照明子系统组成。

视频监控子系统主要负责 24h 监控医院的各个角落，且将录像进行保存，方便在有事件发生时进行取证，除此之外，该系统与报警系统相连，实现报警联动功能。

入侵防盗报警子系统具有非法闯入探测功能、记录和查询功能及报警功能，用于防止非法入侵与紧急报警。

门禁子系统主要在各部门通道口及停车场设置门禁设备，用于记录医院工作人员的出勤情况和进行车辆管理。

巡更子系统主要采用离线式电子巡更系统，在建筑物内的走廊两侧、楼梯间及重点位置设置巡更点，确保安保人员巡视时无死角。

照明子系统主要负责整个医院的照明，具有定时开启照明、设置照明时间、设定场景模式、远程开关灯具、照度感应、人体探测等功能。且设置了应急照明系统，当医院发生火灾时，应急照明系统会开启消防提示灯，为医院内的人员指明撤离方向。

③ 多媒体音频系统

该系统由广播子系统、有线电视子系统、信息发布子系统及智能会议子系统构成，主要负责医院内的各种音频设备。

广播子系统由日常广播及紧急广播两部分组成，平时播放背景音乐和日常广播，用于叫号、发布信息等，火灾时受火灾信号的控制，自动切换为紧急广播。

有线电视子系统用于播放各种节目，改善等待患者或住院患者的就医体验。

信息发布子系统用于播放医院就医导航、医院公告、公共信息、企业宣传资料，在迎接上级检查时、外事活动中播放视频等。

智能会议子系统设置了大会议室，具备会议、报告、视频会议、数字多媒体等综合功能，能满足各种会议的需求。

④ 医院专用系统

该系统主要包括排队叫号子系统、线上预约子系统、病床呼叫对讲子系统及手术示教子系统，是一个与医院业务和流程关联紧密、专业性非常强、提供医疗业务所需的特定功能的智能化系统。

排队叫号子系统和线上预约子系统分属于线下与线上的排队方式，两者相辅相成，在大大减少医院人流量的同时，优化了医院排队体系，改善了服务环境，提高了工作效率。且随着线上预约技术的普及，有看病需求但并不急切的人可以根据自己的时间状况选择预约时间，大大方便了人们的就医。

病床呼叫对讲子系统专门用于医院护士与病床患者之间的呼叫、对讲。

手术示教子系统通过现代音频、视频传输技术，对手术过程进行异地观摩，该系统的建立解决了实习生现场观摩导致手术现场拥挤，影响主刀医师操作及病患心情的问题，有力地促进了临床教学质量的提高、医疗环境的进一步完善。

⑤ 楼宇自控系统

该系统主要控制及监测医院内的机电设备，如对空调制冷、供暖、排水系统进行状态监管等。楼宇自控系统通过统一的软件平台对建筑物内的设备进行自动控制和管理，并对用户提供信息和通信服务，用户可以对建筑物的所有空调、给水排水设备、供配电设备、保安设备等进行综合监控和协调，从而获得经济舒适、高效安全的环境。

（3）智能口罩

新冠肺炎疫情的暴发使人们渐渐意识到口罩的重要性，全球对于口罩的需求也越来越大，这极大地促进了口罩行业的发展。传统口罩的封闭性强易使用户呼吸不畅、佩戴方式不便、易勒到耳朵、不能重复使用等问题极大地影响人们佩戴口罩的体验，影响人们的生活。因此，在保证口罩效果的同时，改善用户佩戴口罩的体验至关重要。现阶段市面上有许多品牌的智能口罩，针对不同的用户有不同的设计，但设计目的大同小异。

① 引流。传统口罩为了保证过滤效果，需具有强封闭性来保证没有空气未经口罩就被人吸入体内，这导致口罩的空气流通性很差，长时间佩戴易感到呼吸不畅。引流设计就为了解决这一问题。引流采用静音风机与空气滤芯设备，静音风机向口罩内部提供经过空气滤芯的纯净空气，保证了空气质量；然后结合空气动力学与 3D 建模技术，减小口罩的进风孔洞，增大口罩的排气孔洞，使口罩结构更符合引流需求，保证了当风机送风时不会引起用户不适，且加快了口罩内的空气循环。

② 口罩智能化。在设计了引流结构后，许多口罩都加入了这一结构，且加入了一些简单的功能，如调节风机风速等，但依旧存在许多问题，如人们难以了解滤芯状态（不确定何时更换，过早更换会浪费资源，过晚更换又起不到过滤效果），又如风机调节过于困难等。为了解决这些问题，人们希望能加强口罩与人之间的交互，即实现口罩智能化。口罩智能化主要包含以下几个方面：首先，通过在口罩内加入姿态传感器、空气质量传感器等传感器，实现口罩内各类信息的采集，并自动实现一些功能，如根据用户姿态自动调整风速、当空气质量不达标时自动提醒用户更换滤芯等；然后，在口罩中加入通信设备，使传感器所采集的数据能上传到云端，云端对这些数据进行处理后上传到网页或 App 中，用户可以通过手机、可穿戴设备等实时查看并根据数据来调整口罩状态。

③ 口罩样式。传统口罩通过弹力带扣住耳朵来固定口罩，难以契合每个人的面部结构，如面部较大的人在佩戴时，耳部易被勒疼，面部较小者佩戴则易脱落。除此之外，传统口罩的形状并不是完全贴合用户面部的，因此传统口罩虽然封闭性强，但依旧不可避免地会漏风。人们希望口罩能根据每个人的面部做出相应的调整。

智能口罩是在传统口罩的基础上所提出的新型医疗设备。图 5-3-20 所示为智能口罩的系统结构。智能口罩开启后，通过中央处理模块启动控制模块及数据采集模块。数据采集模块由各类传感器组成，监测整个口罩内部的情况，然后通过无线通信技术上传到中央处理模块，中央处理模块收到数据后将数据上传到云数据库，根据云数据库中预先设定的阈值与模型，判断智能口罩与用户的状态，然后将数据传输到中央处理模块和用户端，中央处理模块根据判定结果对控制模块进行控制，调整静音风机、滤芯的状态，而传输到用户端的数据则可供用户参考，用户可根据需要对控制模块内的设备进行调整。

图 5-3-20　智能口罩的系统结构

（4）智能便携式杀菌消毒装置

随着对新冠肺炎疫情的不断研究，人们发现其传染性极强，可以通过空气传播，因此，我国在疫情暴发的第一时间就采取了全民自主隔离措施。虽然随着隔离的结束，疫情状况渐渐好转，但如何保障空气质量这一问题却没有随着疫情的退去而消失。传统的杀菌消毒方法主要有通风换气、过滤、化学消毒、紫外线消毒等，但它们都存在一定的缺陷，如过滤的方法效果好但成本过高，紫外线消毒会对人体造成伤害，化学消毒的消毒剂均具有一定的毒性，消毒后需要长时间通风等，且这些方式都只能固定在一处使用，而且消毒准备措施也较为复杂。因此，设计一款智能化的便于携带的杀菌消毒装置显得尤为重要。

此处介绍的智能便携式杀菌消毒装置的核心方法是等离子杀菌消毒法，等离子杀菌消毒法的原理为超能离子发生器（SPIC）释放兆亿级的正负电子，利用正负离子湮灭产生的大量能量破坏细菌包膜、杀死细胞核。相较于传统杀菌方式，等离子杀菌消毒法具有如下几个特点。

① 高效性。相同环境空间下，等离子杀菌消毒法的杀菌消毒程度远高于紫外线杀菌消毒方式，且作用时间远短于紫外线杀菌消毒方式。

② 环保性。传统的杀菌消毒方式虽然能有效消灭空气中的各种有害气体，但其自身往往带有一定的对人体有害的物质，如臭氧消毒时，臭氧的高氧化性易腐蚀室内物品，且臭氧对人体有害；紫外线消毒时采用的紫外线具有较高的辐射。而等离子杀菌消毒法所产生的有害气体相较于传统的杀菌消毒方式几乎可以忽略，有效避免了环境的二次污染。

③ 高效降解性。等离子杀菌消毒法除可净化空气外，还可降解各类有毒气体，同时可以去除烟气、烟味等污染气体。

智能便携式杀菌消毒装置结构如图 5-3-21 所示。系统组成与智能口罩相似，由控制模块、数据采集模块、中央处理模块组成。控制模块负责整个系统主要功能的实现，实现流程如下：由于等离子杀菌消毒法难以处理大颗粒物质，因此在空气进入时，需要先对其进行过滤，确保没有大颗粒物质进入超能离子发生器，然后为了提高工作效率，在超能离子发生器中加入一个风机，气体进入超能离子发生器后被分为有害物质及纯净气体，再通过催化分解等离子体高压放电产生臭氧，进一步净化空气，最后通过输出口风机控制纯净气体输出的速率。数据采集模块主要负责监控装置状态及外界空气质量状态，然后将这些数据上传到中央处理模块，中央处理模块通过无线通信技术连接用户端，用户可以实时查看这些数据并可以调整控制模块的杀菌效率。

图 5-3-21　智能便携式杀菌消毒装置结构

5.3.4 智能家居

1. 智能家居简介

智能家居指的是使用不同的方法和设备来提高人们的生活能力，使家庭变得更舒适、安全。物联网应用于智能家居领域，能够对家居类产品的位置、状态、变化进行监测，分析其变化特征，同时根据人的需要在一定程度上进行反馈。智能家居行业的发展主要分为三个阶段，单品连接、物物联动和平台集成。其发展的方向是：首先是连接智能家居单品，然后走向不同单品之间的联动，最后向智能家居系统平台发展。当前，各个智能家居类企业都正在从单品向物物联动的阶段过渡。

智能家居能给人们的生活带来很大的方便，但可以很明显地感受到，智能家居的普及效果并不好，即使国家大力普及智能家居，智能家居的普及进度也依然很慢，主要有以下几个原因。

（1）行业内没有统一的技术协议

科学技术能否应用于社会不仅取决于该技术是否成熟，还需要与掌握技术的厂商进行协调，只有在两者达成一致的情况下，该技术才能得到应用。现阶段，国内的智能家居行业并没有统一的智能家居系统支持协议，在一些技术与厂商的协调过程中始终存在矛盾，最终使这些技术难以得到技术支持，不能普及，导致智能家居的一些功能难以实现。

（2）智能家居技术未成熟

虽然智能家居概念已经提出了很久，但其发展进度并不快，至今为止，智能家居系统中只有安全报警技术及智能控制技术较为成熟，而如信息处理、环境调节等功能则还有待完善。致使智能家居发展缓慢的原因是智能家居系统的功能研发具有很大的风险，在未研制成功时的投入过大，一旦研究失败，就会对企业造成重大经济损失。

（3）市场接受程度低

由于智能家居技术未成熟，且现阶段的智能家居系统的布置价格昂贵，因此，大部分人对该技术仅仅停留在听说过的阶段，对其功能并不了解，也没有亲身体验的机会，这使得智能家居的普及更加困难。

2. 智能家居的系统分类

智能家居系统一般由智能家居控制系统、安防系统、媒体娱乐系统、环境监测系统构成。

智能家居控制系统如同人的大脑，集中控制整个家居的各个系统，包含对居室内的机电设备、灯光、窗帘、背景音乐、智能门锁、家电、安防防盗系统、可视对讲系统等的集成和控制。按布线方式划分，智能家居系统主要分为有线及无线智能家居系统。机电设备（如空调）、灯光、窗帘、家电等通过专门设置的控制器，结合区域场景设置采取相应的动作，以实现满足需求的控制。

安防系统通过智能家居控制系统在不同区域设置的控制终端（无线/有线触摸屏、操控面板等）进行设置，主要包括布防、撤防、应答呼叫等操作，大大方便了用户的操作。

媒体娱乐系统主要配合媒体娱乐设备，实现在餐厅、客厅的媒体娱乐功能，通过该系统可以自由选择媒体娱乐，进行家庭 K 歌、家庭影院、视频聊天等活动。

环境监测系统主要进行各类环境的监测，如温湿度监测、空气质量监测、风速监测、光照监测等。该系统能让用户了解家居范围内的环境状况，并根据不同的环境进行调整。

在实际应用中，若要实现智能家居的所有功能，则对建筑形式有一定要求，一般安装在酒店、高档办公楼、别墅等大规模的建筑中较为合理。但这些场所终究只是少数，智能家居若要普及，则必须研制出适合普通住宅的系统。因此，现在的智能家居根据功能的多少和要求的高低，分为单点解决方案与整体解决方案，信息传输采用有线与无线结合的方式。

（1）单点解决方案

单点解决方案也称为零件、轻型终端解决方案，是针对某些具体功能而研发的产品。产品由插座、智能摄像机及一些通过智能 App 控制的电视、空调等设备构成，具有安装简单、易操作、无须布线、成本低等特点，可以满足智能家居的出局要求，可以拥有本地操作及远程操作、定时开关、摄像机录像异常提醒、语音交互等功能。其缺点也很明显：难以总体完美地满足智能家居系统的要求；对无线网络要求较高，家用网络容易出现网络波动，会造成摄影机登录失败等问题。单点解决方案还能安装在已经装修好的或不想改变原路线的住宅中，这种解决方案采用带机械臂的开关面板或单火模块设置在原有的开关面板上，通过网关实现本地、远程、定时、光感、场景等控制，这也是低成本解决局部智能照明的办法。但机械臂开关面板的缺点是需要定期充电。单点解决方案智能家居系统结构如图 5-3-22 所示。

图 5-3-22　单点解决方案智能家居系统结构

（2）整体解决方案

现阶段的整体解决方案已经能实现大部分智能家居设想的功能，但在信息化应用系统方面依旧较为薄弱，主要通过手机和计算机在互联网上搜索来实现。以往的整体解决方案主要靠有线网络来实现，这大大增加了布线的难度与对建筑的要求，而随着无线网络的快速发展，现在的整体解决方案架构主要采用有线网络与无线网络结合的模式。人机的交互方式也呈现出多样化，从一开始通过面板开关、手机、平板电脑、计算机等方式进行本地和远程控制、定时控制、场景控制等，到现在的语音交互、手势感应交互等方式，使老年人、儿童等不擅长进行终端操作的群体也能很好地使用产品，提高了系统的可操作性。整体解决方案产品的硬件设备包括网络交换机、无线路由器、红外发射装置、蓝牙、计算机、笔记本电脑、综合布线设备、操作执行终端设备等；软件包括集成系统平台软件、具有开放架构的成熟应用软件或根据智能家居要求定制的功能软件、防病毒软件、网络安全软件等；产品内置小型处理器，可以在系统设备无外部网络时离网运行，大大提高了系统的可靠性，避免了因网络不畅通而影响系统运行的弊病。由于智能家居技术还未完全成熟，处在发展阶段，因此现阶段的智能家居系统架构具有很强的扩展性，对许多设备都具有兼容性，可以做到即插即用，除此之外，系统应用软件也具有易于升级的特性。整体解决方案智能家居系统结构如图 5-3-23 所示。

图 5-3-23　整体解决方案智能家居系统结构

3．智能家居实例

（1）智能别墅解决方案

图 5-3-24 所示为智能别墅整体解决方案系统结构图，该系统属于整体解决方案，基本具备现阶段智能家居的所有功能。整个系统具有如下功能。

① 灯光控制。用户可以任意控制住宅范围内的区域灯光组合与变化，会客、用餐、烛光、派对、看电视等各种模式可随意切换。

② 入户门及各个房间门的控制。采用智能门锁，使用户不用亲自开门，智能门锁会自动对用户在控制器中设置的允许进来的人放行；当你手里塞满东西时，不用腾出一只手来开门；当你在外出行时，也可以遥控给清洁工开门。当有人进门时，智能 App 就会发送一个推送通知，当他走时，也会接收到一个推送。这意味着用户可以清楚地得知来人停留了多久及其身份信息。

③ 各类电器的控制。用户可以通过智能手机一键启动整个住宅内的各类电器。用户可以根据自己的喜好设置各种电器的组合模式，如可以按照自己的喜好设置启动影院时的环绕音响、情景灯光、窗帘关闭、投影机和屏幕升降，以及空调开关。

④ 安防监控控制。用户按下晚安键后，不仅灯光、电视、音乐等功能全部关闭，而且安防系统将自动打开，同时系统会检测所有的入户门、车库门是否反锁和关闭，如果没有，那么系统会自动将其关闭。

当家里的防范保护系统侦测到入侵时，全屋照明同时亮起，家里所有的音响系统发出警告音，第一时间威慑入侵者。外出的时候，用户可以通过手机按下模拟住家功能，家里的灯光系统会模拟住家依次亮起，家里的窗帘会模拟住家开闭。同时也可通过前门和花园的 360° 球形摄像机观察家中情况，进行防盗监控。

⑤ 温湿度的控制。智能系统会进行相关整合，不论你在哪里，都可以任意控制家里的温度。还可根据天气预先设计每周 7 天的动态温度曲线，系统可以做到主要区域的动态恒温，无论外界温度如何变化，只要有人在的区域，都能提供一个最舒适的温度。

图 5-3-24　智能别墅整体解决方案系统结构图

⑥ 背景音乐。用户可以使用智能手机作为背景音乐的遥控器。每个房间可设置独立的声响系统，不同家庭成员可在自己的独立空间享受自己喜好的个性音乐，让智能背景音乐系统与你的生活完美地结合。马上要出发打高尔夫球了或者马上要开饭了，只要对着可视设备说一句，各个房间的人就都可以听到，也可以设定不让谁听到你的声音。

⑦ 其他功能。除上述 6 种功能外，智能家居系统还具备天然气、火灾等的监控及报警，漏水监控及报警，空气状态的监控及调控，电动窗帘的控制，用电监控及控制，花园的防盗及监控报警，入户人员的监控及记录等功能。

智能家居是以家为平台，集建筑自动化、智能化于一体的高效、舒适、安全、便利的家居环境。智能家居采用嵌入式技术开发，整个系统具备安全、稳定、可靠性高、时尚、低碳、管理轻松、操作简便、维护方便、扩展性强等突出特点。

（2）宠物智能家居

宠物是人们的精神寄托，饲养宠物可以让人们亲近自然，满足人们的心理需求。随着社会经济的发展，越来越多的人加入了饲养宠物的队列，但随之而来的是许许多多的宠物饲养问题：当主人上班或出差时，宠物无人饲养；宠物伤人、宠物随地排泄等不文明养宠行为；

宠物被不法分子偷走、宠物生病等宠物安全问题。为了解决这些问题，人们提出了宠物智能家居系统。宠物智能家居系统的结构框图如图 5-3-25 所示。

图 5-3-25　宠物智能家居系统的结构框图

　　整个系统由数据采集模块、远程控制模块、中央处理模块及报警模块组成。数据采集模块负责各类数据的采集，主要包括判断喂食、喂水数量的压力传感器、水位传感器，收集宠物家居范围内的环境信息的温湿度传感器、光照传感器等，监测宠物身体状态的可穿戴设备，宠物视频监控设备等。中央处理模块主要负责其他模块的管理与控制，该模块与云数据库相连，数据上传到云数据库与各类预先设置的模型进行对比，判断宠物状态，并将判定结果发送到中央处理模块与用户端，若判定宠物状态不佳或生病，则中央处理模块通过报警模块告知用户。远程控制模块主要用于用户远程控制宠物智能家居，具有设定家居恒定温度、定时喂水投食、实时语音视频等功能。

　　实时语音视频功能的实现过程如图 5-3-26 所示。首先通过数据采集系统的摄像头设备进行视频数据的采集，然后将采集的视频数据上传到服务器，在服务器中进行视频信息的编解码，形成视频流，服务器保存视频流后上传至云存储，用户可以通过应用程序实现实时语音视频功能，也可以查询过往的宠物监控视频。

图 5-3-26　实时语音视频功能的实现过程

　　投食、喂水功能的实现过程如图 5-3-27 所示。当到达用户设定的投食时间或用户手动输入投食指令时，单片机控制电动推杆，打开食物箱，向餐盘或水盘中投放食物，压力传感器实时收集食物的质量，当食物的质量达到预先设定的阈值时，单片机控制电动推杆关闭投食通道。喂水过程与投食过程相似。

图 5-3-27　投食、喂水功能的实现过程

5.3.5　智慧农业

1．智慧农业简介

目前，学术界对智慧农业还没有统一的定义，有些学者认为智慧农业是用现代化的技术为农业提供指导服务，使农业生产更加标准、智能化，从而提高农业生产质量和效率；还有一些学者则认为智慧农业利用现代化技术提高农业系统的竞争力，实现农业的可持续发展，从而达到降耗环保的目的。总体而言，智慧农业是一种利用物联网、人工智能、大数据等现代信息技术与农业进行深度融合，从而实现农业生产全过程的信息感知、精准管理和智能控制的全新的农业生产方式。

智慧农业一般由智慧农业生产、智慧农业管理、农业智能服务及智慧农产品安全 4 部分组成。智慧农业生产通过大数据、物联网等技术实现农业生产的可视化诊断、远程控制及灾害预警等功能，提升了农业生产的效率及农业生产抗风险能力，智慧农业生产主要包括智能化的农田种植、畜牧养殖及水产养殖；智慧农业管理是指运用现代化的技术对农业生产进行组织管理，从而解决农业种植分散、市场信息不充分等问题，达到改进农产品质量水平、促进农业产业结构优化提升的目的，智慧农业管理的主要发展形式为各类平台，如农村电商平台、农业信息平台、土地流转平台等；农业智能服务主要为农民提供各类信息服务，主要包括生产信息服务及物流服务，生产信息服务能为农民提供有关政策与方针，物流服务则可以最大程度地减小农产品运输中的损耗，减小农业损失；智慧农产品安全致力于保障农产品的安全，主要包括产品质量检测、品质认证及质量追溯三部分，质量检测从生产前端开始，全程进行有效监管，品质认证帮助农产品建立品质品牌，质量追溯则是指售后保障，每个农产品都可以通过产品标码进行产品售后与跟踪服务，该部分大大提高了农产品质量，且减少了食品安全事件的发生。

虽然智慧农业是农业生产模式向前发展的一大步，能大大提高农业生产质量和效率，实现农业的可持续发展，但它并未很好地普及，主要存在以下问题。

（1）基础设施不足。我国的农业发展大部分处于农村地区，受到地质和环境等因素的影响，农村地区的信息化建设进展缓慢，难以达到建设智慧农业系统的要求，且农村经济、人力、物力等资源都远远不足，所有试验都只能停留在试验点，难以真正得到实践。

（2）专业人才短缺。智慧农业发展时间还不长，且未得到普及，因此在智慧农业方面的专业人才很少，且人才多从农村流向城市，使农村专业人才短缺问题更加严峻。

（3）运营商合作标准不统一。在农业信息化建设过程中，运营商并未实现资源的共享，使得农户不能享受信息技术的便利。

（4）智慧农业技术未成熟。虽然物联网技术已经广泛应用于农业生态监测、物流管理等各方面，但依旧处于初期阶段，还存在应用标准不统一、运营体制不完善等问题，相关部门还需加大对农业物联网技术的项目建设力度，积极探索农业产业化发展道路。

（5）应用领域较窄。现阶段的物联网技术在农业中的应用还不够全面，许多功能仅处于设想阶段或试验效果不佳。

（6）新技术难以推广。智慧农业中加入了许多新技术，而新技术的标准缺乏统一性，且新技术的运用需要的标准较多，其制定过程需要较多人力和物力，因此新技术标准的更新周期较长，导致新技术的推广受限，不利于新技术的运用与推广。

2．物联网在智慧农业中的应用

（1）在系统设计中的应用

智慧农业系统的设计采用物联网体系架构，分为感知层、传输层与应用层。感知层完成对农业生产环境信息的采集，实现动态监测，能及时发现并掌握农业生产过程中存在的问题；传输层通过各类通信技术将感知层采集到的信息传递到数据处理中心；应用层对信息进行最后的处理和调整并存储。

（2）在监控系统中的应用

通过无线传感器网络与视频监控技术对整个系统区域内的农作物进行全方位监控，有效避免了人工监控易出现失误这一问题，有效提升了农作物的质量。

（3）在节水灌溉中的应用

传统的农业种植系统需要人工灌溉，何时灌溉、灌溉水量均靠经验进行判断，这既不利于农作物的生长，又容易浪费水资源。智慧农业系统通过物联网技术实现了全自动的灌溉操作，通过对传感器采集到的土壤湿度、光照、温度等基本信息进行智能化分析整合，确定是否灌溉及灌溉水量，实现精细化灌溉，且在灌溉过程中，物联网技术可以自主发现问题，并不断进行优化，构建一个高效率、低能耗、科学管理的灌溉平台。

（4）在质量安全追溯中的应用

物联网技术可以为每件农产品配备独一无二的电子标签及条码，确保每件产品都可追溯到源头。在信息查询过程中，商家可以通过物联网查询产品追溯码，了解整个生产及销售流程，消费者也可以通过物联网查询产品信息。

3．智慧农业系统结构

智慧农业系统主要由信息采集、智能控制、视频监控及远程控制 4 个子系统组成，在具体的应用中，会在这 4 个子系统的基础上进行扩充。信息采集系统通过各类传感器进行信息采集；智能控制系统通过对信息采集系统采集的信息进行分析、整理，制定出系统的、全面的农业管理方案；视频监控系统对整个系统区域进行监控，且对信息采集系统采集的信息进行监管，确保系统区域内无异常情况发生；远程控制系统利用前三个系统得到的信息，对系统区域进行浇水灌溉、大棚温度控制等。4 个子系统相互影响、相互作用且不可分割。图 5-3-28 所示为智慧农业系统结构图。下面对 4 个子系统进行详细介绍。

图 5-3-28　智慧农业系统结构图

（1）信息采集系统

在农业种植中，信息采集系统主要利用高精度传感器采集与检测农作物生长的环境因素，即风速、温湿度、光照、气候等。在家禽养殖中，信息采集系统主要采集和检测养殖物的生长状况、食物信息及生长环境，然后通过智慧云端，实现远程信息的采集与监控，使广大农民了解作物及家禽的实时生长情况，并根据这些情况对未来的作物生长环境及家禽的食物、生活环境做出调整，为农作物的生产及家禽的养殖提供一个健康、合理、科学的环境。

信息采集系统主要由计算机网络、传感器模块组成，系统利用计算机网络将传感器模块采集的各种环境数据上传给中心服务器。

（2）视频监控系统

视频监控系统是信息采集系统的补充，通过安装高清网络监测系统，对农作物及家禽进行生产与管理。整个生产区域实施 24h 监控，并通过 NVR（Network Video Recorder，网络视频录像机）完成全部视频的录像任务，管理人员通过计算机网络获取这些视频数据，实现远程监控。

智慧农业中的视频监控系统不同于别的智能产业中的视频监控系统，它没有安防功能，只是对农作物、家禽生长情况及病虫害、禽流感发生情况进行监测，便于农户采取有效措施进行病虫害防治及病发家禽捕杀。因此，视频监控系统应提高对各种细节的辨识度，如农作物叶面、根部，家禽皮肤、粪便等。

（3）智能控制系统

智能控制系统是智慧农业的核心，通过智能科学技术对信息采集系统及视频监控系统所得的数据进行智能分析，将农作物及家禽的生长状况数字化，然后制定出合理、科学的养殖计划。除制定方案外，该系统还具备自动学习能力，每次制定方案后收集到的数据对系统而言都是一组新的数据，根据这些不断收集的数据，智能控制系统会不断调整自己的认知，从而得到更好的方案。

（4）远程控制系统

远程控制系统主要结合前三个系统收集和处理后的数据，对比预先设置的阈值，自动或手动地对区域内的各类设备进行控制，如大棚光照、灌溉、喂食控制等。

底层设备必须依赖远程控制系统才能有效运行，即远程控制系统控制着底层设备的开关，如在软件系统中设定 0 为关闭灌溉设备，1 为打开灌溉设备，当农作物土壤湿度低于阈值时，远程控制系统会自动从 0 转到 1，打开灌溉设备，灌溉完后会自动从 1 转到 0，关闭设备。

4. 智慧农业应用实例

（1）智慧渔业水产养殖系统

水产养殖是农业中的一个重要领域，我国是水产养殖大国，但距离水产养殖强国还有一段很长的路要走。随着人工智能、大数据、物联网等技术的发展，世界已进入以计算机技术为基础、以智能化产业为主导的科技发展新时代，智慧农业就是其中的一个产物。智慧渔业是智慧农业中的一个分支，它是以人工智能为核心技术，集数字化、电子化、工业化、机械化、大数据信息等技术为一体的创新技术平台。它通过将传统渔业与智能科技、养殖技术、装备技术、信息技术进行深度融合，实现了水产养殖的生产自动化、管理信息化、决策智能化，有效做到水产养殖产业集约化、规模化，促进了渔业的可持续发展。智慧渔业的宗旨是将人工养殖重新转换为生态增殖，仅通过各类传感器及远程设备，对水域进行少量操作，以保证绿水青山的常态化、长久化发展。智慧渔业的出现为水产品供不应求的问题提供了解决方案，也为解决传统渔业存在的问题做出了很大的贡献。智慧渔业的系统结构图如图 5-3-29 所示。

图 5-3-29 智慧渔业的系统结构图

该系统通过高清摄像头获取动态水体环境状况；将温度传感器等多种传感器组合使用，获取水温、PH 值、溶氧等信息；利用单片机等设备实现饲料投喂自动化；将大量的实时数据从雾节点传回云端进行分析，及时处理如由于水体含氧量不足引起的鱼群浮头等问题，将常规动态管理自动化，同时提供足量的信息给专业养殖人员和管理人员，以应对突发状况，实现远程人工控制决策。

（2）智慧灌溉系统

智慧灌溉系统包括实时信息监测子系统、通信子系统、历史及实时数据管理子系统、实时灌溉预报及渠系动态配水子系统、闸门监测控制子系统、文件管理子系统共 6 大功能模块。实时信息监测子系统负责监测整个灌区的各类信息，包括土壤墒情、渠道水位及流量、气象信息、作物信息等；通信子系统负责将监测点收集到的模拟信号转换为数字信号，并将其上传至服务器端的相应模块；历史及实时数据管理子系统展示了监测点的历史数据和当前实时数据；实时灌溉预报及渠系动态配水子系统根据各类实时信息对灌区进行浇灌，这些实时信息包括天气预报、田间水层预报和灌水预报；闸门监测控制子系统根据渠系配水结果进行相应的闸门开闭控制，同时监测闸门的实时闸前水位、流量和开度等信息；文件管理子系统负责为系统运行时的基础信息、监测信息、预报信息、配水信息、闸门信息等提供图表文件下载和打印接口。整个系统的功能如图 5-3-30 所示。

图 5-3-30　智慧灌溉系统的功能

（3）智慧大棚解决方案

温室大棚是指在一定封闭空间内给农作物生长提供合适的生长环境，使其不受区域、气候、自然环境等因素的限制，传统温室大棚通过人工监测大棚内的各项环境指标，使其满足所需要求，但人工监测方法费事费力，且监测的实时效果差，难以满足现代化的农业生产要求。智能大棚解决方案在传统温室大棚的基础上融合了物联网、移动通信等技术，有效克服了人工监测方法的缺点，实现了温室大棚养殖农作物的数字化与智能化。

智能大棚系统的设计框图如图 5-3-31 所示，整个系统由大棚环境数据采集系统、数据服务管理系统及用户端系统组成。

图 5-3-31　智能大棚系统的设计框图

　　智慧大棚环境数据采集系统框图如图 5-3-32 所示，其主要功能为数据采集、数据显示和数据传输。该系统首先通过在温室大棚内部署各类传感器及摄像头来实现大棚内温湿度、光照、土壤湿度、CO_2 浓度等数据的收集，然后中央处理器通将数据传输给数据服务管理系统，同时通过各类接口模块实现人机交互，如通过 LCD 显示接口模块实现数据显示，通过键盘接口模块实现用户键入命令等。

图 5-3-32　智慧大棚环境数据采集系统框图

　　数据服务管理系统的功能结构如图 5-3-33 所示，由数据实时监测模块、历史数据查询模块、数据备份模块、报警模块、系统管理模块组成。数据备份模块用于备份环境数据采集系统上传的数据，防止数据丢失；数据实时监测模块可以查询各监测点的监测数据，且可以将数据以图表的方式显现出来；历史数据查询模块用于查看某一时间段内各个监测点采集的环境数据与统计信息；报警模块是根据用户设定的各类环境因子阈值而设置的报警系统，一旦监测点上传的数据发生异常或超过阈值，就会触发报警系统；系统管理模块主要用于配置和管理系统，包括用户权限管理、环境因子阈值设置等功能。

图 5-3-33　数据服务管理系统的功能结构

　　用户端系统的功能结构如图 5-3-34 所示，由数据实时监测模块、历史数据查询模块、环境指标管理模块、手动/自动控制模块及系统设置模块组成，主要实现了用户通过手机 App 远程实时监控大棚的现场环境，并自动或手动智能调整指定设备状态的功能。

图 5-3-34　用户端系统的功能结构

5.3.6　智慧物流

1. 智慧物流简介

智慧物流是一种以物联网、大数据、人工智能等信息技术为支撑，在物流的运输、仓储、配送等各环节实现系统感知、全面分析及处理等功能的现代综合性物流系统。当前，物联网在智慧物流中的应用主要体现在三个方面——仓储、运输监测及快递终端等，通过物联网技术实现对货物的监测及运输车辆的监测，包括货物车辆位置、状态，货物温湿度，油耗及车速等，物联网技术的使用能提高运输效率，提高整个物流行业的智能化水平。智慧物流体系架构如图 5-3-35 所示，主要分为感知层、网络层和应用层。感知层采用 EPC、RFID、传感器、GPS 等技术实现货物感知，是智慧物流的起点；网络层综合利用了有线和无线的、短距离和长距离的、异构的、IP 化的接入网与核心网将数据传至云端，并通过云计算、大数据、人工智能等技术对感知层收集到的数据进行分析；应用层是智慧物流中的应用系统，根据网络层的各种指令执行相关操作。

现阶段智慧物流系统在发达国家较为完善，发达国家的物流行业发展迅速，市场规模较大，产业链条较长、较稳固。相较于发达国家，我国的智慧物流行业起步较晚，但庞大的市场及国家的扶持使得智慧物流在短时间内趋于相对成熟。许多企业建立了自己的智能物流配送中心，使物流操作更智能化和自动化，使物流行业和生产领域相互联动，实现了商品流动、物品流动和信息流动的全面推进。虽然我国智慧物流发展迅速，人们生活水平不断提升，但总体而言，我国的智慧物流行业依旧存在许多问题。

（1）管理机制不健全。我国的智慧物流行业起步较晚但发展迅速，因此管理机制难以跟上智慧物流发展的步伐，还有待健全。

（2）成本很高。智慧物流在传统物流的基础上做出了巨大的技术革新，因此，传统物流企业想要转型为智慧物流，需要投入很大的成本，而无基础的企业需要的成本就更高了。高额的投资成本会加大企业的压力，且现在的物流企业非常多，如果进行投资，一旦难以抢占市场，就会给企业造成巨大损失。

（3）难以保障信息安全。只要有信息，就一定会涉及信息安全问题。随着云计算、雾计算的提出，物联网的数据处理能力得到大幅提升，随之而来的就是信息安全问题。在智慧物流中，企业在进行数据传输时，应保障客户信息不会被泄露，防止客户信息被不法分子利用。

但现阶段的数据保护技术还不够完善，因此，智慧物流中的数据安全技术还需要加强。

图 5-3-35 智慧物流体系架构

（4）缺少专业人才。与由物联网技术、大数据技术、智能科学技术所催生的其余智能产业相同，虽然很多高校都开设了相关专业与课程，但受限于发展时间，还没有足够的时间去培训足够的从业人员。因此，在整个智慧物流流程中，容易因员工职业素质不足而出现问题。

（5）缺乏基础信息。智慧物流的核心是"智慧"，即通过智能科学技术，对收集的数据进行智能分析，达到机器智能化的目的，其中，数据是一切的基础，没有数据就难以分析，而现阶段，智慧物流所收集的基础信息还不足以支撑系统做出正确的决策。

（6）功能、市场需求不明确。虽然现阶段的智慧物流已经实现了很多传统物流所没有的功能，但也正因如此，催生了更多的功能及市场需求，而这些需求还需要企业自己发掘，从而完善智慧物流体系。

2．物联网在智慧物流中的应用

（1）在智慧物流管理中的应用

在智慧物流管理系统中，定位是一种很重要的技术。对于用户而言，可以实时关注货物的运输速度；对于企业而言，可以在运输中出现问题的第一时间得到具体的位置信息，从而更快速地解决问题。这种定位技术是由物联网提供的，先通过物联网的 EPC 技术为每件货物打上独一无二的标签，再通过 RFID 技术对其进行识别，感知物流的情况，在了解全面信息之后，即可通过定位技术实现定位，跟踪物流，掌握物流的变化趋势，从而实现物流产品的自动调配，使物流管理更智能化。

数据传输技术是物联网为智慧物流管理提供的第二种技术，通过物联网的云计算平台，智慧物流管理系统可以对整个智慧物流系统所收集、上传的信息进行处理，从中筛选出有价值的信息，从而使物流能够更加快速、安全地传输。除云计算外，智慧物流管理系统还采用物联网的 M2M 技术，使机器与货物产生联系，从而了解货物从入库到离开库房再到客户手中整个过程的信息，在保证货物安全的基础上减小了运输成本。

除定位与数据传输技术外，物联网还为智慧物流管理系统提供了应用服务。通过这一技术，智慧物流可以开发自己的应用软件，使用户更方便、快捷地了解各种物流信息，从而推动智慧物流行业的发展。

（2）在安全警示中的应用

现阶段的物流方式主要为陆运且多为跨省运输，因此，一车货物至少需要 2 天才能送达目的地，这使得驾驶员非常疲惫，因此在一些智慧物流体系中，会在货车中装上智能摄像头，根据瞳孔大小及眨眼频率等对驾驶员的驾驶状态进行监测，一旦监测数据达到阈值，就会激活音频报警及座椅震动，从而达到提醒驾驶员的目的。除此之外，通过物联网的感知技术，在仓库、货箱中放入各类传感器节点，如烟雾传感器、温湿度传感器等，可以有效监测各类信息，在监测区域内有人入侵、出现危险情况（如火灾）或不满足货物保存要求时，能及时触发报警系统，从而有效地减小损失。

（3）在设备维修中的作用

通过物联网技术，在各类设备中设置传感器节点，再通过智能分析，从而实现设备的预测性维修。例如，在卡车油箱和阻尼器等关键设备中嵌入传感器，用于识别材料的退化或损坏，传感器采集的数据经过无线网络传输到网关，然后上传到云平台，在云平台进行分析，若有损坏，则通知维修人员对其进行维修。

3. 智慧物流应用实例

（1）物流配送应用方案

物流配送是一种现代化的物品流通方式，主要服务于电子商务的客户。物流配送是指按照客户的需求进行配送，因此需要一定的中转环节实时收集这些需求，为了实现这个中转环节，人们设立了物流配送中心。物流配送中心的基本作业流程如图 5-3-36 所示，包含进货、存储、拣货、发货、配货 5 个步骤。传统的物流配送中心与现代化的物流配送中心的流程基本一致，但在细节上，传统物流配送存在存货统计不准确、订单填写不规范、货物易损耗、劳动力成本高等问题。为了解决这些问题，现代化的物流配送在货物的入库检验、整理和补充货物、订单填写、货物出库运输等环节采用了物联网、智能科学等技术，实现了物流配送的智能化与数字化。

在进货过程中，现代化的物流技术则通过 EPC 技术和 RFID 技术，在货物进入时自动读取货物的信息，并将其传送到管理系统，管理系统收到信息后会自动更新存货清单；在存储过程中，通过计算机网络及机械化设备实现整理和补充货物的自动化，通过计算机网络对装有移动阅读器的运送车下达指令，运送车根据收到的指令自动分拣货物，物品到达指定位置后，计算机网络将更新清单列表，若指定货物未送达指定位置或送错了位置，则计算机网络向管理中心发送报警信息，管理中心对报警事件进行处理；当收到订单时，通过 RFID 系统将存货与管理中心连接，管理中心将 RFID 系统收集的货物信息与用户所填写的信息相结合并生成订单，随后开始拣货，并对剩余货物进行统计，一旦货物存储低于标准，就向管理中心发送补货请求；拣货完成后，打包并装车发货，通过物联网定位技术可以实时查看货物的位置信息，并在出现问题的第一时间做出反应；货物抵达目的地后被人工放入快递箱，提醒客户到快递点领取或送货上门，当客户签收时，通过 RFID 技术扫描标签即可记录货物签收数据。相较于传统物流系统，智慧物流的配送方式更智能化，也大大减少了人力物力，在节约成本的基础上提高了效率，减少了人工处理可能出现的错误。

图 5-3-36　物流配送中心的基本作业流程

图 5-3-37 所示为现代化的物流配送系统实例的结构图。整个系统由信息采集模块、数据处理中心模块、库存管理模块及运输管理模块组成。信息采集模块主要负责各类信息的采集，如车辆信息、人力信息、费用信息、路况信息、库存货物状况等，这些信息通过无线传输技术上传到数据处理中心模块，数据处理中心模块对收到的信息进行分析处理，对库存管理模块和运输管理模块进行控制。库存管理模块主要负责管理货物的库存情况，收到数据处理中心模块的补货指令后，该模块会发出订货请求。除此之外，当货物出入库时，该模块会更新货物库存且对出入库的货物进行检查，随后会将各类信息传输给数据处理中心模块。运输管理模块主要负责管理运输车辆，数据处理中心模块在处理完各种数据后，会生成一个完整的装配及运输路线方案，该方案生成后会发送给运输管理模块，该模块根据该方案对车辆路线、货物装配等事件做出安排。整个物流配送系统对用户而言基本是透明的，用户可以通过互联网查到各类实时数据，如所需商品还有多少库存、车辆的大致运输路线等，数据处理中心模块还会为用户做出预测，给用户大致的送达时间。

图 5-3-37　现代化的物流配送系统实例的结构图

（2）智慧军事物流系统

军事物流属于物流中较为特殊的一类，它不同于商业物流，不以营利为目的，而是要确保系统的高度集成，在指挥机关的统一领导下保障物资运输。因此，军事物流的智能化发展趋势不同于商业物流，商业物流为了获得更大的利益，需要不断地进行技术革新及商业模式创新，这使得各企业间竞争激烈，促使物流智能化快速向前发展。而军事物流本质上属于军事行为，其特殊的历史发展背景、储运条件、业务逻辑、目的使命、经费使用制度、无须竞争等客观条件使其发展远远落后于商业物流。但商业物流的发展需要不断探寻、发现用户的需求，因此需要研究物流的方方面面，而军事物流的目的明确，因此其发展可以更有目的性，只专注于需要的技术。除目的与技术发展上的区别外，军事物流与商业物流的另一大区别是军事物流是高度集成的，而商业物流不需要高度集成。军事物流要求物流系统内的所有模块都在指挥机关的统一领导下进行物流活动，这样能确保物流的所有步骤均在掌控之中。但军事物流生态圈除涉及仓储、运输、配送等核心物流服务外，还有高层的物流活动组织、外部的物流活动支持等，这使得军事物流系统的指挥中心远复杂于商业物流，对系统的顶层设计和战略思维提出了巨大的考验。

　　图 5-3-38 所示为智慧军事物流的技术架构。智慧军事物流技术可以分为智能化作业、云端运营及智慧化平台三个层次。

图 5-3-38　智慧军事物流的技术架构

　　智能化作业层是整个系统运作的实体基础，主要负责各类信息的收集及命令的执行。该层的工作流程为：在仓储阶段，采用 RFID 及无人叉车实现货物的出入库管理，通过移动货柜、轨道引导车等技术实现货物的机械化存取及自动分拣，再通过 PDA、AR、可穿戴设备技术实现货物的盘点；当收到运输命令时，通过无人驾驶、GPS 等技术实现自动化运输；到达目的地后，通过无人机、3D 打印、智能储物柜等技术实现自动化配送。在这三个阶段内，还实现了以下几项功能：第一，通过 RFID 和传感器实现物流系统中人、车、货物的高效识别与多模态感知，例如，车速、车关键部位、温湿度、生命体征、物资数量、型号等信息的感知、识别和上传；第二，通过地理信息采集系统、遥感技术、全球定位技术对物流路线需经过的区域进行监测，主要监测内容包括路况信息、天气信息等；第三，通过借鉴电商领域用户画像的思想方法，对每个部队用户的采购记录（包括物资品种、数量/质量、提前期要求、采购间隔、其他偏好等）进行记录，并生成记录表。

　　智能化作业层收集的数据通过各类网络被传输至云端运营层，云端运营层对这些数据进行分析、加工，从这些庞杂的数据中提炼出数据池，从而形成物流云。通过这个物流云，可以将政府部门、部队运力、第三方物流（3PL）等各方连接起来，在确保不泄露军事秘密和采取其他必要的数据安全与隐私保障措施的前提下，为各方提供统一的、标准的信息服务，提升系统的可视化水平，使军事物流活动能够有效地运行。

　　智慧化平台是整个军事物流系统的作业调度中心、综合管理中心、监控指挥中心、决策支持中心及使军事物流上下游各方目标一致、行动协同的最佳媒介，是整个系统高度集成的体现。该层包含各种智能科学技术，如机器学习、模式识别、专家系统等。云端运营层生成物流云后，经大数据处理后传到智慧化平台层，智慧化平台层通过智能科学技术对数据进行分析，然后指导和改造军事物流实践，且该层具有学习功能，会对历史运作经验进行综合和分析，不断地、自适应地优化系统的结构参数和功能模块，找到各行为主体在差异化情景下的最佳实践。总体而言，军事物流的智能化是大势所趋，虽然现在在军事物流的智能化进程中还存在些许问题，但随着科技的发展，智慧军事物流技术必将趋于成熟。

5.4　本章小结

　　为了深入理解物联网在现实生活中的应用及发展趋势，本章首先介绍了物联网在实际应用中所用到的部分算法，然后介绍了4个物联网经典应用案例，最后介绍了现代物联网应用。从本章内容可以看出，物联网已经渐渐融入了人们的生活，虽然物联网在实际应用中还存在一些问题，但随着科技的发展，物联网必将如互联网一般，成为人们日常生活中不可或缺的一部分。因此，具备一定的物联网实际应用知识，能使人们更好地认识与使用生活中的各种物联网设备，从而使生活更方便、快捷。

附录A ZT-EVB V2.0及CVT-IOT-VSL参考原理图

ZT-EVB

参 考 文 献

[1] Yaw-Wen Kuo, Cho-Long Li, Jheng-Han Jhang, et al. Design of a Wireless Sensor Network-Based IoT Platform for Wide Area and Heterogeneous Applications[J]. IEEE Sensors Journal, 2018,18(12): 5187-5197.

[2] 黄如，张磊，等. 物联网工程应用技术实践教程[M]. 北京：电子工业出版社，2014.

[3] 张利民，张书钦，李志，等. 无线传感器网络（理论及应用）[M]. 北京：清华大学出版社，2018.

[4] 高泽华，孙文生. 物联网体系结构、协议标准与无线通信[M]. 北京：清华大学出版社，2020.

[5] Safdar Zanab, Farid Shahid, Qadir Mubshra. A Novel Architecture for Internet of Things Based E-Health Systems[J]. Journal of Medical Imaging and Health Informatics, 2020, 10(10):2378-2388.

[6] 张开生. 物联网技术及应用[M]. 北京：清华大学出版社，2016.

[7] Jyrki T.J, Penttinen. Wireless Communications Security: Solutions for the Internet of Things[M]. New Jersey:John Wiley and Sons Ltd,2015.

[8] Ru Huang, Lei Ma, Guangtao Zhai, et al. Resilient Routing Mechanism for Wireless Sensor Networks with Deep Learning Link Reliability Prediction[J]. IEEE ACCESS, 2020,8(1):64857-64872.

[9] R. Muñoz, Ricard Vilalta, et al. Integration of IoT, Transport SDN, and Edge/Cloud Computing for Dynamic Distribution of IoT Analytics and Efficient Use of Network Resources[J]. Journal of Lightwave Technology,2018, 36(7):1420-1428.

[10] Anne H. Ngu, Mario Gutierrez, Vangelis Metsis, et al. IoT Middleware: A Survey on Issues and Enabling Technologies[J]. IEEE Internet of Things Journal,2017, 4(1):1-20.

[11] Ru Huang, Xiaoli Chu, Jie Zhang, et al. Scale-Free Topology Optimization for Software Defined Wireless Sensor Networks: a Cyber-Physical System[J]. International Journal of Distributed Sensor Networks, 2017,13(6):14-23.

[12] Seo DongBum, Jeon You-Boo, Lee Song-Hee, et al. Cloud computing for ubiquitous computing on M2M and IoT environment mobile application[J]. Cluster Computing,2016, 19(2):1001-1013.

[13] Zhu Chao, Tao Jin, Pastor Giancarlo, et al. Folo: Latency and quality optimized task allocation in vehicular fog computing[J]. IEEE Internet of Things Journal,2019,6(3):4150-4161.

[14] Bansal Maggi, Chana Inderveer, Clarke Siobhan. Enablement of IoT based context-aware smart home with fog computing[J]. Journal of Cases on Information Technology, 2017, 19(4):1-12.

[15] Rathee Geetanjali, Sandhu Rajinder, Saini Hemraj, et al. A trust computed framework for IoT devices and fog computing environment[J]. Wireless Networks,2020, 26(4):2339-2351.

[16] Kum Seung Woo, Kang Mingoo, Park Jong-Il. IoT delegate: Smart home framework for heterogeneous iot service collaboration[J]. KSII Transactions on Internet and Information Systems,2016, 10(8):3958-3971.

[17] Togneri Rodrigo, Kamienski Carlos, Dantas, et al. Advancing IoT-Based Smart Irrigation[J]. IEEE Internet of Things Magazine, 2019, 2(4):20-25.

[18] Shi Ke, Song Xiao-Mei, Wang Xin-Da, et al. Multi-sensor Assisted WiFi Signal Fingerprint Based Indoor

Positioning Technology[J]. Journal of Software,2019,30(11):3457-3468.

[19] Ru Huang, Xiaoli Chu, Jie Zhang, et al. A Machine-Learning Enabled Context-Driven Control Mechanism for Software-Defined Smart Home Networks[J]. Sensors and Materials, 2019,31(6):2103-2129.

[20] Hammi Badis, Khatoun Rida, Zeadally Sherali, et al. IoT technologies for smart cities[J]. IET Networks,2018, 7(1):1-13.

[21] Bian Jing, Yu Xiuxia, Du Wei. Design of intelligent public transportation system based on ZigBee technology[J]. International Journal of Performability Engineering,2018, 14(3):483-492.

[22] 李文华. ZigBee 网络组件技术[M]. 北京：电子工业出版社，2017.

[23] 廖建尚. 物联网开发与应用——基于 ZigBee、Simplici TI、低功率蓝牙、WiFi 技术[M].北京：电子工业出版社，2017.

[24] Xu Chun-Xia, Chen Ji-Yu. Research on the improved DV-HOP localization algorithm in WSN[J]. International Journal of Smart Home,2015, 9(4):157-162.

[25] Samaresh Bera, Sudip Misra, Sanku Kumar Roy, et al. Soft-WSN: Software-Defined WSN Management System for IoT Applications[J]. IEEE Systems Journal,2018, 12(3):2074-2081.

[26] Mainetti Luca, Marasovic Ivan, Patrono Luigi, et al. A Novel IoT-aware Smart Parking System based on the integration of RFID and WSN technologies[J]. International Journal of RF Technologies: Research and Applications,2016, 7(4):175-199.

[27] Onasanya Adeniyi, Lakkis Sari, Elshakankiri Maher. Implementing IoT/WSN based smart Saskatchewan Healthcare System[J]. Wireless Networks,2019, 25(7):3999-4020.

[28] Charlene Bunting. Cloud security: how to protect critical data and stay productive[J]. Network Security,2019, 2019(9):18-19.

[29] Varghese Susan G, Kurian, Ciji Pearl, et al. Comparative study of ZigBee topologies for IoT-based lighting automation[J]. IET Wireless Sensor Systems,2019, 9(4):201-207.

[30] 李连宁. 物联网安全导论[M]. 北京：清华大学出版社，2013.

[31] 高建良，贺建飙. 物联网 RFID 原理与技术[M]. 北京：电子工业出版社，2014.

[32] 于保明，张园. 物联网技术及应用基础[M]. 北京：电子工业出版社，2016.

[33] Behera Trupti Mayee, Samal Umesh Chandra, Mohapatra Sushanta Kumar. Energy-efficient modified LEACH protocol for IoT application[J]. IET Wireless Sensor Systems,2018, 8(5):223-228.